History, Reality and Future

涂子沛◎著

BIG DATA
History, Reality and Future

大數據革命，
歷史、現實與未來

香港中和出版有限公司
www.hkopenpage.com

數據文化是尊重事實、強調精確、推崇理性和邏輯的文化。數據文化的匱乏，是中國落後的一個重要原因；建設好這種文化，中華文明的面貌將煥然一新。

——作者題記

給奕奕、捷克和煒婷，時時溫暖的愛和快樂

To Yiyi, Jack and Weiting for the warm love and happiness

《數據之巔》全書共分為兩個部分：小數據之歷史和大數據的崛起。

全書以美國為主體，橫跨東西方兩個文明來闡述數據文化的形成、發展和未來。作者把美國 200 多年的歷史劃分為 7 個時代，第一個百年的三個時代──初數時代、內戰時代、鍍金時代──按時間點來劃分，有起點也有終點；進入 20 世紀之後的四個時代分別為：量化時代、抽樣時代、開放時代、大數據時代。一定程度上，這四個時代至今仍在延續並產生影響，所以本書只按標誌性的事件標記起點，而沒有劃分終點。

上部以美國的歷史為主綫，展現了在歷史的長河中數據文化如何形成、數據技術如何興起、數據治國的理念如何深入人心的宏偉畫卷。這一部分按照時間序列共分為 5 章，每一章集中闡述了該歷史階段內發生的代表性事件，並對中國的相關問題進行了分析和思考。

下部共分為 3 章，分別是開放時代、大數據時代和智慧城市。作者詳細地考證了大數據浪潮的來龍去脈，並結合第三次工業革命分析了大數據對商業運營、社會治理的深遠影響。作者認為，有數據，還要有計算，更大的數據爆炸正在到來，計算型社會即將興起，而人類使用數據的巔峰形式，是通過數據賦予機器"智能"。大數據浪潮最終將引領人類社會邁進一個新的形態：智能型社會，當下智慧城市的建設正是這一轉型的要求和表現。作者最後立足現實，對當前中美兩國智慧城市建設中的若干問題和挑戰進行了對比和探討。

結語部分，作者總結了大數據的重要性、展望了數據文化的未來，認為世界範圍內的一切競爭，歸根結底都是國家之間國民素質和文化的競爭。沒有一個健康、理性、與時俱進的文化，一個國家就難以變得強大。作者提出，中國社會要將"大數據"這個科技符號轉變為文化符號，才能改變國民面貌、提高民族競爭力。

本書篇章時序結構

1780年代　1830年代　1870年代　1900年代　1930年代　1960年代　2010年代

初數時代　內戰時代　鍍金時代　量化時代

抽樣時代

開放時代

大數據時代

目錄
CONTENTS

進入一個重要的現代文化園地

涂子沛先生所著的這部大作，是大數據時代的應時之作。

他將數據用在管理和研究方面的發展史，以其在美國的發展過程，作為主要內容。他將美國開國時期的人口普查作為起點，討論民主制度如何經過數據的調查，才能發展成為"一人一票"的制度。接著，19世紀中葉，美國向西開發，美國的工程兵團進行丈量和調查，使美國的地理狀況和疆域都有明白的依據。20世紀，"打孔"的計算方法，開創了後世計算器管理大量數據的技術。到今天，我們日常生活中，因為計算機和網絡的普及，數據無處不在。以我老病人為例，疾病的性質或藥物的效果，都必須靠大量的數據，作為診斷和治療的依據。凡此，都是數據的使用。

美國的社會愈來愈複雜，資本主義的國家，證券交易乃是一椿大事。單單用統計來管理證券，已經不太夠用。大概在最近30來年，許多大證券商，為了要預測經濟的起落和某一種產業的興衰，大量地使用不同產業之間的關係，也顧及國際貿易的情形。這些私營的企業界幾乎都能相當精準地判斷市場的情形。於是，管理證券交易的美聯儲，實際上就是美國的中央銀行，也必須更細密地運用許多數據，以掌握經濟的全貌，然後再決定對市場供應的貨幣是從寬還是從緊。這才是"大數據"的第一次使用。

中國古代兵書《孫子兵法》就說過："算則勝，不算則不勝；多算勝，少算則不勝。"此處的"算"字，就是如何利用數字，來估計各種因素。一個能幹的將領，打一次戰役，要考慮到天時、地利、人和，這都是可以用數字表現的。但是，一個治國的領袖，在上述因素以外，還得考慮許多其他的條件。1941年，日本偷襲珍珠港，以為可以一棒打死美國。他們沒算到，美國工業的實力，有充分的再生力量，三個月之內，美國立刻就能恢復足夠的海空實力。這就是日本軍人，只知道計算戰役，不會計算戰爭。到今天，安倍野心勃勃，處處挑釁，他志在日本復興。他的計算，大概又是計算自己現在的兵力和科技能力；他沒有算到，自己的原料供應不夠、能源不能自主、人口結構老化：這就是"算"得不夠。

"大數據"之"大"，就在於將各種分散的數據，彼此聯繫，由點而綫，由綫而面，由面而層次，以瞻見更完整的覆蓋面，也更清楚地理解事物的本質和未來的取向。人腦的結構，足夠發揮聯想力和推論。我們每天的日常生活，時時刻刻在不知不覺中，做"大數據"的工作，將許多因素綜合在一起，作為行動和決定的依據。只是一個國家或一個社會的發展，不能全靠眼睛看得見的一些訊息，有許多事物，必須依靠全面和長期的發展情況，才能真實地反映當時一切決定的背景和條件。

今天信息科學的發展，已經能夠產生、存儲並實時地分析處理大量的信息，整合多個源頭的數據，形成全面的多項關係，指出綫性的發展方向，引導我們有廣闊的視野。計算機今天處理數據的能力和速度，已經超過最聰明的個人。可是，用計算機的還是"人"，如何駕馭這些數字，還是"人"在設計。只是，我們必須要有此認識：今天的世界已經千絲萬縷，將各地、各種行業、各種條件，糾纏成一個複雜的全球網絡。管理大企業和管理國家，必須要有足夠的信息，了解多種多樣的情況，以全面地理解各種問題及其彼此的關聯。即使是對個人而言，因為越來越多的行為已經轉變為電子化的記錄，其生活也和大數據息息相關。"大數據" 這個課題十分重要，我盼望有更多的學者，在這方面提出更多的作品。

　　涂子沛先生的大作，是討論大數據較早的中文作品；在此以前，還罕見討論數據為管理方式的書籍。這本書，主要是以美國社會中數據的使用為例。我知道他一心想用這些例子，提醒中國的讀者：在信息科學高度發展的今天，我們不能再忽略數據的使用。涂子沛先生開啟了一道大門，我相信，後面會有更多的開展，讓大家進入這一個重要的現代文化園地。

著名歷史學家、美國匹茲堡大學歷史系榮譽講座教授

2014 年 3 月 31 日

一部精彩紛呈的時代傑作

好看的作品，出色的作家

　　認識涂子沛先生，源於他的第一本著作《大數據》。2012 年，我在機場書店無意間看到這本書，一讀起來就不忍釋卷。我當時很驚訝，沒想到作為 IT 產業內的大數據技術，竟然可以這樣寫，如此自然流暢地與美國的社會發展、民主進程融合在一起，有觀點、有故事，讀來引人入勝，掩卷引人深思。

　　之後，我主動聯絡了涂子沛先生，邀請他來神州數碼參觀考察。涂先生欣然接受，他不僅給神州數碼的員工做了非常好的演講，而且還與我們圍繞中國智慧城市建設的話題進行了深度碰撞，對我啟發很大。

　　正是那個時候，他告訴我，他已經在構思下一本書，還是以大數據為主題，但會和中國有更多的結合。我非常興奮，馬上向他表示，神州數碼非常願意向他敞開大門，我們在大數據和智慧城市建設方面的所有思考、探索和實踐，毫無保留地向他公開，歡迎他來了解、見證我們的發展。在這之後一年多的時間裡，涂先生果然多次來訪神州數碼，親自走訪了佛山、蘇州、張家港、武漢等地，認真訪談了我們的業務負責人、技術帶頭人，也多次登門拜訪各地的政府用戶、企業和市民。他體現出的敬業精神和專業能力，讓我非常感動，也令我相信他一定能夠再次完成一本具有社會影響力的作品。

但親眼看到《數據之巔》這部書稿時，我承認，我再次被震驚了。這本書再一次超出了我的預期，除了承襲《大數據》一書中科學歷史觀的敘事方式，這一次，涂先生跳到了哲學思考的層面，以統計學的社會應用為切入點，解構數據文化在美國政治、經濟乃至軍事發展領域起到的關鍵作用，一環扣一環，構思精巧，故事生動，邏輯清晰，讀起來實在"解渴"。而且，正如他曾經和我說的，"要和中國有更多的結合"，在每一章的最後，他都講述了中國歷史上相對應的數據事件。最後一章的視綫更是完全轉向中國，用獨具中國特色的智慧城市建設案例，理性昭示著中華民族自己的未來。其間，亦莊亦諧的"子沛曰"，也體現了涂先生的幽默和智慧。

説涂先生是中國當代文壇最出色的科學作家之一，這毫不為過，在信息技術領域，他也是前沿的思想者。

捅破東西方哲學的窗戶紙

眾所周知，理性化、體系化，強調批判精神和實證精神，是西方哲學的特徵；感性、體驗、直覺，則是東方人的思維方式。在中國的傳統文化中，喜歡用道、術、器對事物的本質進行模糊的歸納總結，而西方，則在數據文化的基礎上，形成了嚴謹、理性、體系化的實證科學，如統計學、心理學、社會學等。

站在歷史長河上來看，東西方哲學都曾經和正在創造輝煌。在各自哲學思想的引領下，每一個民族、每一個國家都是獨一無二的。正如中央電視台的紀錄片《大國崛起》的開放式結尾，對於未來的發展，每一個國家、每一個民族都在思考。

也許涂子沛先生並非刻意，但他在《數據之巔》一書裡"中美對比"的結構設計中、在對"數據文化"的倡導中，包括他寫作此書的目的——"這本書，我試圖在歷史的縱軸上，寫出數據時代的全景；在和美國的橫向對比中，思考我們的現狀和未來"，都讓他在不經意間，捅破了隔在東西方哲學中間的那層雖薄卻韌的窗戶紙。

中國社會的持續發展，必然是在中國哲學思想的引導下，同時對"數據文化"這一典型西方哲學特徵加以融合，譬如在中國傳統文化中談到的道、術、器各層面裡，融入"數據文化"的基因。正在到來的大數據時代，為這種融合提供了切實的可能性。

中國道路與數據治國

歷史的發展，總是存在這樣或那樣的契機。如果說，美國現代社會治理體系肇始於人口普查，那麼，大數據的到來已經顯示出強烈的徵兆，它將成為中國全面現代化的契機。

涂子沛先生在書中，對大數據有通俗易懂的圖解。簡單說，大數據的特徵，首先是海量，而且是多種格式並存的海量，如文字、圖片、音頻、視頻等；其次是多源，大數據的來源，一是來自於商業企業，如電信、金融、電商平台、社交網站等；二是來源於政府，如人口普查、戶籍登記、社保、醫保等。伴隨著物聯網、移動互聯網、雲計算的快速發展，全球數據總量每年以超過 40% 的速度成長，幾乎每兩年就翻一番。

2013 年，中國產生的數據總量超過 0.8ZB，是 2012 年的兩倍，相當於 2009 年全球數據總量。預計到 2020 年，中國產生的數據總量將超過 8.5ZB，相當於 2013 年的 10 倍。另據國家統計局公佈的 2013 年數據，中國已擁有 6.18 億互聯網用戶，幾乎是美國的 2 倍；擁有超過 12.29 億部手機，是美國的 3 倍,但每年新增的數據量卻不及美國的 1/10。所以,與發達國家相比,中國是數據大國,但還不是數據強國。中國缺乏的不是可供收集的數據,而是對於大數據收集、分析、應用及有效管理的手段和意識。

前不久,神州數碼提出了"虛擬映像"理論,嘗試從技術角度闡釋大數據革命的本質。在我們看來,隨著網絡泛在化,各種社會關係和生產關係逐步映射到其中,形成了與現實社會平行的網絡空間。由於網絡的拓撲性,各種關係通過數據的方式多維度地體現出來,給社會發展、社會治理、經濟活動帶來了巨大的變化。這種變化直接體現在大數據對各個行業的顛覆式創新上,而且已經在政府、金融、貿易等領域初現端倪。涂子沛先生在本書的第八章,對城市公共信息服務平台在改善民生、繁榮經濟和優化社會治理結構方面的成效有生動的描述,也有對下一步政府運營外包的創新思考。"單獨二孩"政策的出台,就是通過對巨大的人口普查數據,進行複雜建模、可視化分析、沙盤演練後做出的科學決策。互聯網金融的出現,委實給全社會帶來了一場"地震"。製造業乃至各行各業,在可預見的未來,也將受到大數據顛覆式的影響。眾創、眾智、眾籌等商業創新模式,也在大數據時代呼嘯而來。

大數據時代,信息安全是頭等大事。沒有數據的開放,就難以形成大數據應用和大數據革命,與此同時,網絡和數據安全就顯得尤為重要。沒有網絡安全就沒有國家安全;沒有數據安全,就沒有社會穩定。必須把網絡安全納入到法制的軌道上來。因此,首先要建立個人信息安全保護、信息主權的法律,用法律來界定信息主體、信息主權的邊界;其次,作為有影響力的大國,中國應該積極推動全球信息安全公約的建立,使得網絡安全能夠像核安全一樣,在聯合國的協調下,各國在法律體系下相互制約、共謀發展;最後,中國要做強,在大數據應用、大數據安全和信息安全上,一定要增強自主創新的能力。

大數據正在從道德、文化、制度、產業和生活的方方面面重構現實社會。沒有信息化就沒有現代化。我們欣喜地看到，中國正在抓住這一契機，倡導數據文化，做好制度建設，全面推進中國現代化的進程。我相信，涂先生這本書，一定會推動中國向數據強國不斷邁進。

　　感謝涂子沛先生的智慧，為時代貢獻了一部傑作。在倡導數據文化和數據治國上，我們永遠是同行人！

神州數碼控股有限公司董事局主席
2014 年 4 月 2 日

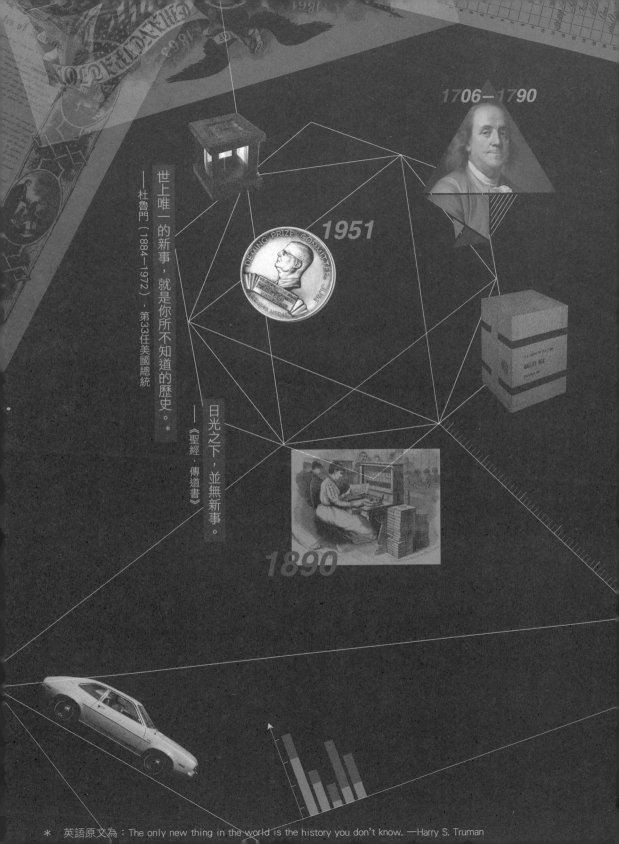

1706—1790

1951

1890

世上唯一的新事，就是你所不知道的歷史。＊

——杜魯門（1884—1972），第33任美國總統

日光之下，並無新事。

——《聖經·傳道書》

＊　英語原文為：The only new thing in the world is the history you don't know. —Harry S. Truman

（上部）

小數據之歷史

02 04
01 05

初數時代：奠基共和

讓我們建立一個標準，讓智慧的人、誠實的人都可以信賴它；其餘的事，盡付上帝的手中。

——喬治·華盛頓（1732—1799），美國第 1 任總統，
在制憲會議上的演講，1787 年 5 月 14 日

　　美國是個年輕的國家，其開國至今不過 200 多年，但數據在其國家生活中的歷史，卻幾乎和它的建國史相生相伴，準確地說，是和它憲法的制定同步。立憲，解決的是政治體制和權力配置的問題，這聽起來和數據風馬牛不相及，但美國的建國者在兩者之間找到了關係，這就是人口普查。

　　美國的建國者把人口普查寫進了憲法。他們認為，國家的權力應該在人口之

格里的意思是，別有用心的政客往往以“愛國主義”為幌子鼓動大眾，挾持國家走上岐途，他的這個看法得到了一些重量級人物的肯定，其中一位，就是聯邦黨的核心人物亞歷山大·漢密爾頓（Alexander Hamilton）。漢密爾頓說，他對各個州的議會作過長期觀察，他發現，議員們做得最多的，正是華盛頓所指出的——“為了取悅人民，提出自己都不相信的意見”，而人民，又常常被政客的承諾所蒙蔽，被非理性的熱情所煽動。

延伸閱讀

個人權利如何轉化為國家權力

“權力”一詞多用於國家和組織的層面，是指依法律、依約定享有的支配、指揮他人的力量；“權利”多用於個人的層面，指一個人依法享有的利益。

國家的權力是用來治理公共事務的，既然是公共事務，每一個人都有權利來參與，但公共事務必須集中治理，也不需要每一個社會成員都來參與。因此，絕大多數社會成員可以把這個治理公共事務的權利“轉讓”出去，“委託”一個自己信任的人來代行這份權利。這個委託的過程，最常用的方式就是選舉，選出一個大部分社會成員都認可的人，來代行大家的權利。而社會的其他成員可以去從事其他的工作、承擔別的社會分工。也就是說，國家的權力來自於個人權利的讓渡，通過這個讓渡的過程，分散的個人權利轉化為集中的國家權力。

另外一位代表約翰·亞當斯（John Adams）甚至擔憂：如果普通大眾擁有更多的立法權，也就是在立法機構中佔據支配性的優勢地位，他們就會通過投票剝奪富人的財產。

亞當斯後來成為美國第 2 任總統，他的擔憂被政治學者概括為“多數人暴政”：一個社會有錢人永遠是少數，沒錢人總是多數，如果絕對按“少數服從多數”的規則行事，那少數有錢人的錢，最終會被沒錢的人經投票的民主程序而分光。也就是說，民主程序極有可能成為多數窮人欺負少數富人的工具，如果是這樣，有錢人剛冒出來，就會被打壓，經濟發展就會停滯。

小州的代表因此認為，如果按人口的多少來投票，他們永遠是少數，利益根本沒辦法得到保證，正確的意見也無處申張，所以，民主是遠遠不夠的，必須在民主的基礎上，對大州的權力加以限制，杜絕“多數人暴政”，實現“共和”。

共和 vs. 民主

民主：從嚴格的意義上理解，是指少數服從多數的票決制，通過投票這種手段，來維護絕大多數人的利益。但一投票，社會就會分裂為"多數"和"少數"兩個陣營，從這個角度來說，民主導致了分裂。

共和：強調如何杜絕"多數人暴政"，保證因為民主而分裂的"多數人"和"少數人"能和諧共處。一個社會要和諧發展，在貫徹多數人意見的同時，也必須保護少數人的利益，否則"少數人"就會成為"多數人"的羔羊，被"多數人"宰割，談不上"和"。

油燈越撥越亮，道理越辯越明。在冗長的辯論中，制憲會議逐漸達成了共識：民主只是基礎，共和才是目標。為了克服民主體制固有的劣勢，達成共和，必須設計一種規則 03，這個規則一經設計，就必須人人遵守，不能隨意更改，因為如果可以隨意更改，多數人就會利用少數服從多數的原則，不斷修改規則，讓規則永遠符合多數人的利益，墮落成"多數人暴政"。

1787 年 7 月 16 日，大州和小州之間終於達成了妥協，之所以稱為妥協，是因為大州和小州都各讓了一步：美國國會實行參眾兩院制，眾議院的席位按人口比例在各州之間分配，這體現了民主的原則，照顧了大州的利益；參議院的議席每州兩名，平均分配，這體現了共和的精神，突出了小州的平等權利。所有議員都由各州的選舉自行產生，更重要的是，任何一項法案，都必須在參、眾兩院同時以多數通過才能生效，

這次妥協，打破了制憲會議的僵局，被後世稱為"偉大的妥協"。

其偉大之處在於，這個設計確實可以實現民主和共和的統一，杜絕"多數人暴政"的可能。不妨假設美國只有兩個州，一個州 8 萬人，一個州 2 萬人，每一萬人產生一個國會席位，那根據美國憲法，大州在眾議院分得 8 席、在參議院分得 2 席，共 10 席；小州在眾議院分得 2 席、在參議院分得 2 席，共 4 席，小州的席位總數雖然沒有和大州一樣多，但兩者的比例為 4：10，遠高於其人口比例 2：8。更關鍵的是，一個議案必須在兩院同時通過才能生效，設想，大州如果提出一個不利於小州的議案，那在眾議院，大州的席位多，可以輕易通過，但在參議院，大州只佔 50% 的表決權，它必須說服至少一名小州的代表，議案才可能以半

數以上的多數通過，成為法律。

表 1-1　參眾兩院的分權機制：以兩個州為例

	眾議院		參議院	
	大州	小州	大州	小州
議席數量	8	2	2	2
最終分享權力的比例	80%	20%	50%	50%

　　但事實上，美國不止兩個州，而且 "小州" 的個數更多，這就意味著，小州的代表佔了美國參議院的絕對多數。到 2005 年，加起來不到美國總人口 20% 的小州，其參議員卻佔據了參議院 50% 以上的席位。毫不誇張地說，小州主導了參議院的話語權，任何不利於小州的決議都不可能在參議院通過。

　　但眾議院的席位是按各州的人口多少進行分配，大州自然佔了主導，其分配過程也更為複雜。會議最後決定，由中央政府牽頭，在各州開展人口普查，以其數據作為標準，對各州的議席進行分配。考慮到人口的動態變化，人口普查必須每十年進行一次，各州的議席多少再根據新的普查結果進行調整。

　　憑藉這種制度設計，大州和小州之間的矛盾得到了解決，但這之後，南方和北方的矛盾又成為爭論的焦點。既然人口的多少一定程度上決定了權力的大小，那南方擁有一批龐大的黑奴群體，是否也應該計入人口的總數？一開始，大家都認為，奴隸本來就不擁有政治權利，因此不應該計入總數。但在後續的討論中，人口的多少不僅成為分權的依據，還和納稅的義務掛上了鈎，即人口多的州，國會佔的席位多，也要向中央繳納更多的稅收。南方主張，黑奴既然沒有政治權利，也不應該有納稅的義務，但北方又認為這樣南方佔了便宜，爭論又起。最後的結果是每一個黑奴按 3/5 個白人（自由人）的標準計算，納入南方人口的總數，這個總數是南方權力分配和納稅的依據。

圖 1-1　5 個黑奴 ＝ 3 個白人

這個 "3/5" 也寫進了憲法,成為黑奴不平等的歷史明證。憲法頒佈之後,也曾引起很多追問:為甚麼是 "3/5",而不是 "1/2" 或者 "2/3"?當時主導辯論的漢密爾頓也說不清楚。他在後來坦承:這是一個瑕疵,但當時必須找出一個數字,這個數字可能不完美,但比沒有強。

日曆終於翻到了 9 月 17 日,星期一。這是制憲會議的最後一天。

大會秘書全文朗讀了憲法的初稿,隨後一片沉默,幾乎每個人都還有不同的意見,但又知道時日已盡,再討論也不會有更好的結果,必須為這 4 個多月的會議畫上一個句號。這時候,德高望重的富蘭克林(Benjamin Franklin)顫顫巍巍地站了起來,這位 81 歲的老人,被譽為美國最博學的人,他掏出一封信,委託另外一位代表宣讀。

富蘭克林在信中說:

"對這部憲法中的一些條款,我並不完全贊同,但我不能肯定我會永遠不贊同,因為許多我過去以為是正確的觀點後來都發現是錯的。"

他呼籲即使有瑕疵,大家也必須妥協,簽署這部憲法。因為 "每一個來開會的人,固然帶來了他的智慧,也同時帶來了他的偏見、激情、錯誤、地方利益和個人私利。因此,無論召開多少次會議,也未必能制定一部更好的憲法"。04

富蘭克林的信讀完,會場更多的人陷入了沉思。突然,麻省的一位代表站起來說,他認為每一名眾議員至少要代表 4 萬人太多了,建議減少到 3 萬人。

這時候,華盛頓也插話說:雖然是最後一天,意見越少越好,但 4 萬人確實太多了,一個議員代表的人數太多,人民的權益就得不到有效的代表。

這是華盛頓在 4 個多月的會期當中發表的唯一一意見。在整個夏天的辯論中,作為主持人,他恪守中立,一直沒就具體的問題發表看法。他的這個意見,立即獲得了大家的贊同,於是一錘定音,憲法中 4 萬人被修改成了 3 萬。

這也是美國憲法文本最後的一個意見和修改。華盛頓沒有想到,日後他為了這個數字,在歷史上第一次行使了總統否決權。

雖然沒有爆發更多的爭議,但當天仍然有 3 位代表拒絕在這份憲法上簽字。當然,簽字的代表可能也沒有想到,他們眼中這份難產的、不完美的、勉強通過的憲法,被後世很多國家視為典範。其第一條第二款對議席分配和人口普查規定如下:

對於締結聯邦的各個州，眾議院代表的名額多少和直接稅的稅額大小，均按各自人口的多少進行分配和繳納。各州人口總數，按自由人總數加上其他人口（即黑奴）的五分之三予以確定。……首次人口普查應該在聯邦國會第一次會議後 3 年之內進行，以後每十年一次，其方法由法律另行規定。每名眾議員所代表的人數不能少於三萬人，但每州至少要有一名眾議員。[05]

因為憲法中的這款條文，美國成為了全世界最早定期開展人口普查工作的國家，並因此開創了現代意義上的人口普查制度。

制度創新：變對抗為合作的魔法棒

人口清點雖然是一個國家最基本的統計工作，但受限於財力和技術手段，對於確切的人口數量，歷史上沒有幾個國家能真正說得清楚。早期的人口統計，大多是以戶籍登記制度為中心展開的，並不是真正的逐一清點，這自然並不準確，類似於普查的逐一清點也在一些國家進行過，但其清點的範圍常常限定在特定的地區或人群，例如青壯年男子，這也算不上真正意義上的普查。

到 17 世紀，統計的概念在歐洲產生了。這之後，人口普查開始在很多國家得到重視。統治者意識到，要搞清楚全國到底有多少人口，逐一清點的普查是唯一的辦法。

但這個時期，普查一般都是為了徵稅、評估國家的軍事實力、實施社會控制而進行的。這個目的，在各個國家，基本上都是一致的。因為這個目的，民間大眾自然產生了各種擔憂和對抗，怕被徵服兵役，或者增加稅收，因此刻意隱瞞數據是普遍存在的。這種擔憂不僅個人有，地方政府也有。1753 年，英國計劃開展一次全國人口普查，但地方諸侯擔心，中央政府一旦掌握了確切的數字，就會調整稅收，於是集體抵制，計劃因此流產。

以人口普查為基礎，美國的建國者構建了用數據分權的方法，這不僅調和了民主和共和的矛盾，就人口普查本身而言，也是一個創新。因為國家的權力——議席要按人口的多少來分配，各州需要向中央政府繳納的稅收也要按人口來分攤，權利和義務得以互相制約：想通過誇大人口基數獲得更多議席的州，也要相應承擔更多的賦稅義務；同時，想要通過隱瞞人口增長來避稅的州，將在國家的權力分配中失去應該得到的席位。這種互相約束的關係，促進了人口普查的公正性和準確性。更重要的是，因為涉及到國家權力的分配，傳統普查中國家和個人、中央和地方之間的對抗關係也轉變為合作關係，這是許多非民主國家甚至民主國家在人口普查中至今都沒有解決好的問題。

人口和統計學的關係

人類最早的統計活動，就是起源於和人口情況相關的社會調查。

"統計"（Statistics）一詞最早出自 17 世紀的德國，其原義是國勢學，即關於一個國家基本情況的調查，這些情況可以是描述性的事實，也可以是數據，其中最重要的一塊，就是人口的情況。18 世紀，又有人把這種基於實情的條目放到了表格中，按行和列組織起來，這樣更容易對比，促進了數據的使用。因為較早地重視統計、使用數據，德意志民族也一直以"精確"著稱。

基本上和德國同期，英國人也開始探索統計在政治和社會生活中的作用。1662 年，英國人葛蘭特（John Graunt）調查了倫敦的人口死亡情況，隨後出版了《對死亡率表的自然和政治觀察》（*Natural and Political Observations Made upon the Bills of Mortality*）一書，被後世公認為統計學的開山作品。1676 年，英國學者配第（William Petty）出版了《政治算術》（*Political Arithmetics*）一書，該書對政治經濟學進行了大量的數量研究，也被視為早期統計學的發源。一時間，政治算術也成為熱門的名詞。

但從 1800 年開始，"統計"二字開始逐漸替代"政治算術"的提法，其中的原因，是因為政治算術僅僅集中在國家的經濟和財稅方面，而統計學則從人口調查出發，關注出生、死亡、疾病、婚姻、衛生，犯罪、教育等更為廣泛的社會話題，獲得了更強大的生命力。

1980 年代，西方國家陸續興起了保護隱私權的運動。因為擔心自己的資料被政府機關濫用，歐洲很多國家的社會團體都公開反對人口普查。正是因為這種反對，1983 年，西德政府就被迫取消了當年計劃要開展的普查。但這個時候的美國社會，雖然隱私權也是一個敏感話題，但局面卻截然不同。美國社會興起了"保護你的普查權"（Right to be Counted）的運動，各種社會團體在社會上號召大家"不要缺席人口普查",呼籲流動人口、少數民族人口等容易在普查中被漏掉的人群配合政府的清點工作,以確保自己在國家權力中被代表。同樣是人口普查,那邊抗拒、這邊歡迎,究其原因,是因為人口普查在制度設計中的不同地位造成的。

在後世演變中,人口的多少也成為美國聯邦政府向各州下撥各種財政經費的標準。例如教育經費,各州能夠從聯邦政府分到的"蛋糕",是和其人口多少成比例的,人口多的州,從聯邦政府獲得的資金也多。這自然又固化了人口普查的地位。

就這樣,人口普查的數據,最後成為了美國國家權力、資金、資源最根本、也可以説是最公平的分配標準和依據。

這個制度設計在人類歷史上沒有任何的先例,是美國建國者的一個創新。

既然是創新,就會經歷新的困難。很快,這些困難就一一呈現在華盛頓等建國者的面前。他們沒有想到,數據分權雖然公平、科學,但卻不是他們想像的那麼簡單,其複雜之程度甚至無人能解。新的矛盾帶來了新的衝突,而且這一次,衝突不僅僅是在大州和小州、南方與北方之間發生,隨著中央政府的建立,美國的政治衝突有了一種新的表現形式——黨爭。

兩黨之爭:無法精確分割的權力

制憲會議兩年之後,1789 年,華盛頓當選為首任美國總統。根據憲法的規定,在他宣誓就任總統之前,人口普查的任務已經在等著他了。而人口普查的具體辦法,必須由國會通過專門的法案進行規定。

1790 年初,美國國會成立了人口普查委員會,負責擬定第一次人口普查的具體辦法,其領銜人是麥迪遜(James Madison),麥迪遜後來成為美國第 4 任總統,作為美國憲法的執筆人,這時候他已經是眾議院的領袖,風頭正勁。

1 月 25 日,麥迪遜在國會號召説:

"我們現在面臨一個機會,如果把人口普查擴大到除了'點人頭'之外的其他目的,那國會能獲得一些非常有用的信息,將來可以用於國家的立法工作。"06

麥迪遜接著提出了具體的建議:人口普查不僅要統計各州人口的總數,用於國家議席的分配,還應該記錄各人的性別、種族、年齡及職業。這些數據將為政策的制定、國情的分析提供巨大的參考價值，他把職業分成 3 類：農業、商業及製造業。

今天來看，麥迪遜的建議無疑是高瞻遠矚，但在當時，他卻遭到了各種質疑和反對。

有議員認為 3 個分類不全，遺漏了 "知識分子"，麥迪遜回應説，知識分子確實存在，但這個群體的大小和國家政策關係不大，為儘量減少普查的複雜程度，應予省略。又有議員説，憲法只規定了用人口總數來分配議席，統計職業可能會引起人民對多交税的擔憂和恐慌，反而影響數據的真實性；還有議員提出，要把職業劃分清楚根本不可能，一個人為了謀生，可能在夏天種煙草、冬天做買賣，那他到底是農民還是商人呢？

麥迪遜關於職業分類的建議最終被否決。美國的第一次普查以家庭為單位，只問了 "家裡有幾口人、幾男幾女、幾黑幾白、幾大幾小" 等 6 個簡單的問題，完全就是為了 "點人頭"。麥迪遜後來給國務卿傑斐遜（Thomas Jefferson）寫信，抱怨國會大部分議員都不懂 "定量分析" 的價值。但歷史證明，他確實過於超前了，因為直到 30 年後，在 1820 年的國會辯論中，職業分類才正式被引進到人口普查的問卷當中。

無獨有偶。1801 年，在拿破崙的領導下，法國成立了統計局，並開展了一次人口普查。這次普查不僅調查人口情況，也調查經濟情況，例如各人擁有多少牛、馬、羊等牲畜，產多少奶，收穫多少果實等問題。和麥迪遜一樣，法國的統計局也嘗試對職業進行分門別類，但他們遭遇了幾乎同樣的困難。因為各地的情況相差太大，他們沒有辦法制定一套標準的職業代碼，各地都試圖按自己的理解和需要來對職業進行分類，數據因此無法加總。法國統計局最後發現，大約有20% 的人在職業分類一欄處於難以判定的混亂狀態，即使對同一個人，由不同的普查員調查，就可能得出不同的結論。

但 1790 年這場記錄在案的辯論，已經涉及到統計學的若干重大命題，為後世的統計學家、歷史學家提供了很多思考。

麥迪遜的挫折拉開了美國人口普查的序幕，也為後世的普查埋下了爭論的 "種子"。每十年一次的普查，也恰巧落在整十年的時間節點上，類似辯論便定期在美國國會上演。

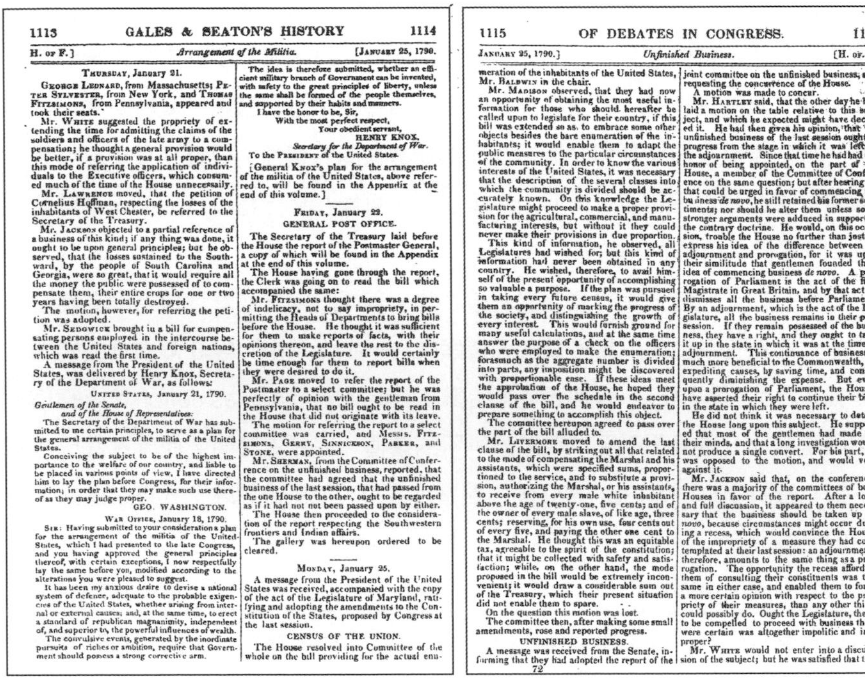

1113 GALES & SEATON'S HISTORY 1114

H. of F.] *Arrangement of the Militia.* [January 25, 1790.

THURSDAY, January 21.

GEORGE LEONARD, from Massachusetts; PETER SYLVESTER, from New York, and THOMAS FITZSIMONS, from Pennsylvania, appeared and took their seats.

Mr. WHITE suggested the propriety of extending the time for admitting the claims of the soldiers and officers of the late army to a compensation; he thought a general provision would be better, if a provision was at all proper, than this mode of referring the application of individuals to the Executive officers, which consumed much of the time of the House unnecessaily.

Mr. LAWRENCE moved, that the petition of Cornelius Hoffman, respecting the losses of the inhabitants of West Chester, be referred to the Secretary of the Treasury.

Mr. JACKSON objected to a partial reference of a business of this kind; if any thing was done, it ought to be upon general principles; but he observed, that the losses sustained to the Southward, by the people of South Carolina and Georgia, were so great, that it would require all the money the public were possessed of to compensate them, their entire crops for one or two years having been totally destroyed.

The motion, however, for referring the petition was adopted.

Mr. SEDGWICK brought in a bill for compensating persons employed in the intercourse between the United States and foreign nations, which was read the first time.

A message from the President of the United States, was delivered by Henry Knox, Secretary of the Department of War, as follows:

UNITED STATES, January 21, 1790.

Gentlemen of the Senate, and of the House of Representatives:

The Secretary of the Department of War has submitted to me certain principles, to serve as a plan for the general arrangement of the militia of the United States.

Conceiving the subject to be of the highest importance to the welfare of our country, and liable to be placed in various points of view, I have directed him to lay the plan before Congress, for their information; in order that they may make such use thereof as they may judge proper.

GEO. WASHINGTON.

WAR OFFICE, January 18, 1790.

SIR: Having submitted to your consideration a plan for the arrangement of the militia of the United States, which I had presented to the late Congress, and you having approved the general principles thereof, with certain exceptions, I now respectfully lay the same before you, modified according to the alterations you were pleased to suggest.

It has been my anxious desire to devise a national system of defence, adequate to the probable exigencies of the United States, whether arising from internal or external causes; and, at the same time, to erect a standard of republican magnanimity, independent of, and superior to, the powerful influences of wealth.

The convulsive events, generated by the inordinate pursuits of riches or ambition, require that Government should possess a strong corrective arm.

The idea is therefore submitted, whether an efficient military branch of Government can be invented, with safety to the great principles of liberty, unless the same shall be formed of the people themselves, and supported by their habits and manners.

I have the honor to be, Sir,
With the most perfect respect,
Your obedient servant,
HENRY KNOX,
Secretary for the Department of War.

To the PRESIDENT of the United States.

[General KNOX's plan for the arrangement of the militia of the United States, above referred to, will be found in the Appendix at the end of this volume.]

FRIDAY, January 22.

GENERAL POST OFFICE.

The Secretary of the Treasury laid before the House the report of the Postmaster General, a copy of which will be found in the Appendix at the end of this volume.

The House having gone through the report, the Clerk was going on to read the bill which accompanied the same:

Mr. FITZSIMONS thought there was a degree of indelicacy, not to say impropriety, in permitting the Heads of Departments to bring bills before the House. He thought it was sufficient for them to make reports of facts, with their opinions thereon, and leave the rest to the discretion of the Legislature. It would certainly be time enough for them to report bills when they were desired to do it.

Mr. PAGE moved to refer the report of the Postmaster to a select committee; but he was perfectly of opinion with the gentleman from Pennsylvania, that no bill ought to be read in the House that did not originate with its leave.

The motion for referring the report to a select committee was carried, and Messrs. FITZSIMONS, GERRY, SINNICKSON, PARKER, and STONE, were appointed.

Mr. SHERMAN, from the Committee of Conference on the unfinished business, reported, that the committee had agreed that the unfinished business of the last session, that had passed from the one House to the other, ought to be regarded as if it had not not been passed upon by either.

The House then proceeded to the consideration of the report respecting the Southwestern frontiers and Indian affairs.

The gallery was hereupon ordered to be cleared.

MONDAY, January 25.

A message from the President of the United States was received, accompanied with the copy of the act of the Legislature of Maryland, ratifying and adopting the amendments to the Constitution of the States, proposed by Congress at the last session.

CENSUS OF THE UNION.

The House resolved into Committee of the whole on the bill providing for the actual enumeration of the inhabitants of the United States, Mr. BALDWIN in the chair.

1115 OF DEBATES IN CONGRESS. 1116

January 25, 1790.] *Unfinished Business.* [H. of R.

Mr. MADISON observed, that they had now an opportunity of obtaining the most useful information for those who should hereafter be called upon to legislate for their country, if this bill was extended so as to embrace some other objects besides the bare enumeration of the inhabitants; it would enable them to adapt the public measures to the particular circumstances of the community. In order to know the various interests of the United States, it was necessary that the description of the several classes into which the community is divided should be accurately known. On this knowledge the Legislature might proceed to make a proper provision for the agricultural, commercial, and manufacturing interests, but without it they could never make their provisions in due proportion.

This kind of information, he observed, all Legislatures had wished for; but this kind of information had never been obtained in any country. He wished, therefore, to avail himself of the present opportunity of accomplishing so valuable a purpose. If the plan was pursued in taking every future census, it would give them an opportunity of marking the progress of the society, and distinguishing the growth of every interest. This would furnish ground for many useful calculations, and at the same time answer the purpose of a check on the officers who were employed to make the enumeration; forasmuch as the aggregate number is divided into parts, any imposition might be discovered with proportionable ease. If these ideas meet the approbation of the House, he hoped they would pass over the schedule in the second clause of the bill, and he would endeavor to prepare something to accomplish this object.

The committee hereupon agreed to pass over the part of the bill alluded to.

Mr. LIVERMORE moved to amend the last clause of the bill, by striking out all that related to the mode of compensating the Marshal and his assistants, which were specified sums, proportioned to the service, and to substitute a provision, authorizing the Marshal, or his assistants, to receive from every male white inhabitant above the age of twenty-one, five cents; and of the owner of every male slave, of like age, three cents; reserving, for his own use, four cents out of every five, and paying the other one cent to the Marshal. He thought this was an equitable tax, agreeable to the spirit of the constitution; that it might be collected with safety and satisfaction; while, on the other hand, the mode proposed in the bill would be extremely inconvenient; it would draw a considerable sum out of the Treasury, which their present situation did not enable them to spare.

On the question this motion was lost.

The committee then, after making some small amendments, rose and reported progress.

UNFINISHED BUSINESS.

A message was received from the Senate, informing that they had adopted the report of the joint committee on the unfinished business, and requesting the concurrence of the House.

A motion was made to concur.

Mr. HARTLEY said, that the other day he had laid a motion on the table relative to this subject, and which he expected might have decided it. He had then given his opinion, that the unfinished business of the last session ought to progress from the stage in which it was left at the adjournment. Since that time he had had the honor of being appointed, on the part of the House, a member of the Committee of Conference on the same question; but after hearing all that could be urged in favor of commencing the business *de novo*, he still retained his former sentiments; nor should he alter them unless some stronger arguments were adduced in support of the contrary doctrine. He would, on this occasion, trouble the House no further than just to express his idea of the difference between an adjournment and prorogation, for it was upon their similitude that gentlemen founded their idea of commencing business *de novo*. A prorogation of Parliament is the act of the first Magistrate in Great Britain, and by that act he dismisses all the business before Parliament. By an adjournment, which is the act of the Legislature, all the business remains in their possession. If they remain possessed of the business, they have a right, and they ought to take it up in the state in which it was at the time of adjournment. This continuance of business is much more beneficial to the Commonwealth, by expediting causes, by saving time, and consequently diminishing the expense. But even upon a prorogation of Parliament, the Houses have asserted their right to continue their bills in the state in which they were left.

He did not think it was necessary to detain the House long upon this subject. He supposed that most of the gentlemen had made up their minds, and that a long investigation would not produce a single convert. For his part, he was opposed to the motion, and would vote against it.

Mr. JACKSON said that, on the conference, there was a majority of the committees of both Houses in favor of the report. After a long and full discussion, it appeared to them necessary that the business should be taken up *de novo*, because circumstances might occur during a recess, which would convince the House of the impropriety of a measure they had contemplated at their last session: an adjournment, therefore, amounts to the same thing as a prorogation. The opportunity the recess afforded them of consulting their constituents was the same in either case, and enabled them to form a more certain opinion with respect to the propriety of their measures, than any other thing could possibly do. Ought the Legislature, then, to be compelled to proceed with business they were certain was altogether impolitic and improper?

Mr. WHITE would not enter into a discussion of the subject; but he was satisfied that the

72

圖 1-2　美國的政治大數據：國會辯論記錄

註：以上為 1790 年 1 月 25 日，麥迪遜等國會議員就如何開展人口普查進行辯論的記錄，是美國國會辯論記錄（*The Debates and Proceedings in the Congress of the United States*）的第 1 114 和 1 115 頁。美國憲法第一條第五款規定，國會的辯論和投票應該有記錄，並予以公佈。從 1789 年開始，美國國會便對每天的辯論進行記錄，到今天，這 200 多年的辯論記錄已經成為了非常寶貴的政治大數據。日光之下，並無新事，幾乎所有的問題，人類都曾經在不同的歷史階段做過不同程度的思考和討論，而現代大數據的處理技術，可以通過一個關鍵詞的搜索，把美國國會 200 多年歷史中所有的相關辯論分門別類在瞬間之內拉到眼前。可以想像，這種政治史料的積累和應用，將給政策的制定、給人類理性的進步帶來巨大的便利和推動作用。（圖片來源：美國國會圖書館）

統計學的幾個重要命題

第一，對一個國家來說，統計甚麼，不統計甚麼，其實是個政治問題。在初數時代，知識分子甚至不能進入麥迪遜的統計行列，因為國會不會就其問題制定相關的政策，換句話說：在當時，知識分子在政治博弈中不代表成熟的政治利益；

第二，要統計一件東西，其必須要有清晰的邊界。統計首先是計數，也就是一個一個相加，即"1+1+1+……"，但首先要清楚地定義甚麼是"1"，在本書的後續章節，我們會發現，如何定義甚麼是"1"、甚麼不是"1"，常常會引起巨大的爭議。麥迪遜時代，不同職業的邊界很難確定，因此無法統計。除了職業，人口普查中還有很多問題需要界定，例如，普查一般需要幾個月才能完成，在這個期間不同時段死亡的人統不統計？失蹤的人統不統計？旅遊的人如何統計？有多套房子的人又如何統計？

第三，如何提高數據的真實性，這是世界各國統計部門幾百年來一直在面對的難題。為了免除民眾在回答問題中的擔憂，美國後來的法律規定，任何其他政府部門，包括情報部門、執法部門，都不能查閱、使用人口普查部門的原始數據。

根據國會的授權，國務院主持開展第一次人口普查，傑斐遜親自負責，他依託各州的司法系統，在全國派出了 650 名普查員，這 650 人騎著馬在 230 萬平方公里的大地上奔波了 14 個月，又經過從市到郡、從郡到州、從州到聯邦的層層數據匯總，1791 年 10 月 24 日，普查報告送到了華盛頓的案頭。

報告表明，這個嶄新的國家共有國民 3 893 635 名，其中黑奴 694 280 人，佔人口總數的 18%。華盛頓一看還不到 500 萬人，立即就質疑這個數據的準確性：

"可以肯定，美國的實際人口總數大大超出這個報告。有些人出於宗教顧忌而不遞交表格，有些人因為稅收而隱瞞人數，有些人對此漫不經心，還有我們普查人員疏忽等等原因，很多人被漏掉了。"

華盛頓之所以在第一時間質疑，是因為在當時普遍認為，一個國家的人口多少，是判斷其是否繁榮強大最重要的指標。為了用數據證明國家的強大，這也是很多統治者之所以開展人口普查的重要原因。作為首任總統，華盛頓很想用人口數據向世界證明，脫離了英國的統治，美國也照樣發展得很好。

傑斐遜當然理解總統的苦心，作為這次人口普查行動的直接負責人，他承認這份數據的“原始”和“粗放”，但時間已不允許重新清點和核對。他認為應該就用這份數據，在各個州之間分配議席，再通過選舉，產生新一屆能真正代表全體國民的國會。

這無異於一次政治權力的大洗牌，各個州都緊盯著這份數據，盤算著自己最終能分到多少議席。

但一動手計算，國會議員就發現，他們面臨一系列棘手的難題。憲法的文本雖然經過了半年的討論，但和現實的需要相比，也和普查的結果一樣——過於“粗放”，缺乏具體的規定。

第一個問題是眾議院究竟要設多大，翻譯成數學語言，即一個席位應該代表多少人。傑斐遜認為，眾議院應該儘量大，議員多，才能充分代表民意，他因此主張，按每個席位代表 3 萬人的標準，眾議院設定為 120 人。但他的意見立刻引起了參議院的不滿，參議院是固定大小，每州兩人，當時總共才 30 人，他們擔心在一個龐大的眾議院面前，其影響力受到侵蝕。而麥迪遜認為，眾議院並不是越大越好，他認為所有的議院都存在一個“黃金”大小，這個大小既有利於討論，又不容易結黨營私，他說：

“事實上，在一切情況下，為了保障自由協商、便於討論，同時防止一些人別有用心聯合起來，眾議院至少需要一定的規模；另一方面，為了避免人數眾多造成的混亂和過激，人數也應該有個最大的限度，歷史上所有人數過多的議會，不管由甚麼人組成，感情必定會戰勝理智，成為最高的權威。”[07]

麥迪遜的話雖然聽起來在理，但多大才算“黃金”大小，誰也說不清楚。各方不同的意見，引發了分權過程中的第一個死鎖。但還沒有等到這個問題解決，議員們又很快發現，無論議院多大，更大的困難在於，席位沒有辦法按照各州人口的比例來嚴格分配。例如，即使同意傑斐遜主張，按 120 個人的議院標準，麻省 47 萬多人，應獲得 15.84 個席位，但“15.84”究竟算 15 個還是 16 個？特拉華州應獲得 1.85 個席位，這又究竟是算 1 個，還是算 2 個？

其根本原因在於，席位的最小單位是“1”，無法再分。辦法只有兩個，一是棄零取整，二是四捨五入，但無論採取哪一種方案，都勢必有州要吃虧、有州要佔便宜。

這涉及到國家權力的分配，你多我就少，一票之差，就可能喪失巨大的利益，而且分一次管十年，州際紛爭、朝野辯論於是爆發。

這時候的美國國會，經過制憲大辯論的洗禮，隨著決策事務的增多，議員們已經開始站隊劃綫，美國的兩黨政治已經雛形初現。

一是漢密爾頓領導的聯邦黨，他們主張精英治國、建立一個強大的中央政府、放寬對於憲法的解釋，推動城市、銀行、工廠的發展；二是傑斐遜創建的民主共和黨，他們強調地方的權力和個人的自由，認為農民才是共和國的中流砥柱，也正因如此，民主共和黨的支持力量主要集中在美國西部和南部，而新興製造業集中的東北方則支持聯邦黨。[08]

漢密爾頓當時擔任財政部長，他精於數字和計算，在他的主導下，聯邦黨很快提出了一個 4 步分配方案：

1）確定眾議院席位的總數；

2）各州的席位配額多少由人口比例來定。例如，眾議院的總席位是 100 席，某州人口佔全國的 7.3%，那麼該州的配額就是 7.3 席；

3）先進行首輪分配：按各州配額的整數部分分配各州席位。例如，上述州的配額是 7.3 席，該州將先得到 7 席；

4）再進行二輪分配：各州按小數點後餘數的大小排序[09]，搶奪首輪分配之後剩下的席位，餘數大的州先得一席，直到所剩議席分完為止。

漢密爾頓方案的最大特點，是按餘數的大小，大的先得，餘數小的州可能甚麼也得不到。按照他的方案，眾議院共設 120 席，各州首先把黑奴人口進行 3/5 換算，然後按每個議席代表 3 萬人進行分配，第一輪中每個州都取整去零，獲得相應的席位，第一輪分配完成之後，120 席還剩下 8 席，再按餘數大小進行分配，餘數大的州，如康乃狄格州，餘數為 0.895，獲得額外一席，餘數小的州，如賓夕凡尼亞州，餘數為 0.419，排不上前 8，就分不到額外的席位。

結果，賓夕凡尼亞州、弗吉尼亞州等 7 個州的餘數被取整為零，沒有獲得額外的議席，他們當然強烈反對這個方案。民主共和黨的許多領袖人物，包括傑斐遜，都是弗吉尼亞人，他們也表示反對。華盛頓也是弗吉尼亞人，但他作為總統，並沒有表態。

表 1-2　漢密爾頓方案的議席分配過程及結果

州名	人口總數	議席分配		
		按比例應得的配額	首輪分配	最終分配
康乃狄格州	236 841	7.895	7	8
特拉華州	55 540	1.851	1	2
佐治亞州	70 835	2.361	2	2
肯塔基州	68 705	2.29	2	2
馬里蘭州	278 514	9.284	9	9
麻薩諸塞州（麻省）	475 327	15.844	15	16
紐咸西州	141 822	4.727	4	5
新澤西州	179 570	5.986	5	6
紐約州	331 589	11.053	11	11
北卡羅萊納州	353 523	11.784	11	12
賓夕凡尼亞州	432 879	14.419	14	14
羅得島州	68 446	2.282	2	2
南卡羅萊納州	206 236	6.875	6	7
佛蒙特州	85 533	2.851	2	3
弗吉尼亞州	630 560	21.019	21	21
合計	3 615 920	120.521	112	120

註：加下劃綫的州，是因為餘數過小、沒有獲得額外議席的州。1791 年，美國已經由 13 個州擴大為 15 個州。（數據來源：人口普查局 1790 年的人口普查報告）

　　這個時候，傑斐遜充分展示了他的數學天才。他首先回到了自己大議院的主張，他説議院越大，就越可以稀釋餘數的影響，也就越公平。此外，他代表民主共和黨提出了一個在數學上更精細的方案。他認為，漢密爾頓的方案之所以不公平，是因為不精確，沒有找到每個議席的最佳代表人數。他指出，用人口總數簡單地除以議席數，不能得到每個議席應該代表的最佳人數。他提出了一個方法，聲稱可以找到數學意義上最佳的代表數，這個方法被後世稱為除數法（Divisor Method），其步驟如下：

　　1）確定眾議院的席位總數；

　　2）根據這個總數，找出每個席位所代表的最佳人數 X，這個人數 X 稱作

"分割除數";

　　3）用各州人口數除以"分割除數"，然後取整（餘數忽略不計），即為該州應得的席位；

　　4）如果各州所得議席數相加等於第一步中所確定的議席總數，則 X 為最佳的"分割除數"。

　　因為追求數學最佳，傑斐遜的方法也在數學上更為複雜，很多國會議員聽不明白，也就沒了興趣。最後，漢密爾頓的方案在國會的投票中獲得了多數支持。

　　1791 年 3 月 24 日，正式的議席分配方案送到了華盛頓的案頭。按照憲法規定，作為總統，他有 10 天的時間審核，他可以簽署，一經簽署，該方案立即生效、成為法律；也可以行使總統的口袋否決權（Pocket Veto），如果否決，該議案將退回參眾兩院，重新啟動立法議程，如果退回的方案在參眾兩院都獲得 2/3 以上的絕對多數支持，則不需要總統簽署，自動成為法律 [10]。

　　面對錯綜複雜的州際矛盾和黨派紛爭，華盛頓也猶豫不決。聯邦黨和民主共和黨的對抗，已經不時觸發內政外交的危機，但傑斐遜和漢密爾頓兩人又堪稱他的左膀右臂，誰也得罪不起。

　　華盛頓拖到了最後一天，還在猶豫。4 月 5 日，事情突然發生了變化。

　　這天一早，傑斐遜匆匆趕到華盛頓的辦公室。這位國務卿甚至還沒有吃早飯，他興奮不已地告訴華盛頓說，他有了新的數學發現，作為總統，華盛頓必須立刻否決這個法案。

　　傑斐遜說，漢密爾頓方案不僅不公平，而且違憲。

　　違憲？

　　華盛頓聽到這兩個字，驚訝地瞪大了眼睛。傑斐遜繼續解釋說，漢密爾頓違反的憲法條款，正是華盛頓在制憲會議最後一天作出的修改，即每個議員代表的人數不能少於 3 萬人。由於漢密爾頓方案對餘數不精確的處理，使得部分州每個席位代表的人口數，低於憲法規定的 3 萬。他舉出例子，紐咸西州原本得到 4 席，但因為餘數大，又得到額外一席，總共 5 席，該州人口總數為 141 882 人，除以 5，即每席代表人數為 28 364 人，低於憲法的最低要求 3 萬人。

　　一數勝千言。華盛頓一聽就明白了，他本來就不喜歡這個方案，又無心介入黨爭，作為總統，他當然要維護憲法和既定的標準，他當即知會國會："經過成熟的考慮，我將本法案退回兩院，因為有 8 個州的議席代表人數低於憲法所規定的 3 萬人……"。

這也是美國歷史上總統第一次行使否決權。

當法案退回到參眾兩院，大多數議員對這個新的發現瞠目結舌、面面相覷，不少人對傑斐遜的數學才能佩服得五體投地。自然，已經不需要更多的辯論，傑斐遜的方法很快就通過了。

1790 年這場黨爭最後以民主共和黨的獲勝結束。但眾議院的大小，也不像傑斐遜起初主張的那麼大，為了保證每個州的席位所代表的人數都不違憲，最後議席代表人口的基數定為 3.3 萬人，這一屆的眾議院的總席位設定為 105 人。

但獲勝的傑斐遜肯定沒想到，半個世紀之後，漢密爾頓方法捲土重來，重新被美國國會採納為議席分配方法，並且體現出更大的合理性。而漢密爾頓更沒想到，100 年之後，美國人在他的方法中，發現了一個接一個令人震驚的悖論，而且每次都找不出解決的方案。

阿拉巴馬悖論：沒有完美的方案

傑斐遜，這位在 1790 年被國會認定的數學 "天才"，卻在後世不斷受到質疑和挑戰。

隨著時間的推進，個別州發現，在傑斐遜的分配方法中，他們的餘數每次都被約去，他們也同時觀察到，另外一些州每次都要佔便宜：例如特拉華州，連續 40 年其按比例應該獲得的席位配額為 "1.61"、"1.78"、"1.68"、"1.52"，但每次餘數都被 "一剪沒"，最終只分配到 1 席；而紐約州，其連續 50 年的配額分別為 "9.63"、"16.66"、"26.20"、"32.50"、"38.59"，但每次都能進位，獲得 1 個額外的席位。

每年吃虧的州都在一起抱怨，很快，他們又發現，吃虧的總是小州，反覆幾次之後，他們明白了，傑斐遜的方法在數學上 "天生" 歧視小州。

傑斐遜的辦法確實對小州不公平，原因在於，同樣一個餘數，對小州和大州的意義可能完全不同，例如，大州 105 000 人，小州 15 000，假設每 10 000 人設定一個議席，大州按比例獲得的席位為 10.5 個、小州的是 1.5 個。

大州：105 000÷10 000=10.5　取整去零為 10，即獲得 10 個席位

小州：15 000÷10 000=1.5　取整去零為 1，即獲得 1 個席位

餘數都是 "5 000" 人，但這 5 000 人，只佔大州的 1/21，但卻佔小州的 1/3，換個角度來看，大州其實是每 10 500 人產生一個議席，小州卻要 15000 人產生一個議席：

大州產生一個席位所需要的事實人數：105 000÷10=10 500（人）

小州產生一個席位所需要的事實人數：15 000÷1=15 000（人）

再換個角度看：如果統一按 10 500 人一個席位來計算，那小州有 4 500 人在議會無人代表：

小州沒有議員代表的人數：15 000－10 500=4500（人）

這個時候，議席分配方法之中的 "玄妙" 和 "古怪" 開始吸引了越來越多人的興趣，其中一位是卸任的第 6 任總統亞當斯（John Quincy Adams）[11]，亞當斯來自於麻省，麻省是第二大州，亞當斯 1829 年就從總統的位置上退了下來，但這個 "老頑童" 卻退而不休，又參加競選，並再度當選為眾議員，成為美國歷史上唯一一名在卸任總統之後，又去當眾議員的總統。

亞當斯認為傑斐遜的方法系統性的歧視小州，他於是志願為小州代言，在國會推動議席分配方法的變革。經過深入的研究，"老頑童" 宣佈，他找到了第 3 種辦法，可以彌補傑斐遜方法的不足。他的方法類似於傑斐遜，唯一不同的是，在找到最佳除數之後，傑斐遜去零取整，他主張逢餘必進。他聲稱，這樣將沒有任何一個州會失去席位，無論大州、小州的利益都能得到保證。

另外一名加入討論的是資深參議員丹尼爾·韋伯斯特（Daniel Webster）。韋伯斯特在美國歷史上也是赫赫有名，他是參議員，也做過眾議員，還先後擔任過 3 任總統的國務卿，後世認為，他是美國歷史上最偉大的 5 名參議員之一[12]。韋伯斯特做過律師，其雄辯之口才無人能及，據説他一開始演講，議院的聽眾都會情不自禁地站起來，最保守的人也會因之動情流淚。

韋伯斯特認為，傑斐遜和亞當斯的方法都過於偏激，在找到最佳除數之後，不要 "去零取整"，也不要 "逢餘必進"，而應該 "四捨五入"。

韋伯斯特的方法，確實更加合理。可以想像，這個方案一經這位雄辯家提出，其説服力也驟然上升。於是 1842 年，國會採取了韋伯斯特方法來分配議席。

但韋伯斯特方法也明顯不是百分之百公平，還是有人捨、有人得，而且核心問題沒解決——吃虧的還是小州。到了 1850 年，小州又開始抱團在國會抱怨，這個時候，傑斐遜的方法已經"山窮水盡"，貌似沒有任何可以改進的空間了，議員們也黔驢技窮了。於是，漢密爾頓方法又重新回到了大家的視野。

1850 年，漢密爾頓方法在議會的辯論中佔了上風，經過了半個世紀的薰陶，議員們"定量分析"的水平已經大幅提高，大家都明白，從數學上看，因為小州更可能有大的餘數，漢密爾頓按餘數大小排序的分配方法偏向於保護小州，吃虧的可能是大州。但大家都心照不宣，畢竟小州已經吃了半個世紀的虧了！這就是政治，沒有絕對的公平，政治的天平只會在不同的博弈者之間輪流傾斜，這種傾斜，是不斷發言和抗爭的結果。

這之後，美國國會一直棄"傑"從"漢"，但到了 1880 年，一個更大的挑戰突然出現了。

1880 年，美國的人口上升到 5 000 多萬，較 1870 年上升了 30%，眾議院的議席自然又要做相應的調整，其應對方法無非兩個，一是增加每個議席代表的人數，二是增加議席總數。普查系統的統計人員在分析計算了各種可能的安排之後，突然發現，在總席位由 299 席增加到 300 席時，即使其他一切條件保持不變，但按照漢密爾頓方法，阿拉巴馬州獲得的席位數卻由 8 席下降為 7 席。

這個發現令人震驚，因為它完全違背常識。按常理來說，蛋糕做大了，一個州如果分不到更多，至少不會失去原有的份額才對，但阿拉巴馬州卻沒有保住原來的 8 席。漢密爾頓方法怎麼會暗藏如此之大的"Bug"呢？一時之下，沒有人能提出合理的解釋，普查系統的官員在給國會的信中將其稱為"阿拉巴馬悖論"（Alabama Paradox）。

之所以稱為悖論，是指總議席增加反而導致某些州議席減少，雖然有悖常識，但其產生的原因並不複雜。按照漢密爾頓方法，如果眾議院總席位為 299 席，阿拉巴馬的配額比例是 7.646；它在首輪中得到 7 席（7.646 的整數部分），其後因為其餘數（0.646）在排序中足夠靠前，在二輪分配又得到額外一席，共 8 席；當眾議院總席位增加到 300 席時，阿拉巴馬的配額也變了，為 7.671，同上，它在首輪中再次分得 7 席，但它這次的餘數（0.671）卻不夠大，排不上額外的一席，所以最後只能得 7 席。顯然，這 1 席之差，完全是由於漢密爾頓方法處理餘數不當造成的。

表 1-3　阿拉巴馬悖論的數學解釋（以 3 個州為例）

州	人口	10 席		11 席	
		所佔比例	所得席位	所佔比例	所得席位
甲州	6	4.286	4	4.714	5
乙州	6	4.286	4	4.714	5
丙州	2	1.429	2	1.571	1

> 在總議席增加一席後，丙州餘數的排序由原來的第 1 名下降到第 3 名，分不到額外的席位，因此席位總數反而減少了。

註：假設有 3 個州，各州人口數為 6 人、6 人、2 人，總議席在從 10 席增長到 11 席的過程中，最小的州丙州的議席數反而下降一席。

阿拉巴馬悖論出現之後，各州的議員紛紛檢視自己所得的議席，甚至重新計算自己歷史上曾經獲得的席位，他們都意識到，常識是不可靠的，數學是詭異的，漢密爾頓的方法是不可信任的！

可以想像，這一年的議會又吵吵嚷嚷：有人建議回到傑斐遜的方法，有人建議把眾議院的大小固定，一陣忙亂之後，國會也拿不出一個完善的解決方案，無奈之下，他們決定直接跳過了 300 席，把問題留給後人。在嚴密的計算之後，這一年國會把議席擴大到了 332 席，以確保各個州都皆大歡喜。

問題確實是留給了後人。1901 年，因為餘數作怪，新的悖論又出現了，這次輪到了哥羅拉多州。此前它獲得 3 個席位，其人口一直在增加，增長速度也比很多州都要快，但眾議院的總席位從 356 席躍升到 357 席時，它的席位神秘的下降為 2 席[13]。

1907 年，更奇怪的事發生了。

這一年，奧克拉荷馬州成立，加入聯邦。當時的國會共 386 席，奧克拉荷馬州有 100 萬人口，按當時的席位代表基數，奧克拉荷馬州應該分得 5 席。國會在討論之後，認為在總席位上增加 5 席，即 391 席，應該萬事太平。

席位增加之後，奧克拉荷馬州確實如其所願，分到了 5 席，但讓人 "崩潰" 的是，紐約州無緣無故少了一席，而這一席，神秘地轉移到緬因州的名下。問題在於，兩州的人口數量都沒有變，用的都是 1901 年的普查結果。這一下，紐約州炸了窩，他們絕對不幹，各個州也表示這個問題務必解決，因為今天發生在紐約州的事，明天也可能發生在他們頭上。這個悖論被後世稱為 "新州悖論"（New State Paradox）。

　　紐約州是當時美國的第一大州，緬因州是小州，"新州悖論"再一次證明，漢密爾頓的方法傾向於保護小州。到這個時候，國會及各州的政治家都徹底明白了，建國者發明的"數據分權"機制好是好，但沒有一種辦法可以確保它能完全公平的落實。

　　1912 年，靠把蛋糕做大、增加席位以彌補各州矛盾的和稀泥的做法也在反對聲中走到了終點，美國國會決定眾議院不能無限擴大，把其編制定死為 435 人。這之後，議席分配的問題變得更加複雜、敏感，究竟如何分配才最公平，討論越來越激烈，哈佛大學、康奈爾大學甚至因此形成了兩個學派，不斷在國會遊說，分庭抗禮幾十年。

　　1941 年，以亨廷頓教授（Edward V. Huntington）為首的哈佛派取得了上風，從此之後，美國一直沿用亨廷頓方法。亨廷頓仍然沿襲了傑斐遜的方法，其改進之處，還是在於對餘數的處理上：亨廷頓引入了"幾何平均數"的概念，主張按幾何平均數的大小來對餘數進行取捨。

延伸閱讀

幾何平均數

　　我們很熟悉算術平均數，兩個數 X 和 Y 的算術平均數為：$(X+Y)/2$。幾何平均數顧名思義，體現的是幾何關係，它在數學上是 N 個數相乘之後開 N 次方根，例如：兩個數 X 和 Y 的幾何平均數為 $\sqrt{x \cdot y}$，它可以理解為，一個長為 X、寬為 Y 的長方形，其面積相當於一個邊長為"$\sqrt{x \cdot y}$"的正方形；又如，三個數 X、Y、Z 的幾何平均數為"$\sqrt[3]{x \cdot y \cdot z}$"，它可以理解為，一個長為 X、寬為 Y、高為 Z 的長方體，其體積相當於一個邊長為"$\sqrt[3]{x \cdot y \cdot z}$"的正方體。

　　幾何平均數適用於計算平均增長率。例如，你第一年的工資為 10 萬元，接下來各年分別為 18 萬元、21 萬元、30 萬元，那你工資每年的增長率分別為：80%、16.67% 及 42.86%，而 3 年的平均增長率必須用幾何平均數來計算：第一年的增長率 80%，即為 1.80，那 3 年的平均增長率為三個年度增長率相乘的三次方根：$\sqrt[3]{1.8 \times 1.1667 \times 1.4286} = 1.4422$，即每年的平均增長率為：44.22%。這意味著，如果你的工資起點為 10 萬元，每年增長 44.22%，那第 4 年的工資就是 30 萬元。如果用算術平均數計算你的平均增長率，將會得到錯誤的結果：（80%+16.67%+42.86%）÷3=46.51%。

但很顯然,亨廷頓方法還是不完美,這之後,有的州甚至提起了法律訴訟。1992 年,蒙大拿州的人口較 10 年前增加了,但其議席卻要從 2 席下降為 1 席,該州的選民認為受到了制度性的歧視,很不公平,於是把人口普查局告上了最高法院。最高法院的法官們合計了半天,才把其中的道理搞清楚,但他們也無計可施,法官們最後的判決是:在對絕對公平進行了足夠的善意嘗試之後,如果仍然確定不了哪種方法最好,出現了無法避免的缺陷,我們最後必須尊重國會的決定。[14]

換句話說,我們已經盡了最大的努力,但數學水平只有這麼高,蒙大拿州,你就認了吧!

最高法院就是美國最高的權威,蒙大拿州也只有認了。人類追求精確、公平,但凡事都沒有絕對,人類最終必須和 "不完美" 妥協。對於這種無奈,古聖先賢也早有過總結和論斷,公元前 3 世紀,古希臘的哲學家亞里士多德就說過:在只可能獲得一個大概的情況下,滿足於事物固有的精確度、停止追求完全的準確,這是一個頭腦受過訓練的標誌。[15]

後世的數學家也證明,如果使用傑斐遜的方法,確實能避免漢密爾頓方法產生的 "阿拉巴馬悖論"、"新州悖論" 等難題,傑斐遜方法的各種變種中,又屬亨廷頓的幾何平均法最為公平,當然,這個公平歸根結底還是 "相對" 的。完全的公平並不存在,因為國家權力的單位,是一個一個的 "席位",它無法在人口中完全平均地分配,換句話說,以代議制為基礎的、完全意義的 "一人一票、票票等值" 其實是個美好的政治理想,永遠無法實現!

但美國政治生活中對權力精確分配的探索,給後世很多民主國家提供了借鑒。傑斐遜方法、漢密爾頓方法、韋伯斯特方法以及亨廷頓方法,雖然各有各的問題,但也成為了世界各國處理席位分配問題的主流方法。

有數初成:共和政治反哺數據文化

雖然近 200 年來,美國的議席分配方案不斷出現瑕疵、爆出悖論,但通過數據分權,美國實現了國家權力在議員之間的動態分配和在各州之間的平行流動,在 "民主" 的基礎上,兼顧了 "共和",從這個意義上來說,可謂 "數據" 成就了

"共和"。但共和政治的體制一旦確定，它其中蘊含的自由思考和平等討論精神，又開始反哺美國社會的數據文化，成了美國社會數據文化不斷發展的重要驅動力。

就人口數據而言，在 1790—1820 年間，其作用幾乎完全限定在議席分配的政治領域，但隨著時間的推進，麥迪遜的建議最終被一步步落實，人口普查的作用從政治領域不斷擴張，首先蔓延到政策制定的領域，然後是社會生活的領域。

1794 年，就在傑斐遜和漢密彌頓發生激烈黨爭、兩黨政治初現端倪的時候，民間就出現了批評的聲音，批評者主張通過"事實"和"數據"來營建共識、消滅黨爭。其中的代表人物有當時的政論家、教育家諾亞·韋伯斯特（Noah Webster）和耶魯大學的校長德懷特（Timothy Dwight），他們主張用數據消解黨爭，堪稱"數據黨"。

韋伯斯特認為，國會立法的根本目的，是推進全社會的共同福祉，任何一個政策問題，再複雜，也一定存在一種做法，能最大地促進公共福祉。黨爭的直接原因是因為觀點不同，觀點不同的原因又在於事實不足。正是因為事實不足，才產生了各種各樣武斷的猜測、固執的判斷。如果人們都了解足夠多的事實，那對於同一個公共問題，就不會有太大的分岐；也就是說，事實越多、越肯定、越準確，就能越好地消解黨派紛爭、建立和諧政治。因此，政治的基礎應該是"真正的事實以及由此衍生出來的知識"。

韋伯斯特繼而指出，在所有的事實當中，用數據描述的事實是最準確、最銳利、最有說服力的。因此，描述一件事實，增強客觀性、減少主觀性的最好方法，就是儘可能的使用數據。

諾亞·韋伯斯特（1758—1843）

政論家、教育家，他一生致力發展美國自己獨特的文化，因此編撰了大量詞典和語言教材，被譽為"美國學術和教育之父"。制憲會議以後，他以"一個美國公民"的筆名，撰寫了大量文稿，向大眾解釋美國憲法的優越之處。（圖片來源：維基百科）

韋伯斯特的觀點得到了耶魯大學校長德懷特的響應，他們組織了一批學者，成立了康乃狄格州藝術與科學研究院（CAAS），1800 年，當第二次人口普查就要開展的時候，該研究院會同其他學術組織，向國會提出建議：把僅僅服務於議席分配的人口普查轉化為一次向社會尋找"真正事實"的統計活動，通過收集足夠的數據，國家可以掌握到整個社會"出生率、性別、年齡、婚姻狀況、健康、職業、壽命"等方方面面的情況，從而制定出更符合現實的政策和法律。

這個方案獲得了傑斐遜的支持。但這個時候，對大部分國會議員而言，普查的意義就是分權。國會討論的最終結果，1800 年的普查還是依葫蘆畫瓢，沒有改進。德懷特對此非常失望，此後，他索性自己在康乃狄格州內發起了普查運動，他以每個村莊為單位，不僅調查人口、房屋、工廠，甚至在問卷包含了諸如"近 20 年有幾個人自殺？"、"工廠雇用了多少工人、工資是多少？"、"村裡有幾輛四輪馬車？"等細緻的問題。

德懷特的計劃實施了 10 年，因為大部分人不願意配合，最終沒有獲得成功。但德懷特不斷呼籲：如果事實是制定政策的基礎、知識能夠在決策者之間營造共識，那系統性收集數據的工作，就應該由政府親自來完成。

類似於德懷特的呼籲和努力，最終促使人口普查在 19 世紀逐漸推進到政策制定的領域，從而影響到美國的社會生活，在這個過程中，數據開始從政治精英走向平民大眾。

當然，共和政治對於數據文化的形成，其作用也不僅僅限於人口普查。因為政治生活中民主和共和的基因，美國的建國者一再強調，共和國的目標不是愚民，

富蘭克林（1706—1790）

擔任過賓夕凡尼亞州州長、美國駐法大使、美國第一任郵政局局長，擁有多項科學發明，還創辦過美國第一所醫院。富蘭克林認為科學發明是用於提高效率和人類進步，因此放棄申請專利。他在自傳中寫道："我們的靈魂是不朽的，無論是現在、還是未來，所有的犯罪都將受到懲處，而堅貞的美德都將受到讚賞"。（圖片來源：維基百科）

而是培養有智識的公民。培養的方法，一是提高識字率，減少文盲，另外一個重
要的手段，美國建國者認為，就是推廣數學的教育，減少"數盲"，以提高人民的
思辨能力，教會人民獨立思考。

　　華盛頓、傑斐遜和富蘭克林就是其中的突出代表。華盛頓的第一份工作是弗
吉尼亞州的土地測量員，他深知數據對於認識客觀世界的重要性，就在傑斐遜主
持開展第一次人口普查期間，他甚至自己親力親為，組織了美國的第一次農業調
查；傑斐遜也曾做過土地測量員，除了是一名政治家，他還研究密碼學、測量學
和考古學；富蘭克林則是一名政治家、外交家和科學家，年輕時曾沉迷於捉雷捕
電，後來發明了避雷針。

延伸閱讀

華盛頓主持的第一次美國農業調查

　　華盛頓終生都對農業保持高度的興趣，他在辭去大陸軍總司令之後，曾經
在農莊研究土地改良，作為大農場主，他還曾經是英國的農業委員會外籍榮譽
會員。

　　就任首任總統之後，他提出仿照英國，成立國家農業委員會，開展農業普
查，但其提議沒有在國會獲得通過。華盛頓於是以個人的名義給當時的各大農
場主寫信，要求他們對各地土地的價值、租金、農產品的種類、產量、價格，
各種家畜的價格以及稅負等等情況進行評估。他對所有的回信進行了彙總，形
成了美國第一份農業調查報告，為收集農業數據開了先河。華盛頓主持的農業
統計覆蓋了當時主要的人口聚集區，包括賓夕凡尼亞州、弗吉尼亞州、馬利蘭
州、西弗吉尼亞州和華盛頓特區。

　　1788 年，華盛頓曾經這樣描述數學教育："從一定程度上來說，文明生活
的方方面面都不可缺少數字的科學，對數學真理的追蹤能訓練推理的方法和正確
性，這是一項有益的活動，尤其適合理性的人類。"[16] 傑斐遜則建議，所有的小
學，除了教授閱讀、寫作之外，還應該開設算術的課目。他認為："大腦的功能，
也像身體組織一樣，通過練習而改善、加強。基於數學的推理和演繹，因此是人
類了解深奧法則的有益準備。"[17]

　　在這樣一批建國者的推動下，數學教育也很快在這個新的國家普及。1802
年，數學已經正式成為了哈佛大學入學考試的內容。

專制文化對數學發展的限制

民主政治對數學的發展有很大的促進作用。中國幾千年的皇權專制統治，就極大地束縛了中國數學文化的發展。

中國的數學家、數學歷史學家張奠宙先生認為：由古希臘衍生而來的西方民主政治，對數學的發展起了十分重要的作用。在民主的環境下，為了證明自己的觀點正確，需要在平等的基礎上用充分的理由說服對方。反映在學術上，就是"證明"。學者們先設置一些人人皆同意的"公理"，規定一些名詞的意義，然後對命題進行證明，把它們上升為公理的"推論"。歐幾里德的《幾何原本》正是在這樣的背景下產生的。相比之下，中國古代的數學家，主要是幫助君王統治臣民、管理國家，以是否有利於君王的統治為依歸，內容包括丈量田畝、興修水利、分配勞力、計算稅收、運輸糧食等等實用的目標。因此，從文化意義上看，中國數學可以說是"管理數學"和"木匠數學"，存在的形式是官方的文書。抽象的數學思維能力沒有辦法形成氣候。[18]

其中最根本的原因是，專制主義者害怕自己的子民通過學習數學獲得理性思辯的能力，從而挑戰他的"專制"。在長期專制的政治體制之下，中國人理性思考的能力非常薄弱。

除了開展人口普查、推廣數學教育，1790 年，在聯邦黨和民主共和黨為了議席分配方法僵持不下的時候，華盛頓和傑斐遜這兩位多才多藝的建國者，還著手改革了美國的貨幣體系、統一了重量和測量的單位[19]，這項工作對後世美利堅民族數據意識的形成、數據文化的建立，也產生了深遠的影響。

英國殖民期間，北美大陸一直沿用英國的貨幣系統及測量單位，當時英國貨幣單位分為"英鎊"、"先令"和"便士"。其中，1 英鎊 =12 先令，1 先令 =20 便士，換算過程比較麻煩[20]。傑斐遜認為，共和國應該簡化自己的貨幣體系，以方便大眾、推動商業發展。1793 年，在傑斐遜的主導下，美國廢除了英國的英鎊和便士，以十進制為基礎，推出了以"元、角、分"為單位的新貨幣體系（1 美元 =10 角，1 角 =10 美分），並開設鑄幣工廠，開始印鈔鑄幣。

傑斐遜認為，"十進制將極大的方便大眾的計算，從此，最普通的人也可以自己計算買賣和測量。"為了推動新的貨幣體系在民間儘快流通，他還在全美教育系統鼓勵"數學和換算"方面的教學，隨後出版了一批這方面的教材。在 1796 年出版的一本數學入門教材中，其開篇序言這樣寫道：

"我親愛的同胞，我請求你——別再使用英國的貨幣計算方法，讓他們用他們的、我們用我們的！他們的方法確實適用於他們的政府——專制的暴君把會計系統儘可能搞得複雜、把人搞得糊塗，以操縱稅收和財務的工作，但一個共和國的貨幣體系應該簡單，最普通的人也能方便的使用。"[21]

換句話説，共和國的目標就是讓一切的計算變得簡單，讓每個人在商業活動中都能成為自己的計算器，而不依賴於他人。計算的能力不僅僅是自由經濟的需要，也是自由社會、自由人的需要。

十進制，在亞里士多德時代就被發明了，但美國是全世界第一個在貨幣體系中普及十進制的國家。幾年後，法國也跟進，制定了以十進制為標準的貨幣、測量和重量的單位。隨著法國大革命的展開，這套標準逐漸推廣到整個歐洲。

美國這批開明的共和者推出的種種措施，30 幾年後，就在千千萬萬普普通通的美國人身上見到了明顯的功效。

1831 年，法國人托克維爾來到美國考察，之後出版了名垂青史的經典著作《論美國的民主》。他看到"美國人已經習慣了精確的計算"，他在書中記述道："他們喜歡秩序井然，沒有秩序，事業就不能發達。他們特別重視遵守信譽，信譽是生意健康發展的基礎。他們的大腦已經習慣於精確的計算，按常規辦事也在他們的頭腦中扎根。"[22]

同一時期，英國的哲學家湯馬士・漢密爾頓（Thomas Hamilton）也來到美國遊歷，他的親身經歷也彙集成了一本書：《美國人及其作風》。他注意到，這個年輕的共和國到處瀰漫著測量、計算和精確的氛圍。他在費城觀察到："城市的社區按正方形一塊一塊地展開，嚴格的直角和平行綫成為主宰"。他根據自己的經歷建議説，"去美國旅遊，每個人都要帶上一個計時器，因為在美國不像其他國家，稍微算錯時間也可能帶來非常糟糕的後果"，他還發現美國人會根據別人的財務狀況，對他們進行分門別類，這位英國紳士甚至因此感到很不舒服："我已經被清楚地告之，我的熟人當中誰有良好的名聲和信譽以及他們每年開支的數量。"他最後在書中作出結論説："我認為，在這群不斷猜測、估算、預期和計算的美國人當中，算術像是一種與生俱來的本能"。[23]

類似於托克維爾和湯馬士・漢彌爾頓的觀察還有很多。1825 年，費城的一名醫生統計了 7 077 名新生兒的重量，並製作了一張重量分佈表，發放給新生兒的母親，以方便她們對比掌握自己孩子的情況。他還監測了孕婦在 280 天的孕期中每天增長的重量，並發放給孕婦，作為每天飲食的標準以及體重增長的參考。[24]

今天的美國醫院秉承了這種數據傳統，從體檢到手術，很多醫療環節都可以看到數據。孩子從出生開始，接受體檢，身高、體重、頭圍是 3 個基本的檢查指標，美國醫院除了提供各項指標的大小，還會提供該項指標的百分位。

表 1-4　1 歲 2 個月男嬰體檢報告中的主要指標

	身高	體重	頭圍
數值	21.5 英寸	10 磅 1 安士	37 厘米
百分位（Percentile）	39%	49%	20%

註：百分位的含義：該嬰兒的身高為 21.5 英寸（即 54.6 厘米），其百分位為 39%，意味著這個嬰兒比 39% 的同等年齡男嬰都要高。50% 的百分位則意味著大眾的平均水平。百分位的計算結果，是在收集大量數據之後獲得的，它可以為父母提供自己孩子身高相對大眾平均水平的參照。

在美國做手術，術前病人或家屬也會被告知手術的風險，例如有 0.03% 的手術者死亡、0.1% 的手術者感染，以及發生各種併發症的可能性。這些百分比的得出，都是建立在長期收集數據的基礎之上。2013 年，美國外科醫師協會（ACS）利用信息技術推陳出新，他們在 2009 年至 2012 年間，收集了全國 393 所醫院、140 多萬病人的數據，在這個基礎上，開發了一個手術風險計算器（ASC/NSQIP Surgical Risk Calculator），該計算器能針對病人的情況，對 1 557 種手術的風險以及其各種併發症的可能性進行計算，以提供給醫生和病人作為手術前的決策參考和準備。[25]

縱觀全世界大多數國家，資本主義的萌芽、大公司的興起，才是 "數目字" 管理、數據文化形成的最大動因。但回顧美國的歷史，後世的歷史學家往往感歎説，美國的數據文化是從 "共和政治和經濟發展" 這兩條主綫共同發展而來的。尤其是共和政治中對人口數據的運用，促進了整個社會數據意識的萌芽。美國文化源於歐洲，但用數據來分權，歐洲國家沒有任何的先例。歐洲的統計學家也稱讚説："美國的統計學因此展現了全世界最豐碩的成果。"[26]

其實，在整個 19 世紀，幾乎一切數學和統計學的重大發明和進步都還起源於

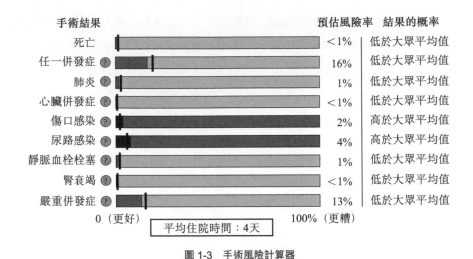

圖 1-3　手術風險計算器

註：例如一位中年女性需要接受顱骨切除的手術，她在輸入自己的基本情況以及相應的手術名稱之後，系統會給出計算和評估的結果：該手術的平均住院時間為 4 天，她手術的死亡風險小於 1%（低於大眾平均值）、產生併發症的可能性為 16%（略低於大眾平均值），其中傷口感染的可能性為 2%（高於大眾平均值 1%）、尿道感染的可能性為 4%（高於大眾平均值 3%）、肺炎的可能性為 1%（低於大眾平均值）、腎功能衰竭的可能性小於 1%（低於大眾平均值）等。

歐洲。1830 年代，歐洲很多國家都建立了專門的統計部門，就此而言，美國還相對落後。但不同的是，美國的共和政治對人口數據的創造性應用，以培養有智識的公民為目標，大力普及數學教育，為方便本國人民，簡化日常計算的單位，這些措施把數據意識成功地推向了整個社會，讓普通的公民在日常生活中也開始注重數據、使用數據，並逐漸形成為一種內在的習慣。

　　從 1787 年到 1830 年代，本書將其定義為美國數據歷史的初數時代，這是個蘊育的時代，有數初成。在這個時代，數據好比漣漪，它在歷史的長河上靜靜地泛開波紋，把千千萬萬個普通人捲進它的暈圈，沖刷、洗滌、浸泡，讓其成為具有數據意識的公民個體。

中國往事：第一次現代意義上的人口普查

　　中國古代對人口的統計是主要建立在戶籍制度之上，歷朝歷代對此都很重視。早在周朝，就有人口調查的記錄。秦國著名的改革家商鞅曾經提出"強國知十三數",即一個強大的國家,必須掌握 13 種數據,這 13 種數據包括全國人口中的壯男、壯女、老人、少年、官吏、商人、讀書人、殘疾人的數量以及全國糧倉、金庫、馬、牛、飼料的多少。[27] 到明朝,朱元璋曾經動員全國的力量對人口進行清點,通過對各家各戶的姓名、籍貫、性別、年齡、住址、職業、經濟狀況等情況進行登記,建立了嚴密的"戶帖"制度,並且每十年更新一次,以作為納稅服役的依據。

但這些都是原始的、非現代意義上的人口普查,現代意義上的人口普查在中國直到 1900 年之後才出現。

1894 年,中日之間爆發了甲午戰爭,其後八國聯軍又入侵北京,這兩場戰爭都以中國的兵敗、賠款和割地而告終。反省近百年來中國的落後,中國的知識分子逐漸認識到,中國的問題不是"中學為體、西學為用"可以解決的,要強國,必須要改革自己的體制,全面向西方學習。但清政府卻缺乏改革的勇氣,其統治集團也不肯放棄自己的既得利益。1906 年,在全國上下的反對聲中,清政府的政權已經到了岌岌可危的地步,萬般無奈之下,清政府被迫宣佈"預備立憲",即準備制定憲法、推行代議制的政治體制。1908 年,為了給立憲和選舉作準備,民政部成立了統計處,並計劃在 6 年之內完成第一次全國人口普查。當時民政部的尚書善耆表示:"憲政之進行無不以戶籍為依據"、"立憲之國,無一人非國民。戶口一清,則良莠既不至混淆,且可同享國民應有之權利。將來地方自治及有關公益等事,自易次第推行,漸收實效,足見清查戶口一事利國利民"。

善耆的意思是,把人口清點清楚,是實施憲政的基礎,每一個國民都因此可以行使自己作為一名公民的權利,也有利於地方自治和公益事業。換句話說,普查的目的是服務於人民的權利,而不是為了徵賦稅、召徭役等社會控制,正因如此,這次普查被很多學者認為是中國第一次現代意義上的普查 [28]。

清政府也參考了西方各國的經驗,設計了普查表格,其中有部表 76 張、省表 72 表,並規定普查由警察部門實施執行。但普查一開始,就受到全國各地的抵制,民間的對抗甚至演變為民變風潮。對抗的原因,是因為民間恐懼加稅、徵兵,還有各種愚昧的傳言,例如陰兵過境、瘟疫流行等等,江蘇、安徽、雲南等省份發生了民眾圍攻普查員、哄搶表格的暴力事件,江西甚至發生了普查員被打死、活埋的恐怖事件。人口普查在全國各省區的推進,可謂舉步維艱。

　　1910 年 10 月，迫於國內的呼聲和壓力，末代皇帝溥儀又宣佈提前立憲，並要求加快人口普查的進程。但即便如此，人心已去，歷史已經不再給清政府機會。還沒等到這次人口普查在全國各個省區完成，1911 年，辛亥革命就爆發了，清政府被推翻。中國歷史上第一次現代意義上的人口普查就此夭折。

註釋

01　英語原文為："It is too probable that no plan we propose will be adopted. Perhaps another dreadful conflict is to be sustained. If, to please the people, we offer what we ourselves disprove, how can we afterwards defend our work? Let us raise a standard to which the wise and the honest can repair. The event is in the hand of God."——Speaking at the First Continental Congress, George Washington, May 14, 1787

02　英語原文為："The evils we experience flow from the excess of democracy. The people do not want virtue, but are dupes of pretended patriots."——Debate on Constitutional Convention, Elbridge Gerry, 1787，格里後來成為美國第 5 任副總統。

03　這個規則其實就是憲法。美國對憲法的修改非常嚴格，其大部分條文的修改，需要國會 2/3 以上的絕對多數同意，部分條文甚至需要全體成員同意。

04　Madison's notes on the Constitutional Convention, Tuesday, September 17, 1787.

05　英語原文為："Representatives and direct taxes shall be apportioned among the several states which may be included within this union, according to their respective numbers, which shall be determined by adding to the whole number of free persons … three fifths of all other Persons. The actual Enumeration shall be made within three years after the first meeting of the Congress of the United States, and within every subsequent term of ten years, in such manner as they shall by law direct. The number of Representatives shall not exceed one for every thirty thousand, but each state shall have at least one Representative."——*The Constitution of the United States of America*, Article I, Section 2

06　英語原文為："Congress had now an opportunity of obtaining the most useful information for those who should hereafter be called upon to legislate for their country, if the census was extended so as to embrace some other objects besides the bare enumeration of the inhabitants."——Annals of Congress, First Congress, House of Representatives, January 25, 1790

07　英語原文為："The truth is, that in all cases a certain number at least seems to be necessary to secure the benefits of free consultation and discussion, and to guard against too easy a combination for improper purposes; as, on the other hand, the number ought at most to be kept within a certain limit, in order to avoid the confusion and intemperance of a multitude. In all very numerous assemblies, of whatever character composed, passion never fails to wrest the sceptre from reason. Had every Athenian citizen been a Socrates, every Athenian assembly would still have been a mob."——The Total Number of the House of Representatives, James Madison, The Federalist No. 55, *Independent Journal*, February 13, 1788

08　經過了長期的演變，美國的政治才形成了今天以共和黨、民主黨為主導的兩黨制。民主黨的前身即為傑斐遜創建的民主共和黨。

09　為表述方便，本書的餘數指的是配額值的小數部分，並不是真正數學意義上的餘數。

10　美國國會立法的具體步驟，請參見《大數據：數據革命如何改變政府、商業與我們的生活》（香港中和出版有限公司，2013），第 39 頁。

11　這個亞當斯（John Quincy Adams）中間名是"昆西"，他是第 2 任總統約翰·亞當斯（John Adams）的兒子。亞當斯父子均為美國總統。

12　The famous Five now the Famous Nine, United States Senate website, Senate.gov. Retrieved 2013-07-18.

13　這被後世稱為人口悖論（Population Paradox），指人口增長率更快的州，其議席反而減少，而人口增長更慢的州，卻得到了這個額外的席位。

14　United States Dep't of Commerce v. Montana (91-860), 503 U.S. 442 (1992).

15　英語原文為："It is the mark of an instructed mind to rest satisfied with the degree of precision to which the nature of the subject admits and not to seek exactness when only an approximation of the truth is possible."——Aristotle

16　英語原文為："The science of figures, to a certain degree, is not only indispensably requisite in every walk of civilized life, but the investigation of mathematical truths accustoms the mind to method and correctness in reasoning, and is an employment peculiarly worthy of rational beings."——George Washington to Nicolas Pike, author of the first American arithmetic text, June 20, 1788, quoted in George Emery Littlefield, *Early Schools and Schoolbooks of New England* (New York, NY: Russell and Russell, 1905), P.181

17　英語原文為："The faculties of the mind, like the members of the body, are strengthened and improved by exercise. Mathematical reasoning and deductions are, therefore, a fine preparation for investigating the abstruse speculations of the law."——Thomas Jefferson to Co. William Duane, October 1812, quoted in Florian Cajori, *The Teaching and History of Mathematics in the United States* (Washington, D.C.: Bureau of Education Circular, 1890), P.35

18　張奠宙：《中國的皇權政治與數學文化》,《科學文化評論》, 2004 年第 6 期。

19　1790 年 7 月，傑斐遜向國會遞交了《關於建立美國貨幣、重量及測量統一單位的計劃》（*Plan for Establishing Uniformity in the Coinage, Weights, and Measures of the United States*）。

20　1971 年起，英國也將貨幣制度改為十進制，1 英鎊＝100 便士，並取消先令。

21　*An Introduction to Arithmetic for the Use of Common Schools* (Norwich, CT: 1796), Erastus Root, Preface.

22　英語譯文為："They like order, without which affairs do not prosper, and they set an especial value on regularity of mores, which are the foundation of a sound business; their minds, accustomed to definite calculations, are frightened by general ideas; and they hold practice in greater honor than theory."——*Democracy in America*, Alexis de Tocqueville, Translated by George Lawrence

23　英語原文為："Arithmetic I presume comes by instinct among this guessing, reckoning, expecting and calculating people."——*Man and Manners in America*, Thomas Hamilton, 1833, reprinted by New York: A. M. Kelley, 1968

24　*A Treatise on the Physical and Medical Treatment of Children*, William P.Dewees, 1825, P.22.

25　該系統的具體原理及設計可參見以下論文：Development and Evaluation of the Universal ACS NSQIP Surgical Risk Calculator: A Decision Aid and Informed Consent Tool for Patients and Surgeons, *Journal of the American College of Surgeons*, Volume 217, Issue 5, P.833-842.e3, Nov 2013.

26 *The Politics of Large Number*(Harvard,1988), Alan Desrosieres, P.189.

27 出自《商君書・去強》："強國知十三數：竟內倉口之數、壯男壯女之數、老弱之數、官士之數、以言説取食者之數、利民之數、馬牛芻藁之數"。

28 侯楊方：《宣統年間的人口調查——兼評米紅等人論文及其他有關研究》，《歷史研究》，1998 年第 6 期。

內戰時代：終結奴隸制的燈塔

人口普查已經成為南方最大的敵人。[01]

——羅伊·尼克爾斯（Roy Franklin Nichols, 1896—1973），

美國歷史學家、普利策獎獲得者，1948 年

還沒有多少人正確地認識到數據在自由這項事業當中正在扮演的重要角色。它們正在創造奇跡……1、2、3、4、5、6、7、8、9、0，這些獨特、神秘的阿拉伯小數字，是政治經濟學的燈塔，他們現在已經團結起來了、加入了自由的力量，他們正在包圍奴隸制，和它作鬥爭，如果它們繼續下去，毫無疑問，這些數字本身很快就能終結奴隸制的存在。[02]

——欣頓·赫爾珀（Hinton Helper, 1829—1909），美國政論作家，1857 年

　　人口普查之所以在美國社會出現並被寫進憲法，起初完全是為了尋找一條理性、公平配置政治權力的路徑。但隨著時間的推移，普查經驗的積累，一堆一堆的數據處理、一份一份的報告發佈，一個小的、專業的職業群體開始出現——他們被稱為統計學家。可以想像，在沒有電話、電腦和打印機的時代，從問題設計、入戶調查到人工匯總幾百萬張卡片，繁瑣浩大的工作量推動了專業群體和技能的形成。

　　這些特定的技能，將數據的分析和處理提升成為一門職業，這個新生的職業群體認為人口普查是一個國家統計工作的中樞和重心，畢竟，一切社會事務、商業活動都是圍繞"人"這個主體在展開。統計學家們開始介入社會生活，向公眾解釋數據的重要性，呼籲以人口普查為基礎，建設一套完整的、遍佈國家各個功能領域的統計系統。1839 年，在這一小群體的推動下，美國統計協會（ASA）在波士頓成立。

　　這之後的普查，範圍開始逐步擴大，慢慢超出了"人口"的範疇。1830 年的普查，統計了每個家庭的殘疾人數量；1840 年，又開始統計文盲、智力缺陷者、精神病患者的多少以及各種牲口的數量、農作物的產量；1850 年，普查的對象由家庭細化到個人；1860 年，全國工廠、農莊、學校、教堂的情況，教師、學生、雇員的多少，都一併列入了普查的範圍。

　　有數據，就會被使用，隨著數據的增多，數據開始進入社會的各行各業和公共生活。1977 年就有學者發現，在美國的歷史文獻中，從 1830 年開始，數據突然大量地、呈現規劃地在各種資料中出現 03。

　　美國的數據文化因此進入了一個新的歷史階段，但這個歷史階段卻極為特殊：從 1830 年至 1870 年，因為奴隸制的存廢之爭，南方和北方經歷了激烈的辯論、緊張的對抗，最終兵戎相見、戰火四起。在層層擴大的危機當中，數據，一直在扮演如"燈塔"般重要的角色。圍繞數據，議員們唇槍舌劍，總統殫精竭慮，知識分子著書立説，將軍運籌帷幄，民間還有人歷經數年在全國追蹤遍訪，譜寫了一段數據傳奇。

　　如果説在初數時代，數據好比漣漪，在美國社會靜靜的泛開波紋；那在接踵而來的內戰時代，數據開始泛起粼光、漾起波紋、激起浪花，本章的故事，就是這段歷史長河中一朵朵動人的浪花。

人口普查：南方最大的敵人

奴隸制在北美大陸的歷史，是伴隨著其移民史共同展開的。最早的成因，是大規模種植煙草的需要。煙草是北美大陸的主要種植物，因為缺乏勞動力，奴隸便源源不斷從非洲"補給"過來，其中的高額利潤，驅動形成了一個人口販賣的鏈條。

獨立戰爭後期，英國意識到自己可能會失去美洲大陸，為了爭取人心、維護最後的統治，英國的統治者下令給予黑奴自由。隨著英軍的潰敗，這並沒有成為事實，但在民間卻引起了道德反思。戰後，在華盛頓、傑斐遜等人的主導下，美國開始立法對奴隸買賣進行限制。更巧的是，這個時候，煙草行業本身也開始不景氣：煙草種植對土地損害很大，要維持好的收成，需要不斷開墾新的土地，這最終導致了行業利潤大幅下降。因為這些原因，不少奴隸主開始釋放奴隸，或者允許他們出錢贖買自由，奴隸制的問題於是出現了和平解決的契機。

煙草種植行業的問題曾經引起不少有識之士的關注。獨立戰爭結束之時，華盛頓功高至偉，但他拒絕"黃袍加身"，還解散了大部分大陸軍，回到了農莊，一度潛心研究農藝，他就是希望為美國大陸找到新的農作物，以代替煙草。

1793 年，這個新的農作物"閃亮"登場。

這就是當時被譽為"白金"的棉花。這一年，美國人惠特尼（Eli Whitney）發明了鋸齒軋棉機，把分離棉花和棉籽的效率提高了十幾倍，這改變了美國，也改變了世界，直接導致了紡織業的全面崛起。此後 100 多年，棉花取代了煙草，成為了美國的主要經濟支柱。

軋棉機的發明，推動了種植業的發展，但歷史的詭異之處在於，新的發明也刺激了正在萎縮的奴隸制度：棉花種植需要大量的人手，奴隸制也因此死灰復燃！也正是因為奴隸集體勞動的優勢，美國南方的棉花種植進入了空前繁榮的階段。

這個時候，美國的北方卻呈現一番完全不同的氣象，作為製造業的發源地，北方已經基本廢除了奴隸制，開始邁向資本主義的自由雇傭制。南方種植園奴隸制的興起，給北方新興的生產關係投下了一道陰影。北方的資產階級擔心這種封閉的勞動關係會蔓延、擴大到整個美國，衝擊其利益，因此強烈反對。更重要的是，北方的工廠也需要人手，新來的移民速度太慢，如果解放黑奴，全國的勞動力就能自由流動，更好地滿足北方的需要。

說到底，這是一場經濟衝突和利益之爭。

但沒想到，竟然是人口普查，最終決定了這場衝突的勝負。

1819 年，美國共有 22 個州，其中北方的自由州和南方的蓄奴州數量各半，這意味著，在參議院裡，南北雙方擁有相同的席位，這也是我們在前文中解釋的"共和均勢"，即使當時北方人口多、南方人口少，但任何一項議案，都必須在參眾兩院多數通過，所以多數北方佬也奈何不了少數南方人。

這之後的美國，除了人口快速增長，還不斷開疆拓土，新的州不斷加入。人口的增長、領土的擴張本來是皆大歡喜的好事，但每逢一個新州的成立，都要對是否允許奴隸制進行一番激烈的辯論，無論南方北方，都竭盡全力想把新成立的州拉入自己的陣營，因為新的成員將在國會獲得新的議席，原有的"共和均勢"可能會被打破！

這種伴隨著領土擴張的爭論，不斷加劇了南北雙方關係的撕裂和政治對立。

歷史最終站到了自由的一邊。因為南方蓄奴，北方成為了大部分外來移民定居的首選，其人口的增幅遠遠超出南方，到 1850 年，全國一共 31 個州，其中自由州 16 個，無論參議院還是眾議院，自由州所佔的議席都已經處於絕對多數，共和均勢已被打破。這表明，一切大政方針的決策甚至總統的選舉，南方都喪失了主導權。在北方的反對下，奴隸制的廢止，其實只是時間的問題。所以當美國的歷史學家尼克爾斯回顧這一段歷史的時候，他不禁感歎，正是因為每十年一次人口普查帶來的國家權力調整，南方才在國會逐漸走向孤立，回頭看，人口普查才是南方最大的敵人。

表 2-1　1850 年南北陣營的政治力量對比

	州數	眾議員數量	參議員數量
南方	15	90	30
北方	16	144	32

人口普查的作用，還不僅僅決定了南北雙方政治力量的消長，隨著美國社會對數據認識不斷提高，普查數據本身，也開始成為南北雙方爭相解釋的對象。

1840 年，美國進行了第 6 次人口普查，東家漲、西家落，國會的議席調整塵埃落定之後，原本應該風平浪靜，但隨後發佈的數據報告，卻引發了一場全國的風波。這場風波，也是美國歷史上第一起由數據引發的全國性公共事件。

事情完全起因於民間對普查數據的解讀。有人在普查數據中發現，在北方的黑人當中，精神病患者和智力缺陷者的數量之多達到了驚人的地步。按比例計，在北方，每 162 個黑人當中就有一個精神病或智力缺陷者，但在南方，該比例卻是 1 558：1，相差幾乎 10 倍之巨；而白人群體的相應比例在北方為 970：1，在南方則為 945：1，沒有太大的差距。這一組對比懸殊的數據，很快登上了報紙的頭條。南方的雜誌《南方文學信使》（*Southern Literary Messenger*）甚至為這組數據配上了漫畫：發了瘋的黑人在北方四處流竄，到處都是驚慌錯愕的表情……評論員分析說：一方"制度"一方人，北方的黑人之所以發瘋，就是因為其自由的雇傭制度，過度的商業化把黑人逼瘋了。一些極端派甚至進一步推論：黑人一自由，馬上就發瘋！只有奴隸制才能讓黑人保持身心正常。結論一出，群情譁然，南北兩個陣營很多報紙開始轉載並加入討論。

北方的廢奴派認為這是無稽之談，他們認定是普查數據出了問題，於是向統計學家尋求解釋。但人口普查部門一陣左查右看，也無法確定原因，卻又害怕承擔責任，乾脆就"不回應"。

在權威部門失語的情況下，"黑人一自由，馬上就發瘋"的傳言一時甚囂塵上，不斷擴大，引起了越來越多的普通人參加討論，其中的一位，是麻省的精神科醫生賈維斯（Edward Jarvis）。賈維斯的工作，就是和瘋子打交道，在查閱了普查部門發佈的數據之後，他發現和事實嚴重不符：他所居住的城鎮伍斯特（Worcester）居然有 133 名黑人瘋子，但他的病人卻絕大部分是白人。賈維斯又走訪了附近幾個城鎮，也發現數據不符，他於是在雜誌上發表文章，質疑普查數據的正確性。

隨著問題在全國發酵，賈維斯也將他的調查延伸到麻省之外的地方。他以全國的精神醫生協會為平台，懇請其同行協助了解附近幾個州的情況，當越來越多的數據返回來的時候，都和普查報告不相符合，賈維斯因此斷定，全國的普查都有問題。

這激起了他的好奇心。帶著他的數據和發現，賈維斯來到華盛頓，找到了當

第6次人口普查情況概覽

麻省—續表

麻省各個郡縣及各個城市人口情況概覽—續表

郡縣名	奴隸												總計
	<10歲	10—23歲	24—35歲	36—54歲	55—99歲	≥100歲	<10歲	10—23歲	24—35歲	36—54歲	55—99歲	≥100歲	
巴恩斯特布爾（Barnstable）													32,548
伯克郡（Berkshire）													41,745
布里斯托爾（Bristol）													60,164
迪克（Dukes）													3,958
埃塞克斯（Essex）													94,987
富蘭克林（Franklin）													28,812
漢普登（Hampden）													37,366
漢普郡（Hampshire）													30,897
米德爾塞克斯（Middlesex）													106,611
楠塔基特（Nantucket）													9,012
諾福克（Norfolk）													53,140
普利茅斯（Plymouth）													47,373
薩福克（Suffolk）													95,773
伍斯特（Worcester）													95,313
麻省共計													737,699
主要城市													
韋斯特菲爾德（Westfield）													3,526
西斯普林菲爾德（West Springfield）													3,626
韋茅斯（Weymouth）													3,738
沃本（Woburn）													2,993
伍斯特（Worcester）													7,497
雅茅斯（Yarmouth）													2,554

各行業從業人員							社會保障、改革及公共服務	殘障白人						殘障有色人種				學校							
								聾啞人				精神病患者與智力缺陷者		聾啞人盲人		精神病患者與智力缺陷者									
礦業	農業	商業	製造業	航運業	河運業	教授與工程師		<14歲	14—25歲	≥25歲	盲人	公費	自費	聾啞人	盲人	自費	公費	高校數量	學生數量	研究數量	學者數量	小學數量	學者數量	公費學校學者數量	21歲以上的白人文盲
	1,972	240	1,360	5,473	1	104	78	5	3	13	19	34	50						4	11	557	167	[illegible]	[illegible]	89
28	8,630	124	3,511	20		186	166	2	3	6	7	13	27			3	2	1	130	12	522	[illegible]	9,104	[illegible]	315
	6,429	885	6,459	2,195	169	234	204	6	10	22	39	44	74		1	2	6			10	612	331	[illegible]	[illegible]	584
	424	32	144	387		19	17	6	4	6	6	8	8							2	70	23	[illegible]	[illegible]	4
6	7,607	551	13,984	4,217	13	534	315	9	4	19	35	85	50	1		4	6	1	125	44	2,109	[illegible]	[illegible]	[illegible]	188
6	6,011	182	1,387	3	7	159	149	4		8	7	6	17	1	1					8	870	241	8,512	8,512	
	6,421	247	5,190	22	28	198	131	1	1	7	6	6	12	1			1			7	710	203	[illegible]	[illegible]	40
	6,547	236	2,387	1	16	168	157	2	4	8	13	19	22					1	169	11	[illegible]	204	6,909	[illegible]	237
6	14,170	1,542	19,975	820	39	566	258	2	11	17	32	66	183		1	1	8	1	341	44	4,014	349	[illegible]	[illegible]	865
	118	227	526	1,614	1	11	1		1	1	1	1	2							5	630	[illegible]	1,016	[illegible]	6
451	6,035	846	7,756	351	59	386	209	10	9	13	14	19	40		1	2	2			46	1,473	197	11,776	11,361	346
	5,542	360	5,136	1,114	16	228	306		3	12	19	23	57	5	11	10	6			12	699	[illegible]	11,541	[illegible]	69
	348	2,088	5,583	10,921	21	602	62	4	4	7	86	105	3	2	3	2	5			16	2,649	146	14,577	12,256	1,255
2	17,583	503	11,778	15	2	409	409	5	6	15	24	42	55	7	4	3	137			23	1,242	549	[illegible]	[illegible]	159
499	87,837	8,063	85,176	27,153	372	3,804	2,462	56	63	154	308	471	600	17	22	27	173	4	769	251	16,746	3,362	160,257	[illegible]	4,448
	242	26	421	1		[illegible]	[illegible]			[illegible]										[illegible]					
	709	110	1,315	18	48	28	44	2	1	1	5	9	12		1					2	36	9	500	500	15
	245	22	348			14	2													1	30	7	402	[illegible]	6
	135	25	159			11	1					3								1	210	19	667	667	
	531	10	276			19	8			1			1									27	791	791	40
	1,053	20	186	1	12	14	24		1	1	2	1	6	1			1			4	172	8	[illegible]	[illegible]	11
	240	32	1,242	4	10	8	25	2	1	8	2	1	6							1	101	9	[illegible]	[illegible]	17
	255	11	737	6	5	16	7				2	4	3							3	120	30	1,488	[illegible]	5
	682	155	807			57	9			4			1	2			133			1	45	13	[illegible]	612	11
	105	28	110	480		7	7				2	6	2												

圖 2-1　1840 年人口普查報告的部分內容

註：1840 年的人口普查報告共 1 465 頁，以上兩圖來自其報告的摘要，上圖為麻省各個郡縣及各個城市按年齡劃分的人口明細，因麻省是自由州，沒有奴隸，所以大部分無數據；下圖為該州各種行業從業人員、殘疾人、精神病患者、智力缺陷者以及學校、教師、學生的數據明細。為方便閱讀，本書將所有原始圖表中的英文部分譯為中文。

時的眾議員亞當斯，也就是上文提到的為小州鳴不平、試圖改變議席分配方法的"老頑童"，這位前總統正在為新的數據分權方法苦思冥想，賈維斯一提到人口普查，就引起了他的興趣，兩人一拍即合。在亞當斯的推動下，國會成立了專門的精神病數據調查委員會。

調查委員會首先懷疑是數據匯總的過程出了問題，但把各地的數據層層加總、重新計算了一遍之後，卻沒有發現錯誤。於是，可能性只有一個：一線的普查出了問題。但賈維斯還是覺得蹊蹺，認為這解釋不了全部的問題：為甚麼問題集中在北方，而南方的數據相對正常？難道南方的普查員個個都比北方的認真不成？這有悖常識。

但普查的原始表格分散在全國各地，繼續調查的難度很大。

賈維斯也深知其中的困難，但他卻決心"死磕"到底。他在調查委員會和統計協會的協助下，開始深入部分城市的普查一線，在汗牛充棟的卡片中翻閱、查對，不斷進行分析和計算。直到 1850 年，這位民間"追數人"終於發現了事實和真相。

問題確實是出在普查員的身上，但要怪卻只能怪問卷！賈維斯的最終結論是，因為問卷版面的設計，數據在收集過程很容易填錯位置，普查員把一部分白人精神病填到了黑人的名下，導致了這個錯誤。錯誤在南方、北方都發生了，在南方，因為黑人人口多，錯誤被稀釋；但在北方，因為黑人人口少，錯誤就被放大了，顯得比例特別高。

作為一名精神病醫生，賈維斯回答了幾年下來無人能解的數據難題。結論一出，"黑人一自由，馬上就發瘋"之類的謬論偃旗息鼓，矛盾的焦點又回到了普查部門的身上。新生的統計學家群體無比汗顏，他們認識到，數據量越大，就越容易出錯，一旦數據要向全社會發佈，他們的錯誤將會受到全社會的挑戰。無數的眼睛將使任何錯誤都無所遁形，在全社會的參與下，"真正的事實"一定可以還原。

這場風波開啟了圍繞數據開展公共討論的先河。接下來發生的事，證明這場風波絕非偶然。因為奴隸制度的存廢之爭，共和國的矛盾一觸即發，在真刀真槍上陣之前，南北雙方首先進行了一場"數據大戰"。

用數據辯論：南北戰爭的序幕

就在賈維斯不斷追蹤數據真相的時候，新的人口普查又要開始了。1849 年，在第 7 次人口普查的籌備期間，普查範圍的爭議又在國會爆發。這次辯論，帶上了新的、濃鬱的經濟色彩，最終把人口普查推出了議席分配的政治領域，成了美國普查史上一個重要的里程碑。

有議員認為，聯邦政府不僅僅需要加強、改善人口普查工作，還需要重新給普查工作定位。美國的經濟已經邁出了襁褓階段，龐大的經濟體開始發育、整合，各種情況互相關聯、變得複雜，政府部門需要監測、分析、綜合各種各樣的情況，因此，普查機關應該成為中央政府專業的統計機構，而不僅僅是國會議席重新分配的工具，弗吉尼亞州的參議員亨特（Robert Hunter）在辯論中說：

"對美國的政治家來說，他們需要對這個龐大社會的各個部分獲得一個完整的、精確的認識，以決定社會運行的各項機制。因此，他們應該調動一切可能的方法來研究社會的發展，追蹤發展過程當中的各種因果關係。其中，人口普查至關重要。" 04

以亨特為代表的議員要求向歐洲學習，以現有的人口普查為基礎，成立一個正式的統計機構，但另外一批議員堅持認為：普查的主要作用是分權而不是統計，人口普查每十年一次，每次都需要雇用大批的人手，成立固定的部門將帶來巨大的財政負擔。

爭論的結果，當然又是一個妥協。國會決定在國務院、內務部及郵政署抽調人員，成立一個臨時機構：人口普查辦公室。所謂臨時，是指普查一完成，辦公室就關門解散。

這之後，把這個臨時機構變成聯邦政府的常設機構，也成了美國幾代統計學家的目標和夢想。

1849 年 5 月，剛上任不久的第 12 任總統泰勒（Zachary Tylor）任命約瑟夫·甘迺迪（Joseph Kennedy）為普查辦公室的主任。

甘迺迪出生於農夫家庭，他沒有受過任何統計和數學方面的專業訓練。之所以得以出任首任辦公室主任，是因為他和總統泰勒過從甚密：1848 年大選期間，他在賓夕凡尼亞州為泰勒助選。泰勒當選之後，當年的有功之臣都一一出任政府

政黨分肥制

所謂政黨分肥，是指候選人在獲得總統大選的勝利之後，將一些重要的行政職位分配給本黨骨幹，特別是為自己當選出力謀劃的隨從和親信。很明顯，這種做法把官職變成為一個政黨甚至總統個人的私器，很容易產生腐敗，但另一方面，卻有利促進黨派的團結、提高其凝聚力。

高官，這也是所謂的"政黨分肥制"。甘迺迪因為不屬於泰勒的核心團隊，第一輪分肥沒趕上，還眼巴巴一直在等，人口普查辦公室這個臨時機構的成立，好比天上掉下來的餡餅，圓了他的分肥夢。當然，4年之後，新的總統上任，甘迺迪又因為分肥制而被掃地出門，這是後話。但總統直接任命最高行政首長的做法，此後在人口普查部門沿襲了下來。

美國統計部門首長的產生方法

延伸閱讀

美國政府統計部門一把手的產生方法主要有兩種，一是由總統直接任命，即分肥制，二是經由公務員體系選拔的職業制。就統計部門而言，由總統任命的，其弊端顯而易見，為迎合總統，可能偏離統計工作的中立性；其好處是一把手能得到最高層的支持，新的計劃和創新更容易實現，提高了統計機關的地位。美國人口普查局（BOC）、司法統計局（BJS）、能源信息中心（EIA）都實施總統任命制。職業制則有利於工作的專業性和連續性。為了綜合這兩種方法的優勢，後來又出現了一種混合體：有固定任期的任命制。即總統一旦任命，就有任期，在任期未滿之前，總統不能隨便罷免，這提供了不屈從總統的可能性。勞工統計局（BLS）、國家教育統計中心（NCES）都是有固定任期的總統任命制。究竟哪種制度於統計部門最佳，是世界各國的統計部門都常常爭論的問題。

新官上任，雄心勃勃。36歲的甘迺迪雖然當時完全是普查工作的門外漢，但他知道，普查辦公室還只是一個臨時機構，要保持住這個來之不易的官位，就必須用政績給它打上自己的"烙印"。甘迺迪走訪了剛剛成立不久的美國統計協會、美國地理協會（AGS），向統計學家徵詢意見。他發現，4 年以前，波士頓市開展了一次全美水平最高的普查，把普查的單位推到了"個人"，此前，美國所有的人口普查都是以"戶"為單位來進行的。

也就是説，以前的普查，是以"戶"為單位來收集數據，其數據著重於對一個家庭的描述，找到戶主，就基本完成了調查，戶戶相加，就得到了全國的總人口；但以"人"為單位的普查，訪問的是個人，收集的是個人層面的數據，人人相加，才能得到全國的總人口，這細化了數據收集的粒度，也大大提高了數據分析的深度和範圍。

甘迺迪一心想建功立業，他決心把波士頓的做法推向全國。

當年波士頓的城市人口不過區區 10 萬，而全國的總人口已經有 2 000 多萬，隨著規模的增大，普查的複雜程度將呈幾何級數增加。後來也證明，甘迺迪的團隊幾乎完全被數據淹沒，他派出了 32 311 名基層普查員，華盛頓的統計團隊也從 1840 年的 28 人擴大了到 160 人。但在他的努力下，美國的人口普查發生了深刻的變化。甘迺迪先後在主任的崗位上工作了近十年，這個貢獻，成為他職業生涯中最為濃墨重彩的一筆。

但甘迺迪萬萬沒想到的是，由戶到人的普查方法一經提出，就在國會遭遇一潑冷水。

這是因為，按照甘迺迪的方案，新的普查要登記每一個人的特點和情況，包括黑奴！南方的奴隸主很快就從這當中嗅出了一種異樣的味道：奴隸居然也要逐一填寫問卷，這豈不是享受了自由人的待遇？

南方各州因此表示強烈反對。甘迺迪在國會的聽證會上據理力爭，他指出，如果登記每一名黑奴的姓名，並記錄其性別、年齡、膚色、出生地以及混血的情況，就可以追蹤黑奴群體的血緣關係以及遷徙的軌跡，從而對黑奴人口做更詳盡的分析。甘迺迪甚至強調説，有了這些數據，可以更好地分析奴隸群體的生殖率和壽命長短，這也是南方奴隸主及保險行業的迫切需要。

但南方的議員一口咬定，這種數據調查超過了憲法對人口普查所規定的範圍，完全沒有必要，吵到最後，個別州甚至以退出聯邦相威脅。

這種威脅最終奏效。根據他們的意見，第 7 次人口普查的數據項中刪除了奴隸的姓名，只用"序號"標識每一個奴隸，並刪除了記錄女黑奴生育情況、混血情況等南方認為敏感的數據項。

　　但即便如此，1850 年進行的第 7 次人口普查，統計的範圍和科學性也大大提高。甘迺迪本來勞苦功高，但世事難料，1853 年 3 月，甘迺迪剛剛完成基本數據的匯總[05]，民主黨就獲得了大選的勝利，新總統上台引發了新一輪的分肥，甘迺迪還來不及收割他的成果，主任的官帽就硬生生被挪到了其他人的頭上。

　　甘迺迪黯然地離開了辦公室。

　　但功不唐捐，這一年的普查報告受到了前所未有的歡迎，竟然在全國印刷發行了 32 萬冊，而美國當年的人口才 2 300 萬，也就是說，全國平均每 76 個人就有一本人口普查的報告。這個普及的程度甚至超過了暢銷書。1852 年，小說名著《湯姆叔叔的小屋》（*Uncle Tom's Cabin*）問世，其講述的悲慘故事激發了全國上下對奴隸制的聲討浪潮，被後世稱為南北戰爭的重要 "導火綫"，但這本書第一年的銷售量才不過 30 萬冊。

延伸閱讀

反映奴隸悲慘命運的文本 "數據庫"

　　從 1826 年到 1860 年期間，美國的黑奴興起了通過逃跑爭取自由的運動。廢奴主義者甚至建立起地下網絡，幫助南方的奴隸逃入北方。而奴隸主為了追回失蹤的奴隸，常在報紙上刊登尋人廣告。在這些廣告當中，遍佈了對走失奴隸的特徵描繪，例如：額頭刺有標誌、門牙斷裂、瞎眼、身體上有火燙的烙印、手足殘疾、逃脫時戴有手拷腳鐐等等。1839 年，美國一對夫妻在查閱了兩萬多份報紙的基礎上，按 "烙印、斷齒、瞎眼、腳鐐" 等關鍵詞對這些廣告進行了分門別類，並將其編撰成一本書：《美國奴隸的現狀：千人見證》（*American Slavery As It Is: Testimony of a Thousand Witness*）。這些資料反映了黑奴受到的非人待遇，不僅有名有姓、有時間有地點，而且直接來源於奴隸主，這無異於自曝惡行，顯得真實可信。因為按關鍵詞、索引和表格組織素材，這本書不僅觸目驚心，還非常方便查閱，出版後很快成了廢奴主義者交流、演講和寫作的 "數據庫"。小說家斯托夫人（Harriet Beecher Stowe）就是受這本書啟發並以此為素材，創作了《湯姆叔叔的小屋》。

　　普查報告如此受歡迎的原因，是因為奴隸制度的存廢之爭已經上升到了白熱化的階段，孰是孰非，全國都在爭論。為了證明自己的合理性，存廢兩派都開始

引用數據支持自己，恰恰又因為甘迺迪的改革，這一年的數據前所未有地詳盡，為南北兩方的辯論提供了大量的武器和炮彈。

故事和數據

《湯姆叔叔的小屋》之類的小說和故事在全社會激起的是強烈的"情感"共鳴，和故事相比，數據沒有情節，它僅僅代表客觀事實，數據激發的，更多的是理性的思考。普查報告的大量發行，說明社會大眾不僅僅滿足於感情的宣泄，而是希望通過數據掌握更多的事實，進行理性思考，這也證明此時的美國社會已經初步形成了"用數據來說話"的文化。

廢奴派的領軍人物是赫爾珀。1857年，他出版了《迫在眉睫的南方危機》一書，在書中，他以自由州和蓄奴州為單位，對人口普查的數據進行了各種維度的加總和對比，他發現北方不僅出產更多的農產品、手工製品，還擁有更多的教會、學校、報紙、圖書館以及鐵路，在農業生產、商業財富、社會進步等各個方面都要勝出南方。赫爾珀最後作出結論說，奴隸制使原本聰明能幹、精力充沛的白人變得自負、粗暴和專制，黑人變得貧窮、無知，這導致了南方的落後。歸根結底，奴隸制是罪惡的，勞動者應該得到自由。

赫爾珀用大量的數據進行南北對比，他甚至在書中直接用數據宣判了南方的末日和奴隸制的死刑：

"還沒有多少人正確地認識到數據在自由這項事業當中正在扮演的重要角色。它們正在創造奇跡……1、2、3、4、5、6、7、8、9、0，這些獨特、神秘的阿拉伯小數字，是政治經濟學的燈塔，他們現在已經團結起來了、加入了自由的力量，他們正在包圍奴隸制，和它作鬥爭，如果它們繼續下去，毫無疑問，這些數字本身很快就能終結奴隸制的存在。"

赫爾珀最後在書中號召說："不能讓數據單獨起作用，讓它們完全佔有這項事業的榮譽，我們必須加入，共同消滅這個醜陋的不平等制度！"

赫爾珀出身南方，他以當事人親歷的口吻講述故事，再加上大量地引用人口普查的數據，他的論證過程被認為"徹底的、可靠的、無可辯駁的"，這本書被廢奴派奉為圭臬，北方有人甚至大批"團購"，在社會上免費發放；當然，這本書在

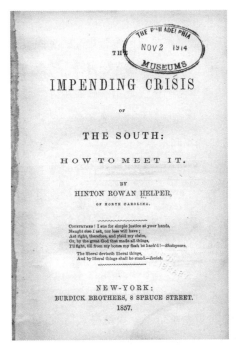
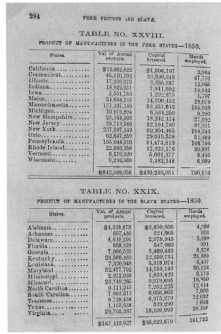

圖 2-2　1857 年出版《迫在眉睫的南方危機》

註：左圖為該書封面，右圖為其第 284 頁，該表對 1850 年南北各州工廠的產值、投資額度以及雇員多少做出對比。數據表明，北方工廠的產值為 842 586 058 美元，約為南方的 8 倍；其投資額為 430 240 051 美元，約為南方的 4 倍；共雇用 780 576 人，約為南方的 5 倍。

南方各州則立刻遭到封殺，被列為"禁書"。

　　但令人意外的是，蓄奴派居然也引用人口普查的數據進行反擊。民主黨參議員、前南卡羅萊納州州長哈蒙德（James Hammond）發表了針鋒相對的公開演講，他指出，人類社會要發展，總是有一些粗活、重活沒人願幹，一個再文明的社會都存在這個現象，而奴隸制的存在有利於高效地完成勞動力的配置，所以是合理的。哈蒙德引用 1850 年人口普查的數據，他指出，北方雖然標榜自己有"自由的勞動者、自由的學校、自由的言論、自由的人"，但北方個別州的聾啞人、殘疾人、文盲的比例不僅比南方高，北方的貧民比率還是南方的 3 倍；北方的窮人雖然有所謂的"自由"，但居無定所，擁擠在髒、亂、差的貧民區，並時刻遭受著失業的威脅，是"虛假的自由"。哈蒙德的最後結論是，北方制度安排的經濟效果不如南方，其黑人群體的整體命運也差於南方。

在確鑿的數據面前，這次又輪到北方派無言以對。北方一直認為數據站在他們這邊，對自己的經濟情況非常自信，但搞不懂為甚麼自己會有更高的貧民率。北方議員立即給人口普查辦公室寫信，催促他們對這個數據作出解釋。普查辦公室這次也"硬"了起來，他們反饋說，人口普查中的貧民是指"政府用公共資金進行救助的人"，各地救助的標準不一，也就是這個統計結果根本不是一個統一標準之上的絕對貧民數量，僅僅反映了當地政府的福利水平。

但南方很快又舉出了新的數據，他們承認，雖然南方在總體社會財富上弱於北方，但按人均生產率計算，南方要高出北方 33 個百分點，這說明奴隸制更有效率。這個數據在大眾之間產生強大的說服力，讓赫爾珀先前"無可辯駁的"公共形象幾乎破產，南方最後做出結論說：赫爾珀的數據分析是"只見樹木、不見森林"，完全是小學生的水平。

整個辯論完全公開進行，在這些數據面前，新生的統計學家群體也不置可否，提不出權威的意見，畢竟，奴隸制的問題太複雜了。奴隸是人口、是勞動力、是社會財富的創造者，同時本身又是交易的商品，就連當時的經濟學家也懵了頭：在計算人均生產率的時候，奴隸究竟是應該作為財富計入分子，還是應該作為人口計為分母，抑或同時計入分子和分母？

在這種情況下，南方、北方自然誰也不能說服誰，整個社會也莫衷一是。

應該承認，各執一詞的根本原因還是當時的數據粒度太粗，不足以支持全面深入的經濟分析。1859 年，第 8 次全國人口普查正在規劃當中。統計學家在經歷了種種無奈和尷尬之後，提出必須收集新的經濟數據項、擴大問卷的範圍，但在這個時候，南北雙方都覺得自己真理在握，不需要任何額外的證明，全國上下也已經群情激憤，理性調查的呼聲完全被淹沒了。

因此，即使出現了全國性的爭論以及專業人士的建議，1860 年的人口普查卻沒有大的改進，這次普查僅僅在 1850 年的既定軌道上，依靠慣性，做了另外一次滑行。

這表明，南北雙方都不想再用數據和辯論來解決問題，理性的窗口已經關閉了。

南北雙方，只欠一戰。

用數據遠征：向大海進軍

1860 年，除了是第 8 次人口普查年，還是美國的大選年。這一年，一位偉大的美國平民贏得了總統大選，登上了美國政治的中心舞台。

他，就是林肯。

這一年，美國的聯邦也正式破裂。到 1861 年 3 月，當林肯正式進駐白宮的時候，南方已經有 7 個州宣佈了獨立。4 月 12 日，南方軍隊在南卡羅萊納州打響了第一槍，攻佔了南北之交的核心要塞：薩姆特要塞。幾天之後，林肯宣佈全國進入緊急狀態，南北戰爭正式爆發。

此後 4 年，全國陷入了混亂的戰爭狀態。

這時候的甘迺迪，又因為共和黨上台、重新分肥而官復原職。1860 年的人口普查雖然在技術上沒有重大改進，但是，這一場戰爭很快證明，數據，除了能保證政治公平、激發理性思考，在戰爭中也扮演著極為重要的角色。

聯邦瓦解、共和破裂，林肯一上任，就面臨著挽大廈於將傾的危急重任。他的第一反應，還是想極力避免戰爭。他一到白宮，就拿到了第 8 次人口普查的最新數據：全國土地約 300 萬平方英里、農場 200 萬個，擁有各類牲口 900 萬頭，生產小麥 1.73 億蒲式耳 06、玉米 8.39 億蒲式耳，全國總人口 3 144 萬，較 10 年前增長 35.6%，其中黑奴 395 萬。

面對著最新的數據和地圖，林肯徹夜皺眉長思。首先，他想用數據證明，即使分歧如水火不容，戰爭也不是最佳選擇。林肯提出了由政府出錢為奴隸贖身的計劃，但一算賬，發現明顯不可行：按照當時奴隸買賣的最低價格，一名黑奴需要 300 美元，近 400 萬人則需要 12 億美元，而當時整個聯邦政府一年的預算才 7 500 萬元！林肯又要甘迺迪上報各個州的黑奴明細，他一個州一個州地計算，試圖證明贖身比打仗在經濟上更"便宜"，以說服正在觀望的州不要加入戰爭。

林肯左算右算，最後向南方各州正式提出了一個關於政府贖買奴隸的財政補償方案，但這時候，南方因為在戰場上節節取勝，對林肯的提議已經不屑一顧。遭受了鄙視之後，林肯才意識到戰爭無法避免，他又向甘迺迪索要另一份數據明細，詳細對比了全國各個州的潛在軍事力量。令他安心的是，全國 18 歲到 45 歲之間的青壯勞力，69% 左右集中在自由州。即使中間的搖擺州全部倒戈，南方的力量也不過 31%。這份數據，起到了"定心丸"的作用，林肯深信，如果打持久戰，勝利最終將屬於北方。

既然全國的青壯年兵力都在北方，那南方為甚麼敢主動挑起戰火呢？

答案還是棉花。

當時的南方幾乎控制了美國全部棉花的生產和出口，這個時候的美國還是一個地地道道的農業國家，棉花出口達兩億美元，僅此一項，就佔美國全部出口的 60%，堪稱國民經濟的命脈。1858 年，新成立的州堪薩斯宣佈將要加入聯邦，蓄奴派和廢奴派都想把這個新州納入自己的陣營，雙方都派出大量人馬，衝進堪薩斯州劃綫圈地，結果發生了大規模的流血衝突。在一片火藥味中，前文提到死硬蓄奴派參議員哈蒙德就在國會的演講中公開宣稱"北方不敢和南方開戰"：

"我們不用開一槍、不用動一劍，就能讓整個世界趴下，想像一下吧，如果我們三年不供應棉花，世界會變成怎樣？英國將會鬧翻天，整個文明世界都會加入英國的行列，拯救南方。不，你絕不敢與棉花為敵，世界上沒有誰敢動我們，棉花就是王！"07

林肯認為，棉花雖然重要，但棉花畢竟不是糧食。他在確定要打持久戰之後，算完了"人"，就開始算"糧"。林肯向甘迺迪索要 1861 年全國各類農作物的產量和分佈，但甘迺迪卻給了他一份 1860 年的數據，並告訴他，農業統計是人口普查的一部分，每十年一次，各種農作物具體的年度產量沒有真實的數據，只能推算。

這個時候，美國還沒有農業部，也沒有專門的農業統計，要說其中的原因，竟也和南方的擁"棉"自重有關。

建國之初，首任總統華盛頓曾經建議成立農業委員會，開展農業普查，但被國會拒絕，於是他親自組織了第一次農業調查。此後的幾十年間，民間不斷有人呼籲組建農業部，開展農業統計。

民間的呼聲主要來自各類農民團體，這是因為，建國之初，美國的農民大部分都是自給自足，到 1820 年左右，美國農村地區的農產品就開始進入市場，但在這個市場上，農民因為分散、文化水平低、信息封閉，屢屢受到貿易商的聯合壓價，即使是豐年，糧食也賣不出好的價錢，這極大地打擊了農民的生產積極性。華盛頓之後，有幾任總統都看到了這個問題，他們支持組建農業統計部，向農民提供全國市場的信息，但這個建議在國會總是通不過。

之所以通不過，是因為南方的農場主從中作梗。南方因為實行奴隸制，農場主就是奴隸主，他們規模龐大，有的本身就是貿易商，根本沒有這個需要，而且，有了農業部，其農場的產量每年都要接受統計調查，其收成、收益、家底要變成白紙黑字，這對任何一名財主來説，都無異於一種"數據監控"，所以南方的代表堅決反對成立農業統計部門。各屆總統雖然有心，但建議卻被遲遲擱置。

內戰時代

延伸閱讀

《多收了三五斗》：全世界農民的悲劇

中國作家葉聖陶在 1933 年創作的短篇小説《多收了三五斗》中，入木三分地描繪了農民因為豐收反而要虧本的悲慘命運。小説描寫了江南的農民帶著豐收的喜悦從四面八方趕到鎮上來賣米，但鎮上的米行卻相互勾結，壓低價格，威逼利誘農民低價賣米："你們不賣，人家就餓死了麼？各處地方多的是洋米洋麵，頭幾批還沒吃完，外洋大輪船又有幾批運來了"……

因為米行聯合壓價、到處都佈下了"局子"，農民又無法了解到其他地區的信息，因此沒有選擇，只有將豐收的糧食忍痛賤賣，結果比災年的收入還要糟糕。農民的類似境遇，其實在世界各地都存在，其中的一個重要原因，就是因為農民和米行之間的信息不對稱。1860 年代成立的美國農業部，通過及時發佈各種農產品在各地的產量和價格，促進了公平交易、合理競爭，優化了農業資源的配置，避免了多收了三五斗式的悲劇。

雖然沒有農業部，但從華盛頓時代開始，歷屆美國總統還是高度重視農業，他們要求駐外大使和軍事長官在世界各地考察、收集植物的種子，為美國大地尋找最合適的種植物，這些收集來的種子，經由專利辦公室免費發放給全國的農民。1839 年，專利辦公室一年給農民發放的種子已經達到 100 萬包。這一年，他們提出，要給全國的農民合理分配新種子，就必須要了解各地農產品的種植情況，但成立農業統計部門的建議又通不過，所以國會最後決定，在十年一次的人口普查中增加農業調查的內容。1840 年的人口普查問卷，就包括了 37 個農業問題。

南北戰爭爆發後，南方各州宣佈退出聯邦，這給農業統計提供了一個歷史機遇，林肯抓住了這個機遇，也因為籌備軍糧的需要，農業統計勢在必行。在 1861 年的國情諮文中，林肯明確向國會提出組建農業統計部門：

"毫無疑問，農業是我們國家利益的根本，但我們沒有農業部，也沒有農業局，只有幾個秘書在管理這項工作，就像每年的工業報告、經濟報告一樣，農業報告也將展示信息給我們帶來的價值。我雖然沒有具體的建議，但我認為，成立一個農業統計局將給我們帶來實實在在的好處。"

因為沒有了南方議員的阻撓，1862 年 5 月，林肯的提議在參眾兩院通過，林肯簽署法案，農業部正式成立。其文件規定，美國農業部的三大主要任務是：

1、以最廣泛的形式、從整個國家的利益出發，收集、出版、發佈統計數據以及其他和農業相關的信息；

2、以交換、購買和禮物的形式，從全國各地和外國收集珍貴的動物、穀物、植物、種子和插條；

3、回答農民關於農業問題的質詢。[08]

林肯提議的是農業統計部，但成立的時候，新的部門還是被命名為農業部。次年，該部成立了專門的農業統計處，後來改名為農業統計局（NASS）。

延伸閱讀

全球最完備的農業統計和信息發佈體系

農業部的成立及農業統計的正式開始，是美國歷史上的大事。這之後，農業統計脫離了人口普查，開始獨立，並逐漸形成了每月定期發佈農業統計和預測報告、每 5 年開展一次農業普查的傳統。時至今日，美國已經形成了全世界最龐大、最規範、最完整的農業統計和信息發佈體系，這個體系，幫助美國成為了世界第一農業強國：其農民僅佔全國人口的 2%，但 2% 的農民不僅養活了 3 億多美國人，其農產品出口還居全球第一。美國的農業統計體系是很多國家學習的模板。

除了要人、要糧，要打勝仗，還要有錢。沒多久，為了給戰爭籌款，林肯又決定開徵新的稅種，這又需要以人口數據為基礎，進行詳細的規劃和計算。隨著戰事的展開，一綫指揮官索要數據的要求也接踵而來。在各地駐紮的部隊都需要掌握當地經濟實力的大小、工廠的多少和分佈，以及製造炸藥、兵器的能力。最後，為應對各級指揮官對數據的需求，甘迺迪決定，將普查辦公室的統計人員直接派駐到戰爭委員會，為指揮部隨時提供數據支持。

　　總統和一線指揮官對數據的迫切需求，也催生了人口普查部門的創新。在甘迺迪的主導下，他們在地圖上標註全美各地人口的多少，並藉助顏色的深淺來表示各個地區的人口密度，這是人口普查部門早期重要的創新，也是美國歷史上對數據可視化最早的探索和嘗試。

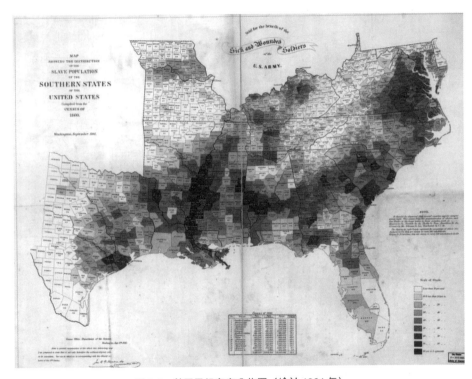

圖 2-3　美國黑奴密度分佈圖（繪於 1861 年）

註：本圖以可視化的形式展現了各地區黑奴人口的密度分佈，因為顏色的分層使用，黑奴的主要分佈地區一目了然。（圖片來源：美國人口普查局）

　　甘迺迪還以可視化的形式製作了一大批地圖，他以縣為單位，在地圖上標出了各地的數據明細，例如白人多少、自由黑人多少、奴隸多少以及各個人群年齡的分佈，再輔之以當地的面積、各類農作物的產量、騾馬牲畜的數量等關鍵數據，下發各級指揮官。

延伸閱讀

1850—1870 年間數據可視化的發展

　　數據可視化是指藉助圖形、地圖、動畫等生動、直觀的方式來展現數據的大小，詮釋數據之間的關係和發展的趨勢，以期更好地理解和使用數據分析的結果。因為需要良好的視覺表現形式，數據可視化不僅需要數據，還需要美學設計，堪稱科學和藝術的結合。

　　1850—1870 年間，數據可視化在歐洲得到了很大的發展。這時候的美國，正處於向歐洲學習的階段。1865 年，英國的南丁格爾（Florence Nightingale）研究了英國在克里米亞戰爭的死亡人數，發佈了歷史上第一張極區圖，促使英國建立了野戰醫院的制度09。這張極區圖的效果證明，數據可視化可以快速、生動、形象地展示數據。這個時期，歐洲還出現了其他一些可視化的經典作品，它們表明，可視化不僅能展示數據，還能分析數據，好的可視化設計，可以幫助人們發現、確定事情之間的因果邏輯關係。從以下例子中可以看出，數據可視化曾經在戰爭、預防瘟疫等重大歷史事件中發揮過重要的作用。

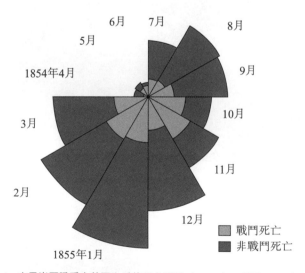

圖 2-4　克里米亞戰爭中英國士兵的死亡原因（1854 年 4 月至 1855 年 3 月）

註：每月的死亡人數以 30° 的扇形面積表示，內環代表因戰鬥死亡的人數，外環代表非戰鬥死亡的人數。非戰鬥原因即惡劣的醫療衛生條件，這些都可以預防和改善。

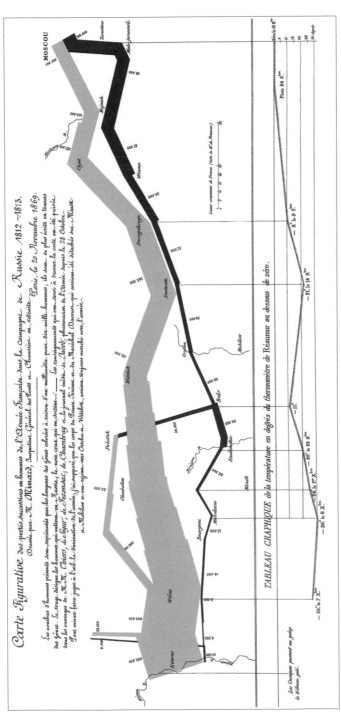

圖 2-5　溫度的關鍵作用：1812—1813 年間拿破崙遠征俄國的慘敗

註：這是 1869 年法國工程師米納德（Charles Joseph Minard）繪製的拿破崙遠征俄國情況圖，上面灰色的線條代表進入俄國的路線，綫條的粗細代表了人的多少，每一毫米代表一萬人，拿破崙出征時，大軍共有 422 000 人，但抵達莫斯科的時候，只有 10 萬人；中間的一段黑綫表示在 Polotzk 這個地方有 3 萬人滯留，最後和返回的部隊會合，一起回到法國；下面的黑綫表示回程，其末斷變細，表示不斷減員，拿破崙遠征軍到達俄國時，最低達到 -38℃。拿破崙回到法國時，只剩下 10 000 人。圖形的下方是各個時段的溫度，拿破崙遠征軍到達俄國時，當地溫度為 0℃（圖中為列氏溫度，下同），此後溫度不斷下降，最低達到 -38℃。拿破崙大軍的減員，很多是凍死的。（圖 2-5、圖 2-6 來自網絡）

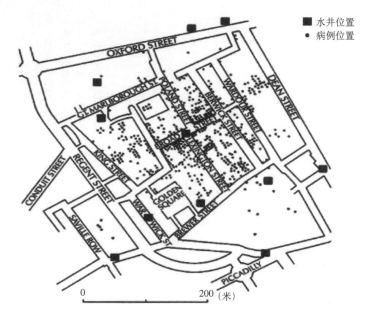

圖 2-6　水井：霍亂是如何在倫敦傳播的

註：1854 年，英國倫敦發生了霍亂，當時的內科醫生斯諾（John Snow）在收集了各個地段出現的病例之後，把病例的發生地點標註在地圖上。在地圖的映射下，他隨後發現，病例集中在交叉路口的地區，而原因又在於路口的水井：水井一旦被污染，就成為傳染源。斯諾隨後說服當地政府把水井上面抽水機的手柄移走，以減少使用，成功地減少了病菌的傳播。斯諾後來成為世界傳染病學的奠基人。

這些地圖和數據，在很多戰役中發揮了重大的作用，其中最為著名的應用要算謝爾曼將軍（William T. Sherman）領導的"向大海進軍"（March to the Sea）。

謝爾曼是南北戰爭中的一代名將，也是北方陣營中除林肯總統、格蘭特總司令（Ulysses S. Grant）之外的第 3 號風雲人物，因為其卓越的軍事才能、突出的貢獻而名垂青史。1864 年 8 月，戰爭如火如荼。謝爾曼受命率 6 萬大軍挺進南方的中心城市亞特蘭大，在攻佔亞特蘭大之後，他採取了後世歷史學家認為整個南北戰爭中"最為大膽、最為關鍵的一次行動"：揮師東進、

"數據將軍"謝爾曼（1820—1891）

畢業於西點軍校，格蘭特評價他說，"無論在行軍的馬背上、還是在駐紮的營地，抑或指揮中心，謝爾曼無時無刻不在思考"。後世的歷史學家認為，謝爾曼行軍打仗的方法表明，他是美國第一位具有現代意識的將軍。（圖片來源：維基百科）

橫穿佐治亞州，一路打到美國東部的海岸綫。

兵馬未動，糧草先行。在還沒有飛機的時代，軍隊的突進必須考慮後勤補給，傳統的做法是，在軍隊行進過的公路、河流和鐵路逐級部署，建立層層相聯的供應鏈，以確保食物、彈藥能源源不斷地供應給前鋒部隊。

身經百戰的謝爾曼素以冷靜、決絕而著稱，他當然明白這個道理。在進入佐治亞州的地界之前，他已經詳細地了解了當地的情況，其中，甘迺迪提供的各種數據給他留下了深刻的印象，這些豐富的數據證明，佐治亞州物產豐富、人民富有，堪稱"魚米之鄉、奶蜜之地"。一段時間以來，在顛簸的馬背上，這些數據不斷浮現在謝爾曼的腦海，一個大膽的計劃正在醞釀成型。

9月2日，謝爾曼攻陷了佐治亞州的首府亞特蘭大，南方軍隊在撤離之前，縱火燒毀各種重要設施，城內一片火海，一連燒了幾天，史稱"火燒亞特蘭大"。但在破城的第一時間，謝爾曼就命令身邊的近衛部隊立即佔領州政府的辦公室，搜尋一切可能獲得的地圖、財稅明細和各種表格。

盤桓在謝爾曼腦海的計劃是個巨大的冒險，他需要更多的數據。畢竟，甘迺迪提供的普查數據是 1860 年的調查結果，4 年過去，各地的情況可能有所改變，新的地方財稅數據可以起到補充和印證的作用。

駐紮在亞特蘭大期間，謝爾曼每天都站在地圖的面前，桌上鋪滿了數據，他盯著地圖，不時向身邊的參謀發問："鮑爾溫郡（Baldwin）的情況？"參謀們則迅速"報數"："鮑爾溫郡，優質農田 43 982 英畝、普通農田 115 844 英畝、農莊總價值 1 110 163 美元，擁有馬 737 匹、驢 862 匹、奶牛 1 969 頭、耕牛 485 頭、羊 2 664 頭、豬 16 080 頭、其他牲口 2 966 頭、家禽總價值 314 300 美元，年產小麥 13 475 蒲式耳、燕麥 7 705 蒲式耳、甜土豆 63 077 蒲式耳、黃油 42 126 磅……全年納稅 674 545 美元，主要稅源為米利奇維爾市（Milledgeville），約佔 1/3，其中農業稅、工業稅分別為……"聽著這一連串的數據，後勤參謀則在一旁快速的計算這些資源可以支持一支隊伍幾天。

謝爾曼的冒險計劃是：切斷自己的後方補給，帶領全體部隊全力突進、穿越整個佐治亞州。他試圖以數據為"航標"，根據農場、牲畜、集市、車站等重要資源在各地的分佈，通過精心的計算，確定最佳的行軍路綫和在各地的停留時間，沿著這條路綫，部隊必須能夠在當地完成補給，並遭遇敵方最少的正面阻擊。

表 2-2　1860 年農業普查表格

佐治亞州
各郡縣農業情況概覽

郡縣名	佔地面積（英畝）改良土壤	未改良土壤	農場貨幣價值	設備與農具	馬匹	騾、驢子	奶牛	用於工作的公牛	其他牲畜	綿羊	豬	牲畜產值	小麥（蒲式耳）	黑麥（蒲式耳）	玉米（蒲式耳）	燕麥（蒲式耳）	大米（蒲式耳）	菸草（蒲式耳）	皮稻（蒲式耳）	羊毛（蒲式耳）	豆類（蒲式耳）	土豆（蒲式耳）	紅薯（蒲式耳）
1　阿普靈（Appling）																							
2　貝克（Baker）																							
3　鮑德温（Baldwin）																							
4　班克斯（Banks）																							
5　比布（Bibb）																							
6　伯里恩（Berrien）																							
7　布魯克斯（Brooks）																							
8　布洛克（Bulloch）																							
9　伯克（Burke）																							
10　巴茨（Butts）																							
11　坎貝爾（Campbell）																							
12　卡羅（Carroll）																							
13　卡托薩（Catoosa）																							
14　查爾頓（Charlton）																							
15　查塔姆（Chatham）																							
16　查塔胡奇（Chattahoochee）																							
17　查圖加（Chattooga）																							
18　切羅基（Cherokee）																							
19　克拉克（Clarke）																							
20　克萊（Clay）																							
21　克萊頓（Clayton）																							
22　科布（Cobb）																							
23　科菲（Coffee）																							
24　科爾奎特（Colquitt）																							
25　哥倫比亞（Columbia）																							
26　科韋塔（Coweta）																							
27　克勞福德（Crawford）																							
28　戴德（Dade）																							
29　道森（Dawson）																							
30　迪凱特（Decatur）																							
31　德卡爾布（DeKalb）																							
32　杜利（Dooly）																							
33　多爾蒂（Dougherty）																							
34　厄爾利（Early）																							
35　埃科爾斯（Echols）																							
36　埃芬厄姆（Effingham）																							
37　埃爾伯特（Elbert）																							
38　伊曼紐爾（Emanuel）																							
39　范寧（Fannin）																							
40　費耶特（Fayette）																							
41　弗洛伊德（Floyd）																							
42　福賽思（Forsyth）																							
43　富蘭克林（Franklin）																							
44　富爾頓（Fulton）																							
45　吉爾默（Gilmer）																							
46　格拉斯科克（Glascock）																							
47　格林（Greene）?																							
48　格林（Greene）																							
49　格溫內特（Gwinnett）																							
50　哈伯沙姆（Habersham）																							
51　霍爾（Hall）																							
52　漢考克（Hancock）																							
53　哈拉爾森（Haralson）																							
54　哈里斯（Harris）																							
55　哈特（Hart）																							

佐治亞州

各郡縣農業情況概覽

郡縣名	穀絲口（產值）	手工藝漁業（產值）	蜂蜜（加侖）	蜂蠟（加侖）	高粱糖漿（加侖）	糖漿（加侖）	鳳梨蜜（加侖）	稻米（蒲）	黑麥（蒲）	燕麥（蒲式耳）	亞蔴籽（蒲式耳）	亞蔴（束擔）	纖維織製品	水挽籐藤（磅）	甘蔗藤蔓（磅）	啤酒花（磅）	草籽（蒲式耳）	苜蓿種（蒲式耳）	烟片（磅）	豹蜜（磅）	蜜油（磅）	蠶業（產值）	葡萄酒（加侖）	果樹（產值）	蕎麥（蒲式耳）	大麥（蒲式耳）
1 阿普靈 (Appling)																										
2 培克 (Baker)																										
3 鮑德溫 (Baldwin)																										
4 班克斯 (Banks)																										
5 拍勃 (Bibb)																										
6 布魯克 (Brooks)																										
7 布賴恩 (Bryan)																										
8 布洛克 (Bulloch)																										
9 拍克 (Burke)																										
10 拍特斯 (Butts)																										
11 卡登 (Camden)																										
12 坎伯爾 (Campbell)																										
13 卡羅爾 (Carroll)																										
14 卡斯 (Cass)																										
15 查塔霍奇 (Chattahoochee)																										
16 查塔努加 (Chattooga)																										
17 查坦 (Chatham)																										
18 查爾頓 (Charlton)																										
19 查洛基 (Cherokee)																										
20 克拉克 (Clarke)																										
21 克林奇 (Clinch)																										
22 克雷 (Clay)																										
23 柯布 (Cobb)																										
24 科爾吉特 (Colquitt)																										
25 哥倫比亞 (Columbia)																										
26 科維塔 (Coweta)																										
27 克勞福特 (Crawford)																										
28 達德 (Dade)																										
29 道森 (Dawson)																										
30 迪卡爾布 (De Kalb)																										
31 多利 (Dooly)																										
32 道提 (Dougherty)																										
33 厄利 (Early)																										
34 厄芬厄姆 (Effingham)																										
35 伊曼紐爾 (Emanuel)																										
36 埃爾伯特 (Elbert)																										
37 法寧 (Fannin)																										
38 法葉特 (Fayette)																										
39 弗洛伊特 (Floyd)																										
40 福賽斯 (Forsyth)																										
41 富蘭克林 (Franklin)																										
42 吉爾默 (Gilmer)																										
43 格拉斯科克 (Glascock)																										
44 格林 (Greene)																										
45 格威內特 (Gwinnett)																										
46 哈伯沙姆 (Habersham)																										
47 哈爾 (Hall)																										
48 哈拉爾遜 (Haralson)																										
49 哈里斯 (Harris)																										
50 哈特 (Hart)																										

表 2-3　1860 年製造業普查表格

佐治亞州

表1　各郡縣製造業情況概覽（1860年）

製造業	企業數量	投資額	原材料成本	男	女	勞動力平均成本	年均產值
貝克							
餐飲業（Flour and meal）	2	$7,000	$17,700	3		$600	$19,912
伐木業（Lumber, sawed）	2	6,800	2,750	9		2,160	10,500
合計（Total）	4	13,800	20,450	12		2,760	30,412
鮑得溫							
造鞋業（Boots and shoes）	2	3,000	2,928	5	1	1,140	5,028
製磚業（Brick）	2	1,900	3,500	17	1	5,412	11,022
棉製品（Cotton goods）	1	60,000	47,900	45	54	13,284	70,400
餐飲類（Flour and meal）	3	23,500	68,350	9		2,316	80,373
傢具類（Furniture, cabinet）	1	2,000	1,350	2		720	2,850
鑄造業（Iron castings）	1	3,500	3,725	3		1,200	10,050
皮毛類（Leather）	2	3,500	2,150	3		720	4,500
造酒業（Liquors–Wine）	2	200	555	2	4	460	1,550
伐木業（Lumber, sawed）	2	26,000	4,200	10	4	10,140	20,500
大理石製品（Marble work）	1	1,625	175	2		360	1,000
醫藥品（Medicines, extracts, &c）	1	1,500	2,400	1		300	5,025
毛織品（Woolen goods）	1	20,000	41,000	15	16	4,236	57,000
合計（Total）	19	146,725	178,233	123	79	40,348	269,898
柏里恩							
運輸業（Carriages）	1	2,000	700	3		1,560	3,000
餐飲業（Flour and meal）	2	20,200	10,600	2		420	11,025
伐木業（Lumber, sawed）	3	18,000	1,600	12		2,652	5,400
粗紡（Wool carding）	1	5,000	1,800	1		300	2,400
合計（Total）	7	45,200	14,700	18		4,932	22,725
比布							
鍛造業（Blacksmithing）	4	7,000	3,325	12		3,000	21,800
裝訂業（Bookbinding）	1	3,000	1,800	2		900	5,500
造鞋業（Boots and shoes）	4	7,100	4,350	11		6,000	14,450
麵包類（Bread）	2	4,500	14,000	4		1,920	20,480
製磚業（Brick）	4	15,500	13,739	71		20,448	53,750
運輸業（Carriages）	6	25,300	11,665	43		18,864	44,780
服飾類（Clothing）	4	28,200	21,980	22	3	13,416	45,355
糖果類（Confectionery）	3	4,000	14,570	5		2,388	19,420
軋棉機類（Cotton gins）	1	15,000	4,000	20		9,960	18,000
棉製品（Cotton goods）	1	145,000	78,750	38	75	24,000	112,000
牙科（Dentistry）	2	4,500	2,750	3		1,800	9,000
槍炮業（Fire-arms）	2	3,800	2,000	5		3,000	8,800
餐飲業（Flour and meal）	10	21,500	56,060	12		3,144	63,787
傢具類（Furniture, cabinet）	1	23,581	12,000	40		14,400	33,000
燃氣類（Gas）	1	73,000	5,800	5		2,520	24,000
伐木業（Lumber, sawed）	10	31,550	10,539	30		7,260	31,072
機械製造業（Machinery, steam engines, &c）	5	340,000	56,644	184		73,000	155,000
大理石製品（Marble work）	2	23,000	9,900	20		9,120	23,785
女帽類（Millinery）	4	33,000	37,500	19		7,116	55,904
礦泉水（Mineral water）	1	1,000	966	3		1,584	4,000
攝影業（Photographs）	1	10,000	2,556	6		4,200	12,000
印刷業（Printing, newspaper and job）	4	44,000	14,550	34		18,000	51,500
管道業（Pumps）	1	1,000	300	1		480	1,500
馬具類（Saddlery and harness）	2	20,000	18,375	21		11,040	37,875
裝潢類（sash, doors, and blinds）	2	34,000	38,430	55		27,600	78,000
鐵匠類（Tin, copper, and sheet–iron ware）	4	28,200	19,006	36		16,800	46,366
貨物運輸類（Wagons, carts, &c）	6	8,400	3,785	17		4,944	12,000
合計（Total）	88	955,131	460,000	719	78	308,664	1,005,524

註：謝爾曼之所以成功，主要得益於當時人口普查提供的豐富數據。他在行軍過程中使用的數據主要有三種：各地的人口明細、農業部分明細以及製造業部分明細。表 2-2 為 1860 年人口普查報告中佐治亞州的農業部分明細，表中以郡縣為單位，記錄了每個郡縣各類土地的大小、價值，各類牲畜的數量以及各類農產品的產量；表 2-3 為製造業部分明細，表中以郡縣為單位，記錄了每個郡縣製造類企業的數量、投資額、原材料成本、男女雇員的數量、勞動力平均成本以及年均產值。

謝爾曼將這次行動命名為"向大海進軍"，目標是東部沿海重鎮薩凡納（Savannah）。其部隊官兵共 62 000 人、其中步兵 55 000 人、騎兵 5 000 人、炮兵 2 000 人，戰馬 35 000 匹、各類車輛輜重 2 500 輛。這是一支龐大的部隊，從亞特蘭大到薩凡納，共 300 多公里，這條行軍路綫被後世稱為"毀滅之路"。

謝爾曼自斷糧草、孤軍深入的做法，並不是不需要補給，謝爾曼的策略，是根據甘迺迪提供的數據確定"食物和資源"的可能方位，完全靠在當地"打劫"來維持補給，同時，摧毀沿途的集市、工廠、鐵路、橋樑等重要的基礎設施。換句話説，一是搶光、二是毀光。謝爾曼認為，他的計劃一石二鳥，他公開宣稱，他正是要通過這種焦土政策，摧毀南方的一切，讓南方的百姓品嚐到戰爭的慘痛後果，世世代代都不敢再脱離聯邦。

可以想像，其大軍所到之處，為搜刮一切可能的補給物質，當然掘地三尺、雞犬不留。據其行軍日誌的記載，"6 萬大軍，共 40 個旅，每天每個旅派出 50 人去搜尋食物，他們步行出發，但回來的時候，每個人都騎著馬，並拉著幾車牲畜和土豆"[10]。謝爾曼後來向格蘭特報告説，部隊沿途共消耗騾子 15 000 頭，牛 10 000 多頭，雞鴨無數，全部來自農家田舍[11]，也因為這種大肆劫掠的做法，沿途所有的農舍、居民集聚區、工廠等一切重要的社區和設施都被完全摧毀，這也是其行軍路綫被稱為"毀滅之路"的根本原因。

這個時候，林肯 4 年的總統任期已滿，正在競選連任，前方戰情的變化，可謂牽一髮而動全身，林肯親自操心軍糧的籌備，謝爾曼卻表示完全不必要。林肯認為，這種冒險違背常理，可能導致 6 萬大軍因為飢餓而潰散、不戰自敗，因此完全不同意，但格蘭特相信謝爾曼的判斷，作為總司令，他批准了謝爾曼的行動。

謝爾曼自斷後路式的突襲，也切斷了他和指揮部的聯繫。前方戰事吃緊，林肯在白宮翹首以盼，卻一連 5 週，毫無音訊。12 月 23 日，臨近聖誕節，坐立不安的林肯終於收到了前綫的電報。謝爾曼在信中説，薩凡納已經攻陷，這是他送給總統的新年禮物。

林肯喜出望外，他回電説："此舉成功，榮譽儘歸你所有。請將我的感激和謝意轉達給全體官兵"。

謝爾曼同時給甘迺迪發去了感謝信，信中説："在這場戰爭瀕臨結束時發生的種種事件證明，您給我提供的各種統計表格和數據價值巨大，沒有它們，我不可

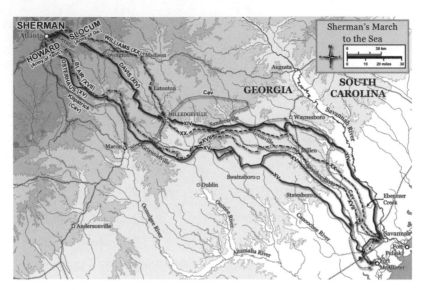

圖 2-7　向大海進軍的行軍路綫圖

註：為儘量獲得資源，謝爾曼將其部隊分為 5 路大軍，上圖的 5 條綫分別代表其行軍路綫，其中標記為 "Kilpatrick(Cav)" 的細虛綫代表騎兵，為機動力量，在緊急情況下對其他 4 路大軍進行支持和救援。各路大軍的行軍路綫都沿普查數據表明有足夠資源的路綫行進，其中，米利奇維爾市（Milledgeville）位於鮑爾溫郡，謝爾曼認為該郡足夠富裕，因此該地區被定為 3 支部隊的會合之處。在詳細計算了 5 條行軍路綫沿途的資料之後，謝爾曼相信 "不僅會有足夠的糧食，而且沿途會有足夠的騾馬，以更換所有的馬匹"。事實證明，他的預測完全正確，到達薩凡納之後，其部隊的馬匹幾乎全部更換，處於更加精良的狀態。（圖片來源：維基百科）

能完成任務，這些任務，對世界上最敏捷、最有經驗的部隊而言，都是像迷宮一樣的難題" [12]。

　　向大海進軍的行動，是南北戰爭後期重要的轉折點。也因為這個勝利，北方軍心大振，林肯順利當選、再次連任總統。

　　但這個時候，其他的戰綫都沒有任何進展，包括總司令格蘭特將軍，他和南方的部隊膠著在弗吉尼亞州，動彈不得。謝爾曼在南方撕開出一個巨大的口子，其破竹之勢，點燃了北方的希望，議員們很快在國會建議，任命謝爾曼為總司令，取代格蘭特。

　　謝爾曼獲悉後，立即給參議院寫信，斷然拒絕了這次提拔，他在信中說：我很了解格蘭特，他是一位偉大的將軍。當我在採取極端冒險行動的時候，他和我站在一起，當他困難的時候，我也將和他並肩作戰。我們必將取得戰爭的勝利。

這之後，謝爾曼繼續率軍進入南方的腹地，再度攻城略地，幾個月後，南北戰爭就畫上了句號。

"向大海進軍"是美國軍事史上的奇跡，也是歷史上"全民戰爭"、"總體戰"的重要案例。謝爾曼認為，戰爭就是地獄，一旦戰爭開始，就應該是全員戰爭，必須不遺餘力地打擊對方，不僅要消滅對方的軍事力量，也要摧毀對方民間的經濟基礎和大眾的心理承受能力。他對佐治亞州的燒殺劫掠，導致該州元氣大傷，從魚米之鄉一蹶不振、變成了長期落後的地方，這也給謝爾曼留下了"殘酷"、"魔鬼"的惡名，令其備受爭議，但誰也不能否定他對南北戰爭的貢獻。戰後，謝爾曼的名聲、軍階還不斷上升，1869 年，格蘭特將軍當選總統，謝爾曼這才取代他的位置，成為美軍的總司令。

1884 年，謝爾曼被提名為共和黨的總統侯選人，他堅辭不就，用他特有的決絕發表聲明說："如果被提名，我不會接受；如果被選上，我不會就職。"這份聲明被稱為"謝爾曼聲明"，表示一件事情毫無餘地，這也集中體現了謝爾曼"一就是一，二就是二"的行為作風。後世的新聞記者在需要一個完全肯定的回答時，常常問對方，你能發表一份謝爾曼聲明嗎？2012 年以來，希拉里反覆向新聞界表示不會參選下屆總統，但記者多次問她能否發表一份謝爾曼聲明，她拒不回答，媒體因此評論說，希拉里心裡其實還是想參加選舉。

多年後，謝爾曼在回憶往事時，又談到向大海進軍這次突襲，他總結說："歷史上沒有任何一次行軍遠征，曾經建立在像這次一樣完善和肯定的數據之上。"[13]因為數據，他和甘迺迪也結下了長期的友誼，甘迺迪後來不斷給他寫信，以尋求高層對普查統計工作的支持。

政治計算：解放黑奴的真正原因

對林肯而言，南北戰爭最大的意義，是維護國家的統一，但如果把歷史的鏡頭拉長、聯繫後續的事件，不難發現，南北戰爭更大的意義在於廢除了奴隸制，在全國的範圍內確定了自由的資本主義生產關係，從而為 20 世紀美國的崛起、成為世界第一強國奠定了基礎。

但廢除奴隸制並不是林肯的初衷。林肯就任期間曾多次強調，維護聯邦的統一才是他最高的使命[14]。林肯年輕的時候，也激烈抨擊過奴隸制度，認為這是罪惡的制度。但時轉位移，這個時候，作為總統，他已經是一名成熟的政治家了，他深深知道，政治不是人人平等的抽象詞藻，不是高調的普世價值，在這背後，政治家必須直面和解決一個個具體的社會問題：解放之後的黑奴怎麼辦？奴隸主將不再照顧他們，400 萬人吃甚麼？住哪裡？以何為生？國家經濟將無力承擔 400 萬人的生計，黑人群體將必然承受可悲的命運：他們將遭受歧視、憎恨，再次成為社會的犧牲品。

林肯為此費盡心思，他不斷設想種種可能，他甚至提出，戰爭一結束，就將黑奴遣散——把他們全部送出美國。但隨後展開的外交努力表明，除了美國的前殖民地利比里亞，沒有任何一個國家願意接受黑奴的到來，黑奴即使想返回原籍也不可能。面對這個難題，作為國家的"總統計師"，甘迺迪又向林肯提交了數據分析的報告。他分析說，從近幾十年美國的人口增長情況來看，白人群體每十年的平均增速為 38%，黑奴的增長速度為 22%，而自由的黑人群體增速僅僅為 12%。甘迺迪因此預測，黑奴解放之後，貧窮會限制其人口的增速，其佔人口總數的比例將大幅下降，種種困難，其實不用擔憂，因為它們最終會消解在龐大的人口基數當中。

除了數據支持，甘迺迪的觀點也有現實對照，那就是印第安人。作為一個種族，其人口總數正在不斷下降，已經在美國社會生活中變得無足輕重，但林肯認為黑人群體和印第安人缺乏可比性，他沒有從這份報告當中得到任何啟發和寬慰。後來的發展，也證明林肯是正確的：黑人群體並沒有消減，而是以相同的人口增速跨進了 20 世紀。

林肯 1863 年被迫發佈的《解放奴隸宣言》，成為其一生事業的巔峰。（圖片來源：維基百科）

南北戰爭的前兩年，北方軍隊頻頻失利、屢戰屢敗，作為總統，林肯也四處受制、舉步維艱。他身邊的工作人員描述說：總統每天都和身邊的人討論最新的戰局，他非常憂鬱，憂鬱就像水滴一樣掛在他的臉上，幾乎就要"滴"下來！

在反覆的討論和權衡中，共和黨黨內最後達成了一致，他們認為，如果把黑奴作為一種軍事力量動員起來，北方就可能扭轉戰局。於是，解放黑奴、武裝黑奴成了林肯的選項。但林肯的心頭病仍然沒有答案：戰爭結束後，黑奴怎麼辦？

但形勢也由不得他多想，取得軍事上的勝利是壓倒一切的目標。1863 年元旦，林肯在忐忑不安中頒佈了《解放奴隸宣言》，他宣佈全美境內的黑奴立即獲得自由，並允許黑人參加北方軍隊。消息傳開後極其振奮人心，成千上萬的奴隸逃往北方，最後共有 20 萬黑人加入了北方的軍隊。

半年之後，南北兩軍在葛底斯堡展開了一次正面決戰。這一仗打得無比慘烈，雙方 20 萬大軍先是大炮對轟，然後短兵相接、最後打到手刃，共死亡 5 萬多人，北方最終佔了上風。這一仗扭轉了戰局，這之後，林肯逐漸把握了戰場的主動權。

三民主義的來源

　　1863 年 11 月 19 日，為紀念葛底斯堡戰役的勝利、哀悼在戰役中犧牲的戰士，林肯在葛底斯堡國家公墓發表了著名的演講。他的演講不到 3 分鐘、全文不過 300 字，卻成為美國歷史上最偉大的演講之一，他在演講中最後呼籲在上帝的佑護下，戰士的鮮血不會白流、美國將獲得重生，"民有、民治、民享"的政府將與世長存。1917 年，孫中山引用這段話，成為中華民國"三民主義"思想最早的來源。

應該說，解放黑奴的宣言確實順應了時代的潮流，人人平等的口號佔據了人類道德的制高點，激發了大眾的良心和勇氣，給予了參戰軍人——無論黑白——一種崇高的榮譽和使命感。1964 年初，在準備"向大海進軍"之前，謝爾曼給林肯寫信，告訴總統他的部隊士氣高昂："一名黑奴對我說，即使我們僅僅聲稱是為了統一的聯邦而戰，他也認為奴隸制是戰爭的起因，我們的勝利必將導致他的自由"。

　　林肯解放黑奴的決定，也在南方陣營激起了激烈的討論。此前，黑奴已經在南軍中擔任燒飯打雜、修路架橋等非作戰任務。葛底斯堡之役之後，戰勢逆轉，南方也面臨巨大的兵員缺口，南方的將軍們也都建議讓黑奴參軍，直接和北方作戰。這遭到了南方政治家的堅決反對，他們認為，如果黑奴也能成為優秀的士兵，那就證明南方的奴隸制度是完全站不住腳的，仗也不必再打了。

　　但形勢比人強，爭歸爭，為了贏得戰場的勝利，南方最後也像北方一樣，徵召黑奴入伍。

　　即使如此，一切都為時過晚。"向大海進軍"之後，北方軍隊摧枯拉朽，南方很快就被迫投降。

　　戰火雖然熄滅了，但黑奴的問題卻遠遠沒有完，林肯解放的，只是黑奴經濟上的自由權，而關於黑奴的政治權利，尤其是選舉權和投票權，卻隻字未提，憲法中"5 個黑人相當於 3 個白人"的計算口徑，也沒來得及討論。1865 年 2 月，解放黑奴的宣言最後以修正案的形式寫進了憲法，但兩個月後，林肯便遇刺身亡。

　　終其一生，林肯也沒有說過要給予全體黑人政治上的平等權。所以有歷史學家認為，這談不上真正的解放，即使是經濟上的自由，也是林肯為了在戰場取勝的一個戰略決定，而不是他的初衷，把"種族平等、解放黑奴"的帽子戴到林肯頭上，是歷史的誤會，特別是其遇刺之後這種悲情更被放大。但也有歷史學家解釋說，作為共和黨人，林肯一直重視經濟自由多於政治平等，他認為，經濟自由是第一位的，沒有經濟自由，政治平等就無從談起；解放黑奴的決定，最終幫助全體美國人實現了經濟自由，可謂意義深遠。

　　林肯逝世之後，關於黑人政治平等權的爭議開始全面爆發。引爆問題的導火綫，又是憲法中關於議席分配和人口普查的條款。

　　按憲法第一條第二款規定，各州在國會的議席是按人口的多少來分配的，但當時的計算方法，是每一個黑奴按照 3/5 個自由人的標準來進行換算的，即 5 個黑奴才相當 3 個自由人。黑奴解放之後，脫離了奴隸的身份，一個就變成了"一個"，按這個新的計算口徑，南方各州的總人口會大幅增加，其在國會的議席也要相應增加。

經濟自由 vs. 政治平等

自由與平等都是人類重要的價值觀，但從人類社會的發展實踐來看，在一定程度上，兩者卻是相斥的。

當一個國家強調個人自由時，人們有機會各謀發展，但由於天賦和機遇的不同，必然導致差距，甚至出現弱肉強食的局面。所以自由競爭的結果，就是優勝劣汰，談不上"平等"。如果國家和社會首先強調人與人之間的平等，就必須使政策、法律向弱者傾斜，但這會挫傷個人的積極性，干擾自由競爭。

美國民主、共和兩黨的政見之差，也反映在對待自由和平等的不同態度之上：共和黨強調經濟自由，民主黨注重政治平等。兩黨輪流執政，國家政策得以在自由與平等、效率與公平之間輪迴。自由太多了，共和黨就走人；平等太過了，民主黨就下台。

國家權力又要重新調整，這一次，天平毫無疑問地要偏向南方各州。歷史無比詭異，人口普查，這個曾經南方最大的敵人，突然又變成了他們的朋友。

戰敗的南方反而要擴大自己的政治權力？！這幾乎不可思議，北方當然無法接受，但這卻是憲法的明文規定！北方的共和黨人一"計算"，發現南方不僅將獲得額外的席位，新的議席還可能會被南方的民主黨盡收囊中，共和黨將可能因此失去眾議院的控制權，這將直接影響到下一屆總統大選的成敗。

北方的共和黨立刻開始尋找補救方案。為了避免南方政治勢力的擴大，他們最後提出修改憲法，國會的議席不再按先前的人口總數分配，從今以後，按各州有選舉權的公民多少分配。當然，其潛台詞是，黑奴可以解放，但不會擁有公民權，即沒有選舉權、投票權。如此這般安排，共和黨相信，南方的議席就可以維持原來的數量不變。

這也表明，共和黨根本無意賦予黑人政治上的平等權，大部分政治精英，雖然認為奴隸制不合理，但還是覺得黑人低人一等。就連廢奴派的領軍人物、寫出《迫在眉睫的南方危機》的赫爾珀也極度歧視黑人，甚至拒絕在有黑人出現的地方就餐。反對奴隸制並不代表支持人人平等，這也反映了人性極其複雜的一面。

但共和黨沒有想到，他們這個修憲的提議引起了"窩裡反"：北方很多州，自己跳出來表示反對。

反對的原因，是因為當時的選舉權，是由各州自行規定的。幾乎全部的州，女性和外國人都沒有選舉權，北方的州聚集了大量外來的移民，而且女性多於男性，如果按新的口徑來分配席位，個別州一計算，發現自己的議席反而會減少，他們當然不幹！另外一個選擇，就是全面賦予女性和外來移民選舉權，而共和黨擔心這將導致更大的政治混亂。

不得已，共和黨又回到了支持按人口分配議席的原點。但眼睜睜看著南方的議席就要增加，北方又於心不甘。在這種態勢之下，一批共和黨人開始鼓吹，應該順應歷史潮流，主動賦予黑人政治上的平等權。其中的原因，和林肯解放黑奴的初衷如出一轍：以人人平等的名義，佔據道德的制高點，這有利於爭取選民，尤其是黑人選民。歷史後來證明，這是共和黨歷史上最為成功的戰略之一，此舉確實擴大了其票倉，此後近半個世紀，共和黨基本把持了總統的寶座。

由於戰爭剛剛結束，作為戰勝方，北方的共和黨主導了國會的發言權，在他們的推動下，1870 年，國會通過了憲法第十五修正案，賦予了黑人男性投票的權利，黑人在美國獲得了和白人一樣的政治權利。當然，這個權利，還僅僅是紙面上的，接下來幾十年，黑人還遭受了種族隔離的命運，到其選舉權和被選舉權真正被落實的時候，時間的指針已經轉到了 1965 年。林肯當初的擔心沒錯，這 100 年間，黑人在美國社會還是備受歧視，上演了無數辛酸、痛苦和無助的故事！

兵家和數據：中國歷史上的吉光片羽

中國是謀略之國，從古至今，中國的戰場上也有一些善用數據的兵家和良將。

孫武，生於公元前 545 年，是中國古代兵法的集大成者，他在著作《孫子兵法》講到，兵法的基本原則有 5 條："一曰度，二曰量，三曰數，四曰稱，五曰勝。"[15] 其中"度"是指國土的大小，"量"是指糧草資源的多少，"數"是指軍隊的數量，"稱"是指雙方實力的對比。他的意思是，戰爭的勝負可以通過這 4 個因素來進行估計，而這 4 個因素，本質上都是數據，作戰的雙方，都不斷刺探對方的實力，試圖獲得準確的數據，同時也不斷釋放"數據煙霧"，以迷惑對方，掩蓋自己的實力。

　　通過釋放"數據煙霧"，以計詐敵，中國古代有不少著名的戰例。春秋戰國期間，魏將龐涓率 10 萬大軍進攻韓國，韓國不敵，向齊國求救。齊國派出田忌為主將、孫臏為軍師的軍隊馳援韓國。田忌在率軍進入魏國境內之後，採用了孫臏的"減灶計"：開始設 10 萬個灶，其後再設 5 萬灶，最後減到 3 萬灶。尾隨而來的龐涓見到齊軍所留灶跡不斷減少，因此判定齊軍出現了大量掉隊、減員的現象，他因此撇下主力部隊、率領騎兵分隊加速追擊，結果在馬陵中了孫臏的埋伏，兵敗身亡。東漢期間，西北邊陲的羌族起兵造反，名將虞詡率兵平叛。因一開始兵力不足，虞詡極力避免和羌族部隊展開正面決戰，他在行軍途中，使用了"增灶計"：命令官兵每人各造兩個鍋灶，並定期增加。羌兵見此，認為虞詡不斷得到增援，不敢正面逼近，虞詡因此爭取到了時間。

　　到了近代中國，也有將帥善用數據的戰例，中國的軍旅作家程光記錄過林彪在遼瀋戰役期間的一個故事：[16]

　　戰役開始之後，在東北野戰軍前線指揮所裡面，每天深夜都要進行例常的"每日軍情彙報"：由值班參謀讀出下屬各個縱隊、師、團用電台報告的當日戰況和繳獲情況。

　　那幾乎是重複著千篇一律的枯燥無味的數據：每支部隊殲敵多少、俘虜多少；繳獲的火炮、車輛多少、槍支、物資多少⋯⋯司令員林彪的要求很細，俘虜要分清軍官和士兵，繳獲的槍支，要統計出機槍、長槍、短槍；擊毀和繳獲尚能使用的汽車，也要分出大小和類別。經過一天緊張的戰鬥指揮工作，人們都非常疲勞。整個作戰室裡面估計只有定下這個規矩的司令員林彪本人、還有那個讀電報的倒霉參謀在用心留意。

　　1948 年 10 月 14 日，東北野戰軍以迅雷不及掩耳之勢，僅用了 30 小時就攻克了對手原以為可以長期堅守的錦州並全殲了守敵十餘萬之後，不顧疲勞，揮師北上與從瀋陽出援的敵精銳廖耀湘軍團二十餘萬在遼西相遇，一時間形成了混戰。戰局瞬息萬變，誰勝誰負實難預料。

　　在大戰緊急中，林彪無論有多忙，仍然堅持每晚必作的"功課"。一天深夜，值班參謀正在讀著下面某師上報的其下屬部隊的戰報。說他們下面的部隊碰到了一個不大的遭遇戰，殲敵部分、其餘逃走。與其他之前所讀的戰報看上去並無明顯異樣，值班參謀就這樣讀著讀著，林彪突然叫了一聲"停！"他的眼裡閃出了光芒，問："剛才念的在胡家窩棚那個戰鬥的繳獲，你們聽到了嗎？"

大家帶著睡意的臉上出現了茫然，因為如此戰鬥每天都有幾十起，不都是差不多一模一樣的枯燥數字嗎？林彪掃視一周，見無人回答，便接連問了三句：

"為甚麼那裡繳獲的短槍與長槍的比例比其他戰鬥略高？"

"為甚麼那裡繳獲和擊毀的小車與大車的比例比其他戰鬥略高？"

"為甚麼在那裡俘虜和擊斃的軍官與士兵的比例比其他戰鬥略高？"

人們還沒有來得及思索，等不及的林彪司令員大步走向掛滿軍用地圖的牆壁，指著地圖上的那個點說："我猜想，不，我斷定！敵人的指揮所就在這裡！"

隨後林彪口授命令，追擊從胡家窩棚逃走的那部分敵人，並堅決把他們打掉。各部隊要採取分割包圍的辦法，把失去指揮中樞後會變得混亂的幾十萬敵軍切成小塊，逐一殲滅。司令員的命令隨著無綫電波發向了參戰的各部隊⋯⋯

延伸閱讀

數據和數字

1947 年，粟裕帶領的華東野戰軍在山東孟良崮包圍了國民黨名將張靈甫率領的第七十四師，對其進行了圍殲，這場戰役史稱孟良崮戰役，打得相當驚險慘烈。戰爭結束之後清點戰果，粟裕發現"所報殲敵數與七十四師編制數相差甚大"，立即命令部隊回到戰場、繼續搜索。這時侯，七十四師確實還有近 7 000 人的殘部被打散在山谷中，由於粟裕及時進行了圍剿，這 7 000 人還來不及集結，最後被全部殲滅。粟裕在事後總結經驗時指出，之所以能全殲殘敵，是因為其所屬的各支部隊都能夠如實報告殲滅敵人的數量，沒有浮誇。[17] 粟裕的意思是，他之所以成功，是因為獲得的是真實的"數據"、而不是虛假的"數字"，數據是對客觀世界有根據的記錄，在情況千變萬化的戰爭中，這類數據是極難獲得的。

讀完這些中國故事，中國古代兵家之善謀、林彪心思之縝密，確實令人佩服感歎，也可以想像，必定還有一些類似的故事散落在中國幾千年的文明歷史當中。但感歎之餘，我們可以看到，無論是孫臏、虞詡還是林彪，他們使用數據的方式，和謝爾曼相比，存在著巨大的差別。

1864 年，謝爾曼是"面對地圖、鋪開所有的數據，有人讀數、有人計算"，通過細緻的數據分析，最後決定把部隊分成 5 路大軍，在沒有後勤補給的情況下 6 萬多人行軍 35 天、突進 300 多公里；而 80 多年後的林彪，是在眾人皆昏昏欲睡的深夜，一個人聽著那個倒霉的參謀讀電報，突然靈光一現，捕捉到珠絲馬跡，推測出敵人指揮部的真正所在地。

也就是說，謝爾曼使用的數據，是大量的、系統的、成片的，背後有專業的人員給予支持，而林彪使用數據的成功，是繫於其個人對數據的敏感性，和謝爾曼相比，林彪使用數據的方式是零散的、原始的，以個人經驗為基礎的。不得不承認，就使用數據的方式而言，謝爾曼要高出一籌。

謝爾曼高出的一籌，並不是高在其個人的素質，就個人的軍事素質而言，林彪可能還高於謝爾曼。程光先生還在書中介紹說，從紅軍帶兵時起，林彪身上就有個小本子，上面記載著每次戰鬥繳獲的數量、殲敵的多少等等數據，這種收集數據的習慣、幾十年如一日的勤謹，非常人可比。而且，中國人也不是不會計算，謝爾曼面對的遠征軍補給問題，中國人早在北宋年間就認識到了，中國的科學家沈括還對遠征軍的補給問題做過詳盡的數據分析，其計算過程主要如下 [18]：

一個士兵可以自帶 5 天的乾糧，一個民夫可以背六斗米，如果一個民夫供應一個士兵，兩人同吃同行，其糧食能支持部隊進軍 18 天，若計算回程，只能進軍 9 天；

如果兩個民夫供應一個士兵，單程能進軍 26 天，若計回程，只能進軍 13 天；

如果三個民夫供應一個士兵，而且每吃完一袋米，就遣返一名民夫，單程最多可進軍 31 天，若計回程，只能進軍 16 天。

沈括繼續分析說，對一支十萬人的軍隊而言，隨軍輜重就要佔去 1/3 的兵力，最後真正能上陣打仗的士兵其實不足 7 萬，如果一個士兵需要 3 個民夫供應的話，就需要徵召 30 萬民夫，30 萬人還需要組織和管理，這又要增加額外的人手。但就是這 30 多萬人的龐大後勤規模，也只能支持部隊行軍 31 天。沈括因此做出結論：凡行軍作戰，應該爭取從當地獲取糧草和補給，這是最為緊迫的事情，否則不僅耗費大，而且走不遠、跑不快、作戰能力極為有限！

沈括的分析，有數有據，但如何在當地獲取補給，沈括隻字未提，受限於時代，他當然回答不了這個問題，因為，他根本沒有更多的數據。

而這正是 1864 年謝爾曼高出的一籌，這一籌，是因為他有數可用：甘迺迪給他提供了大量的數據。這種"有數可用"，源於美國建國之後就開始的、長期的、週期性的努力以及強大的制度保障。有沒有這種制度化的數據收集體系，才是近代美國將軍和中國將軍在數據使用方面拉開差距的根本原因。也正是因為沒有建立系統收集數據的制度，在中國幾千年的文明史中，關於數據的故事只是吉光片羽，難成體系。

子沛曰：自古良將，用心於數者多矣，謝爾曼非獨精此道也。孫臏減灶，破龐涓於馬陵；虞詡疑兵，平羌軍於西涼；林彪臨戰，細查殲敵繳獲；粟裕領軍，窮究傷亡俘斃……但較之謝爾曼以數據行軍千里、決勝沙場，均有所不及，其中原因，非謝氏勝於孫虞林粟也，其"數"勝也。

註釋

01　英語原文為："The census seemed to be the South's worst enemy."——Roy Nichols, *The Disruption of American Democracy*, 1948, P.460

02　英語原文為："Few peoples have an adequate idea of the important part the cardinal numbers are now playing in the cause of liberty. They are working wonders in the south…Those unique, mysterious little Arabic sentinels on the watch-towers of political economy, 1,2,3,4,5,6,7,8,9,0, have joined forces, allied themselves to the powers of freedom, and are hemming and combatting the institution of slavery with the most signal success. If let alone, we have no doubt the digits themselves would soon terminate the existence of slavery; but we do not mean to let them alone; they must not have all the honor of annihilating the monstrous iniquity. We want to become an auxiliary in the good work, and facilitate it."——*The Impending Crisis of the South: How to Meet it*, Hinton Rowan Helper, NEWYORK: BURDICK BROTHERS,8 SPRUCE STREET, P.32

03　Calculating People: The Origins of a Quantitative Mentality in America, Patricia Cline Cohen, Dissertation, 1977.

04　*Congressional Globe*, 30th Congress, 2nd Sess, March 1, 1849, P.628.

05　1850 年的普查，其基本報告 1853 年才付印，全部的數據直到 1859 年才整理完畢。

06　蒲式耳（bushel）是英美的一個計量單位，相當於中國舊式的計量容器斗，其中 1 蒲式耳小麥＝26.309 千克，1 蒲式耳玉米＝25.401 千克。

07　On the Admission of Kansas, Under the Lecompton Constitution, Speech Before the United

States Senate, Sen. James Henry Hammond, March 04, 1858. 南北戰爭爆發之後，南方確實切斷了棉花的出口，並派出專人前往英國和法國，進行棉花外交，希望兩國能出兵進行干涉。但南方還是打錯了算盤，英、法兩國因為有一定的棉花儲備，因此遲遲觀望、按兵不動。最後看到南方撐不住了，他們又把寶壓到了北方的身上。

08　U.S. Commissioner of Agriculture Report, 1862.

09　該圖的具體背景請參見《大數據：數據革命如何改變政府、商業與我們的生活》（香港中和出版有限公司，2013），第 118 頁。

10　U.S. War Department. *The War of the Rebellion: A Compilation of the Official Records of the Union and Confederate Armies* (Washington: U.S. Government Printing Office, 1893, reprinted by The National Historical Society, 1971), Series I, Vol. XLIV, PP.726-728.

11　出處同上。

12　英語原文為："The closing scene of our recent war demonstrated the, value of these statistical tables and facts, for there is a reasonable probability that, without them, I would not have undertaken what was done and what seemed a puzzle to the wisest and most experienced soldiers of the world."──*The Naked Consumer* (Penguin 1992), Erik Larson, PP.33-34

13　*The American Census: A Social History* (Yale University Press, 1988), Margo J. Anderson, P.64.

14　林肯在 1862 年 8 月 22 日給朋友的一封信中曾經寫道：我在這場戰爭中的最高目標既不是保全奴隸制，也不是廢除奴隸制，而是拯救聯邦。如果我能拯救聯邦而不解放任何一個奴隸，我願意這樣做；如果為了拯救聯邦需要解放一部分奴隸而保留另一部分，我也願意這樣做。英語原文為："My paramount object in this struggle is to save the Union, and is not either to save or to destroy slavery. If I could save the Union without freeing any slave I would do it, and if I could save it by freeing all the slaves I would do it; and if I could save it by freeing some and leaving others alone I would also do that."──Letter to Horace Greeley, Lincoln, Abraham, August 22, 1862

15　請參見《孫子兵法‧形篇》。

16　程光：《往事回眸》，香港北星出版社，2012 年版。

17　粟裕：《粟裕戰爭回憶錄》，解放軍出版社，1988 年版，具體內容請參見第十四章。

18　沈括：《夢溪筆談》卷十一。

04 05 02
03 01

爆發：鍍金時代的三重崛起

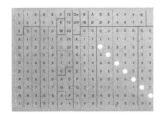

所有的科學，在抽象的意義上，都是數學；所有的判斷，在理性的基礎上，都是統計學。[01]

——C. R. 勞（C. R. Rao），印裔美籍統計學家

在前一個半世紀所有偉大發明的背後，絕不僅僅是技術內部的長期進步，同時還有思維方式的改變。[02]

——路易斯·芒福德（Lewis Mumford, 1895－1990），

美國科學哲學家、歷史學家，1934 年

隨著奴隸制的瓦解，美國的歷史翻開了嶄新的一頁，進入了一個大發展的黃

金階段。這個期間，美國的工業化提速，城市化的節奏不斷加快：1860 年的美國，其工業總產值還不及英國的一半，但南北戰爭之後，美國有如一部疾馳的列車，一路轟轟向前，到 1890 年代，它超越了英國，一躍而成為全球最大的經濟體。

從 1865 年美國內戰結束到 1900 年美國崛起的這一歷史階段，被稱為"鍍金時代"。[03]

如果説在內戰時期數據激起了動人的浪花，那到了鍍金時代，數據就開始在美國社會形成波瀾，演繹出一幅壯闊的社會圖景。

之所以稱為"壯闊"，是因為在鍍金時代的 30 多個年間，美國的數據文化相繼完成了思維、組織和技術的三重崛起，結出了豐碩的果實，登上了時代的巔峰。這些成就的取得，首先要歸功於統計思維的轉變。鍍金時代的快速發展，也帶來了大量的社會矛盾，在奔湧的歷史洪流中，大眾焦慮、迷失，他們渴望了解事實、掌握真相、把握未來的發展方向，一部分開明的政治家極力鼓吹數據的重要作用。他們認為，數據不僅代表事實，還隱藏著社會發展的規律，通過數據不僅能總結過去，還能預測未來，要治理好社會，就要用好數據。在他們的推動下，統計學家的群體不斷壯大，統計部門的組織架構不斷完善。1900 年前後，美國的中央政府形成了農業統計局、人口普查局、勞工統計局和經濟分析局四足鼎立的統計機構格局。統計部門不僅發佈原始的調查數據，還嘗試發佈各種經過複雜計算產生的指標，例如失業率、生活成本指數、工資指數、物價指數等等，這些指標不僅監測經濟發展的波動，還預測未來的走向，在世界範圍內，都是重要的創新。

這個期間，美國的人口普查也脫胎換骨，完成了向現代化的轉型。雖然還承擔著數據分權的功能，但其重要性已經大大降低，普查的目的，首先是服務於國家政策的制定，其次是監測社會的發展，再次是滿足公共信息的需要，最後才是議席分配的依據。因為這些新的功能，普查的範圍也遠遠超出了"人口"的範疇。1880 年，原來的人口普查擴大成五個部分：人口普查、出生死亡率普查、農業普查、社會普查和工業普查。普查的問題也由 1870 年的 100 多個急速擴張到 1 萬多個，加上人口的自然增長，可以想像，普查產生的數據越來越龐大，分析處理 1880 年的數據，普查辦公室用了整整 8 年。

隨著數據量的增多，數據的處理開始成為挑戰。人口普查產生的大數據，很快就催生了人類歷史上第一次重大的信息技術創新，這次創新，也是 20 世紀世界信息技術革命的先導，它波及到全世界很多個國家，影響了其後整整一個世紀。

這三重崛起的起點，是 1869 年。

用數據預測：轉變思維方式

南北戰爭結束之後，美國社會傷痕纍纍，百業待興，普查工作的重要性不言而喻，這個時候，美國也出現了一批具有強烈數據意識的政治家和專業人士，其中最重要的代表，是眾議員詹姆斯・加菲爾德（James Garfield）。

加菲爾德出身寒微，為了完成大學的學業，在很多地方打過工；畢業之後，他做過教員、律師，當過州議會的參議員；南北戰爭爆發後，他加入了北方的部隊，因為作戰勇猛，後來晉升為少將。

象林肯一樣，加菲爾德是共和黨人，但他反對林肯的南北和談，加菲爾德不僅強烈主張"打"，還是"全民戰爭"的始作俑者，但在"向大海進軍"之前，"全民戰爭"的理念一直得不到共和黨高層的認同，所以加菲爾德在軍內並不得志。直到 1864 年，謝爾曼違背林肯的意願，在佐治亞州發起全民戰，其雷霆破壞之力震懾美國大地，南方迅速潰敗，林肯這才想起加菲爾德，對他另眼相看。

這個時候，加菲爾德已經棄軍從政，當選為眾議院的議員。戰爭結束時，他已經在眾議院小有名氣，一部分共和黨人主張把投票權賦予黑人群體，加菲爾德就是其中最主要的推動者。也正是在為共和黨不斷進行利益計算的過程中，他開始了解到人口普查的重要性。加菲

詹姆斯・加菲爾德（1831-1881）

1880 年當選為美國第 20 任總統，之前，其代表俄亥俄州連任 9 屆眾議員。在擔任眾議員期間，他把人口普查推向了現代化的高度。加菲爾德也是一名數學愛好者，1876 年，他在國會與議員們討論數學問題時受到啟發，其後發表論文對勾股定理提出了自己獨特的證明方法，他是唯一發表過數學論文的美國總統。（圖片來源：維基百科）

爾德認為現行的普查制度有許多不足，已經滯後於時代，特別是 1860 年的普查毫無新意，必須改革。1869 年夏天，作為國會人口普查委員會的主席，他開始著手草擬普查改革的新方案。

加菲爾德接手的時候，美國已經進行了 8 次普查。此前所有的普查，都是由國會設計問卷，制定方案，然後由聯邦政府的臨時機構——普查辦公室負責統籌開展。普查辦公室只是設立在華盛頓的一個指揮機關，基層的普查需要大量的人力、物力和財力，這部分工作，從 1790 年的第一次普查起，國會就委託給各州的聯邦執法官（Federal Marshal）來組織實施。聯邦執法官是聯邦政府在各州司法工作的主管，由參議院任命。各地的執法官，根據本地面積的大小、人口的多少雇請數量不等的普查員，完成登門入戶的問卷工作。肥水不流外人田，可以想像，這些普查員大多是他們的下屬或親屬。

1843 年，"黑人一自由，馬上就發瘋"的風波發生之後，"數據英雄"賈維斯歷經幾年的追蹤查對，才發現錯誤的原因是普查人員把信息填錯了位置。統計學家開始意識到，問卷的填報是全部數據的"源頭"，至關重要，一線的數據收集工作並不是簡單的問答和機械的填報，也需要一定的技巧。另外，隨著普查範圍的擴大，一些敏感的問題，例如個人信息是否需要保密，又該如何保密，也開始引起討論。

這之前，保密根本不是一個問題。各地的執法官為了提高數據的準確性，在普查完成之後，還在城市、村莊的顯要位置張貼普查的結果，號召民眾進行補充和核對。1850 年，甘迺迪由戶到人的改革，把普查推進到個人的粒度，因為涉及到個人財產和疾病、死亡時間等敏感信息，公開張貼的做法就停止了，但對普查中個人填報的信息，仍然沒有任何保密可言，各級政府官員、國會議員可以說是要查就查、想看就看。

當然，每次普查前最大的爭議，還是普查的事項和範圍。

新舊問題接踵而至，人們把懷疑、期待甚至挑釁的目光投向了這位新任的普查委員會主席。作為改革的發起者，加菲爾德的方法是集思廣益、廣開言路。他向全社會公開徵召具體的方法和意見，很快身邊就聚集了一批專業人士，形成了一個"智囊團"，這其中，有統計協會的主席、聯邦政府的專家，還有社會各界的知名人士。1869 年的夏天，智囊團在國會大廈地下室頻頻集會，逐條討論普查的細節。到秋天，加菲爾德正式在國會提出了 1870 年第 9 次普查的方案，這份方案因其科學性、完備性，被後世認為是美國普查由傳統向現代轉型的標誌，這一年國會的辯論，也是美國建國之後對普查和統計最廣泛、最深入的一次總結和討論。

和 1830 年代相比，美國的政治精英對於數據的認識，已經上升到一個新的高度。加菲爾德的智囊團認為，數據不僅僅代表"真正的事實"，經由統計工作、系統化收集的成片數據，除了代表事實，還蘊藏了事物的發展規律，這種規律支配著整個社會的發展，一旦掌握，就可以把握社會的脈搏甚至預測未來。因此，人類使用數據，不應該僅僅局限於用數據說話、用數據來支持自己的觀點，而是要通過數據獲得啟示，發現新的知識和規律。但美國社會才剛剛意識到這種規律的存在，其研究工作也遭遇到很大的阻力："在研究這種規律的過程中，我們每一次的努力，都遭到了頑固的抵抗。在這種鬥爭中，統計已經成為科學的侍女，它給饑荒和瘟疫、無知和犯罪、疾病和死亡等等黑暗的領域帶來了大片的光明"。04

加菲爾德認為，數據就是社會規律的載體，統計就是發現這種規律的手段，因此，"對一個現代政治家來說，統計科學必不可少"。他在國會辯論中主張：也許我們不同意"數據在統治這個世界"這種極端的說法，但我們完全同意，數據表明了我們這個社會是如何被統治的。他在方案中寫道：

"作為立法者，我們才剛剛開始意識到，我們只有遵循社會運行的法則和規律，才能調控各種社會力量，其中的道理就像物理科學一樣。立法者不僅要把法律根植在人民的意願之中，還要建築在統計科學揭示的社會規律之上。立法者必須研究社會，他必須認識到：一個社會總有犯罪，罪犯只不過是完成這個過程的實施者，政治家應該考慮的，不僅僅是規避犯罪、懲罰犯人，而是要去根除導致犯罪產生的原因和土壤。"05

加菲爾德把"普查"定義為美國最基礎、最核心的統計工作，經由普查收集的數據，除了蘊藏著社會發展的規律，加菲爾德認為，這些數據本身也在記錄人類的歷史，這種記錄是一種全新的歷史書寫方式。他在國會的演講中陳述說：

"直到現在，歷史學家還是以一種總體的形式來研究一個國家，他們只能給我們講述帝王將相以及戰爭的歷史。但關於人民本身——我們龐大社會中每個生命的成長，各種力量、細節以及它們的規律，歷史學家說不出太多的東西……未來的美國歷史不應該是這樣，它還應該是普通人的歷史。而普查，把我們的觀察放大主張對各種殘疾人群開展調查,他以 1851 年的法國為例,當年法國的人口不到 3 600 萬,其普查的結果卻顯示有近 200 萬的聾啞盲殘以及精神病患者。加菲爾德指出,在法國這個高度發達的國家,居然有 1/18 的殘疾人口,美國正在面對工業化的挑戰,必須搞清楚自己的實力,分析問題產生的原因,採取措施提高人口的質量。又如,他建議要統計每個人的死亡年齡、原因,以研究死亡和職業、性別、地區等其他因素之間的關係;再如,對工人工資的統計,他建議不再採用公司提供的工資數據,而應該採用工人自己提供的數據。加菲爾德還主張進行房屋普查,他在國會的演講中大聲疾呼:

"沒有幾樣東西,能像一個人擁有的房子一樣,表明他真正的生活條件。普查應該了解我們普通的美國人到底居住在怎樣的房子裡。它的材料是甚麼,是木頭、磚瓦還是石頭?它價值多少?"[10]

1869 年 12 月,加菲爾德提出的改革方案,在眾議院高票通過,1870 年 1 月,在他的推薦下,其智囊團成員弗朗西斯‧沃克(Francis A. Walker)被格蘭特總統任命為普查辦公室主任,主持 1870 年的人口普查。

但加菲爾德的方案卻在參議院引起了分歧和爭議。失去了工作的甘迺迪憤憤不平,他在參議院的聽證會上,極力捍衛前兩屆普查的先進性和合理性,他甚至引證歐洲各國的評論,以證明 1850 年的普查是世界級的水平。甘迺迪也得到了不少參議員的支持,有參議員在會上朗讀法國首相基佐(Guizot)的來信,基佐評價說美國 1850 年的普查在人類的歷史上是開創性的、"無可匹敵的",不少參議員紛紛表態支持。

然而,所有這些都是"面"上的理由,參議院的多數議員之所以反對加菲爾德的議案,其中的真正原因是,每十年一次的基層普查涉及到大量的經費,而經費的主管部門聯邦執法官,正是參議院選撥任命的,可謂其嫡系地方部隊。加菲爾德的方案提出要取消聯邦執法官對基層普查的領導權,成立專業的普查員隊伍,這無異於要拿走已經放在他們盤子當中的"奶酪"!

人類的政治史,說到底,就是各種利益不斷調整的鬥爭史。利益的調整,充滿了試探、算計、對抗和衝突,從來都難以一次到位。幾個月後,參議院否決了加菲爾德的方案。

加菲爾德功虧一簣,1870 年的普查,基本沿用了 1850 年的老辦法。但加菲爾德埋下了一顆種子，20 年後，他的努力才開花結果，大放異彩。歷史的發展常常是這樣，今天在這邊播種澆水、用心呵護、翹首苦等，卻也不見發芽，但日後不經意卻發現，它竟已經在別處開花。拉長歷史的鏡頭，我們可以看到，一件事情本身的成敗並不是故事的全部，因為一事將牽出另一事，萬事互相關聯協力，只要事情代表了未來的發展方向，就一定會以某種方式結出果實。

總統之死：專業化的悲情序曲

弗朗西斯・沃克（1840－1897）

沃克不僅是統計學家、經濟學家，還是一名教育家，他在擔任麻省理工學院（MIT）校長期間，大力推廣通識教育，曾經引起該校歷史上持續半個多世紀的討論。受其影響，1975 年起，麻省理工規定，所有本科生必須在人文、藝術、社會科學領域選修 8 門課才能畢業。沃克主張加強老師的培訓、提高老師的待遇，減少中小學生不必要的功課，強化數學教育。現麻省理工校園內建有沃克大樓，以紀念他的貢獻。（圖片來源：維基百科）

加菲爾德種下的種子，就是新任的普查辦公室主任沃克。

這一年，沃克 29 歲，在出任這個職位之前，他曾經在財政部的經濟分析局（BEA）擔任了兩年的統計師。正是因為從事統計工作，他才出現在加菲爾德的智囊團中。沃克出生於書香門弟，他的父親是著名的政治經濟學家，依託人口普查這個平台，沃克後來也成為了著名的經濟學家、統計學家。

因為加菲爾德的改革方案受挫，1870 年的普查沒有大的改變，但沃克就任期間，大力鼓勵發明和創新，取得了一系列成果。在他的鼓勵下，其員工西頓（Charles Seaton）發明了西頓製表器（Seaton Device），這是美國歷史上第一件用於數據處理工作的機械設備。當年，經沃克提請，美國國會通過了專門的法案，給予了西頓 15 000 美元的獎金，這在當時是一筆巨款，相當於西頓本人 29 年的工資。

沃克也在統計領域創新。1874 年，在他的主導下，1870 年的人口普查除了出版常規報告之外，還出版了《統計地圖集》(*Statistical Atlas*),這份地圖集,把美國的地理特徵、人口密度、社會資源、經濟財富、出生死亡率等數據以可視化的形式標註在地圖和表格上,54 份圖表完全由手工繪製,很多設計匠心獨運,大大地方便了數據的對比和解讀。其出版之後,整個歐洲為之驚艷,從此對美國的統計界刮目相看。沃克本人也因此獲得國際統計協會的大獎,成了飲譽世界的統計學家。

第二章談到,1850—1870 年間,歐洲在數據可視化方面湧現了很多經典的作品。1874 年美國這本地圖集的出版,令歐洲讚歎不已,也有統計學家認為,這本地圖集的出版標誌著美國的統計學開始超越歐洲。

為了研究美國人口在地理位置上的變化趨勢,沃克還在 1874 年首創了"人口重心"(Population Center)的概念,這個概念後來被世界各國的人口研究者沿用。

西頓製表器(Seaton Device)的工作原理:它利用活動的捲軸同時固定多張問卷,通過用手搖動捲軸,可以同步查閱各張問卷上相應的數據,大大方便了製表。(圖片來源:The Evolution of American Census-Taking, W.R. Merriam, Century Magazine 65, 1903)

延伸閱讀

甚麼是人口重心?

任何物體都有一個重心,例如,一根均勻木棒的重心在其中點,一個均勻球體的重心在其球心。為了理解人口重心的概念,我們可以把一定的地區想像成一個質地均勻的平面,假設平面上的每個人都有相同的重量,那這個平面就像其他任何物體一樣,存在一個重心,沃克稱之為"人口重心"。通過人口重心,地區的總人口可以看作集中在這個點上的一個人口總體,這個點也表明了一個地區人口分佈的總趨勢或中心區位。據計算,2010 年,中國的人口重心在安徽合肥。

人口重心已經是當代城市研究的一個重要概念,例如,一個城市的人口重心如果與其經濟中心距離過遠,就肯定會產生交通擁堵的問題。

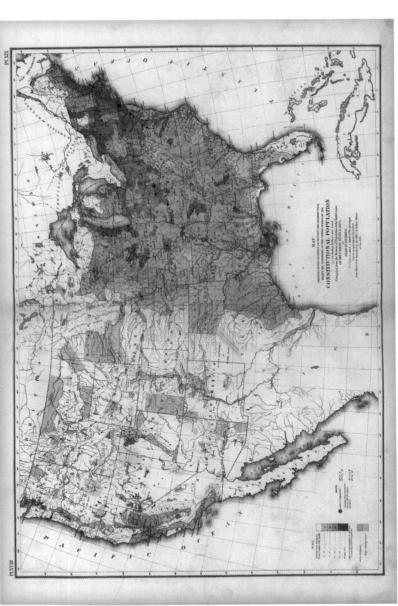

圖 3-1 1870 年美國人口地圖

註：此圖用不同的顏色及其深淺表示各個地區人口密度的大小，顏色最深的地方代表每平方英里的人口為 90 人以上，黃色部分則代表印第安人聚居區或農場、狩獵區。1870 年，美國的人口仍然集中在東海岸的新英格蘭地區，西海岸只有個別狹長的地帶有人聚集，而中部主要是印第安人聚居區，人煙稀少。(圖 3-1 至圖 3-6 均來自 1874 年沃克製作的《統計地圖集》，該地圖集現保存於美國國會圖書館。)

弍峙金嶷

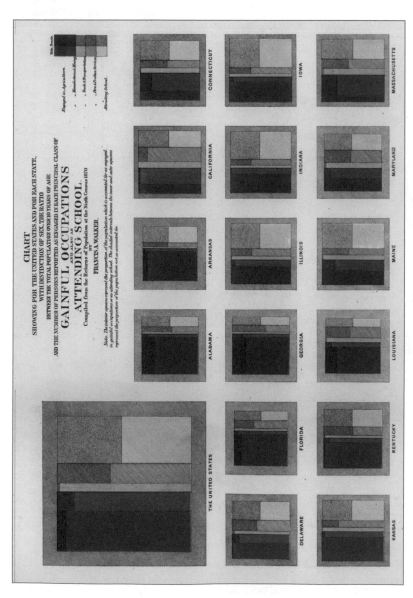

圖 3-2　1870 年職業分析圖（局部）

註：這是美國歷史上保存最早的矩形圖，構圖非常巧妙，在這個基礎上，後世產生了矩形式樹狀圖（treemapping）。此圖代表 1870 年美國男女的職業分佈以及男女受教育的比例。左上角的大方框為全美的情況，其餘為各州的情況。從左上角的大方框可以看出 1870 年全美各個行業男女雇員的比例，例如在農業中，男性遠遠超出女性；在製造業中，女性比例略有增加；而受教育比例，則男女幾乎一樣。

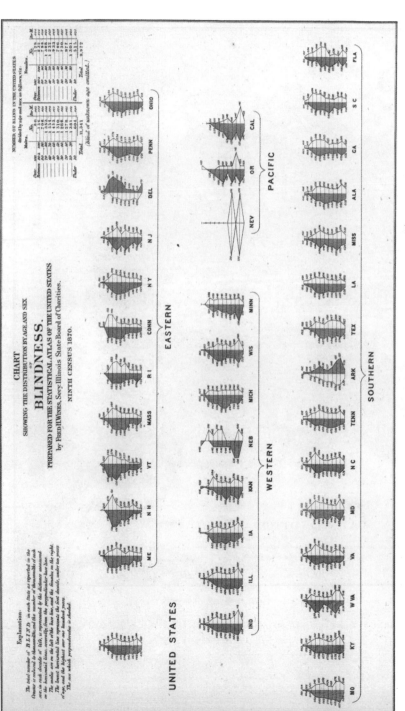

圖 3-3　1870 年盲人分析圖

註：此圖表示 1870 年美國各個地區盲人在所有人口中所佔的比例，其餘各個小圖表示各個地區的情況。圖中黑色部分代表男性盲人，白色部分代表女性盲人，各個點代表不同的年齡段。以全國的情況為例，男性盲人最多的年齡段為 60～70 歲，而女性盲人最多的年齡段為 70～80 歲。

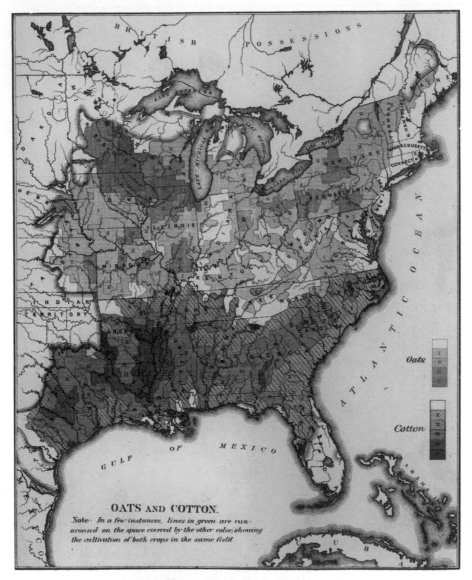

圖 3-4　1870 年農作物分佈地圖

註：此圖表示 1870 年美國燕麥和棉花的分佈。綠色表示燕麥，黑色代表棉花，顏色的深淺代表其種植的密度。可以看出，燕麥主要集中在北方，而棉花則集中在南方。

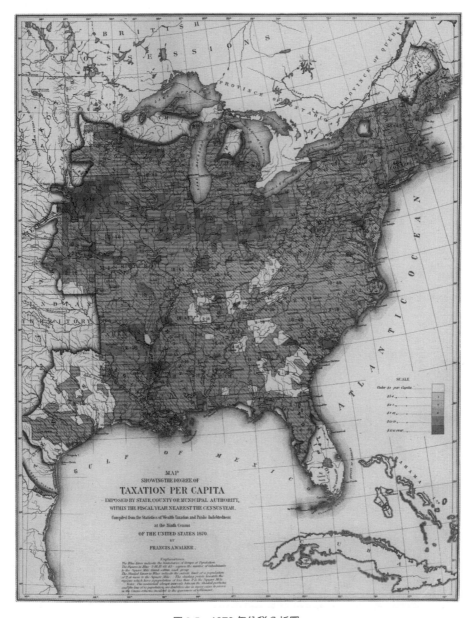

圖 3-5　1870 年納稅分析圖

註：此圖用顏色的深淺表示各個地區人均納稅額的多少，紅色最深的部分表示人均納稅額高達 17 美元以上的地區，而白色的部分表示人均納稅額為 1 美元以下的地區。

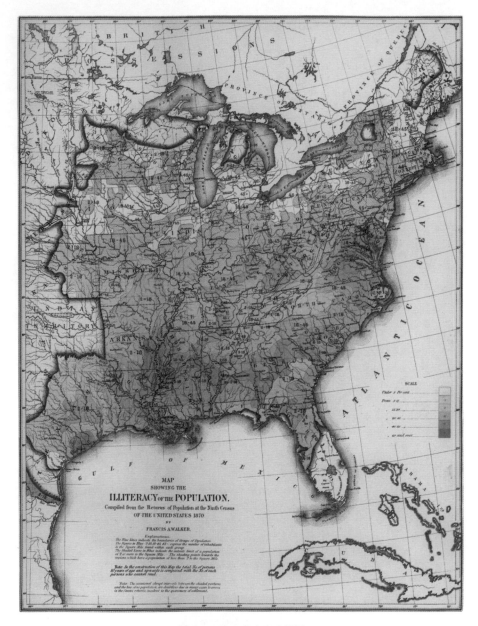

圖 3-6　1870 年文盲分析圖

註：此圖用顏色的深淺表示各個地區文盲佔人口的比例，顏色最深的地方，表示文盲比例為 60%
以上。

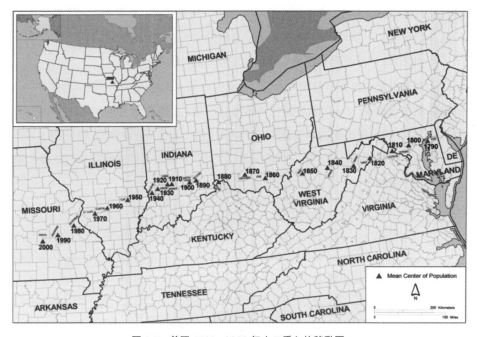

圖 3-7　美國 1790—2000 年人口重心的移動圖

註：三角形標記的所在位置為美國不同階段的人口重心，可以看到，1790 年，美國的人口重心在馬利蘭州，此後不斷西移，2000 年，已經西移到中部密蘇里州。這表明，西部的人口不斷增多，也表明到 2000 年，美國東西部的人口已經基本取得了平衡。（圖片來源：美國人口普查局）

　　1879 年，第十次普查即將展開，這也是美國建國百年後的第一次普查。這時候的加菲爾德已經今非昔比，他擔任了國會多數黨的領袖，並被提名為共和黨的總統候選人，成為了人氣高漲、炙手可熱的人物。十年磨劍，捲土重來，在 1869 年方案的基礎上，加菲爾德再次提出了普查改革方案，這一次，他的主張基本上在參眾兩院全盤通過。沃克也再次獲任為普查辦公室的主任。

　　此後不久，加菲爾德又贏得了總統大選，入主白宮，登上了他政治生涯的頂峰。

　　在加菲爾德的支持下，沃克大展拳腳。根據新的普查方案，聯邦執法官主持基層普查的體制被正式廢除，沃克在全國劃分了 150 個普查片區，每個片區都組建了一支專門的普查員隊伍。這一年的普查範圍，也得到前所未有的擴張，總共擴大成五個部分：人口普查、出生死亡率普查、農業普查、社會普查和工業普查。針對人口和礦山、銀行、保險等各種單位的問卷一共215張、各類問題13 010個，而1870年，問卷僅僅5張，全部的問題不過156個。

因為普查範圍成百倍地擴大，沃克的普查隊伍，像是邁進了"數據的叢林"，千數萬數撲面而來：150個片區一共雇用31 382名基層普查員，其人數相當於1870年的5倍，華盛頓的數據處理分析人員也從1870年的438人增長到1 495人。最後出版的普查報告，達21 458頁，而此前的報告，最高不過3 500頁，總之，因為數據的增多，各個指標都開創了歷史的新紀錄。

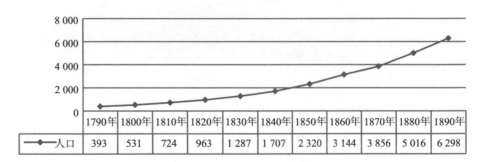

	1790年	1800年	1810年	1820年	1830年	1840年	1850年	1860年	1870年	1880年	1890年
人口	393	531	724	963	1 287	1 707	2 320	3 144	3 856	5 016	6 298

圖3-8　1790—1890年美國人口數量的變化（單位：萬）

註：利用幾何平均數，我們可以計算出從1790—1890年這100年間，美國人口每十年的平均增速為32%。（圖3-8至圖3-11中的數據來自美國人口普查局）

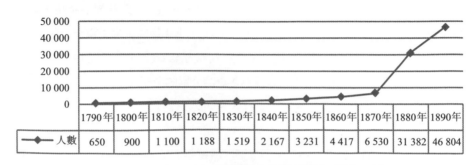

	1790年	1800年	1810年	1820年	1830年	1840年	1850年	1860年	1870年	1880年	1890年
人數	650	900	1 100	1 188	1 519	2 167	3 231	4 417	6 530	31 382	46 804

圖3-9　1790—1890年基層普查員數量的變化（單位：人）

註：1880年基層普查員的數量幾乎是1870年的5倍之多，數據量的增長可見一斑。

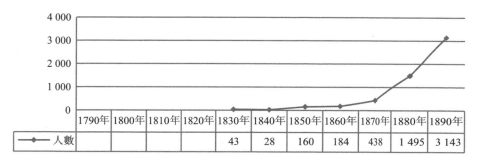

圖 3-10　1790—1890 年數據分析處理人員數量的變化（單位：人）

註：1790—1820 年沒有雇用數據分析人員，所以空白；1860 年之後，數據分析人員呈成倍增長的趨勢。

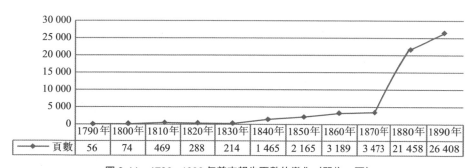

圖 3-11　1790—1890 年普查報告頁數的變化（單位：頁）

註：1790 年第一次人口普查的報告，不足 100 頁，1890 年則上升到兩萬多頁。

　　除了建設專門的基層普查員隊伍，沃克對總部 1 000 多名統計分析人員，也提出了更高的要求。1880 年代，統計學已經走進了美國大學的課堂。除了聘請知名的統計專家主持各塊的工作，沃克還堅持 "科班出身" 的標準，招聘了幾百名大學畢業生，充實他在華盛頓的指揮分析中心。而在這之前，這 1 000 多個工作職位都是國會議員大做人情的機會，也就是前文談到的 "分肥制" 的延伸，但沃克堅持認為，統計工作需要專門的技能，他甚至自己設計試題、組織入職考試。一時間，普查辦公室精英雲集，成了聯邦政府知識化程度最高的部門。但沃克的這種做法，也把國會的議員得罪光了。

　　這時候的甘迺迪，仍然待在華盛頓，還一心想要回主任的官位，沃克不合

"時宜"的做法讓他看到了東山再起的機會,甘迺迪於是四處活動,散佈對沃克的攻擊。

1881 年 6 月,沃克完成了龐大的人口清點和問卷工作。這一年,美國的人口首次突破 5 000 萬,較 10 年前增長了 31%。正在他躊躇滿志,要開始數據彙總工作的時候,卻晴天霹靂,傳來一個噩耗。

歷史上不乏一些人物,他們在登上時代的巔峰之後,便如流星般急速隕落,鑄成一段悲情歷史。是,加菲爾德就不幸成為其中的一員。1881 年 7 月,就任總統還不到半年,一名在分肥過程中"傷不起"的律師對準他扣下了板機,一聲槍響,加菲爾德步了林肯的後塵,成了美國歷史上第二位遇刺身亡的總統。

加菲爾德是一位了解普查事業每一個細節的總統,沃克正期望其上任後能以雷霆之力,為這個國家的統計工作開拓新的局面,加菲爾德也準備任命沃克擔任內務部部長,讓他成為自己的左膀右臂。兩人惺惺相惜,友情的起點,就是 1869 年夏天的國會大廈地下室。

正當躊躇滿志之際,情勢卻逆轉而下。加菲爾德的死,令沃克扼腕歎息,更令他愴然淚下的是,觸發悲劇的原因正是他們兩人都長期不斷大聲反對的政黨分肥制。

加菲爾德遇刺後不久,沃克的普查也陷入了財政危機。他的攤子鋪得太大,需要新的撥款,卻遲遲得不到國會的響應。國會反應遲滯的原因,當然就是因為他得罪人太多,又失去了背靠的大樹。無奈之下,沃克只有減員,他忍痛解雇了700 多名辛苦招聘而來的數據分析處理人員,但剩下的一半,很快也發不出工資。

這個時候,甘迺迪連續在報上發表評論文章,批評沃克領導不當,把第十次美國普查帶到了進退兩難的泥澤之地。

內困外擾令沃克心力交瘁,他對官場失去了興趣和信心。1881 年 11 月,他辭去了普查辦公室主任的職務,西頓接替了他的職位。

就這樣,1869 年揭幕的這場改革運動,主角死的死、走的走,以悲情結束。但故事並沒有畫上句號,加菲爾德的隕落還是劃亮了夜空。他的死警醒了美國的政治精英,加速了美國公務員群體職業化的步伐。1883 年,美國國會通過了《彭德爾頓法案》,規定政治和行政兩相分開,分肥制只適用於少數政治職位,行政部門的公務員必須通過考試,擇優錄用,同時不能加入任何黨派,即保持政治中立。

美國公務員制的起點：《彭德爾頓法案》

　　除了加菲爾德總統遇刺身亡的直接原因，《彭德爾頓法案》的推出，還有更深刻的時代背景和原因。1880 年代，打字機開始在美國政府普及，這意味著寫一手好字變得不再重要，新設備的出現，需要公務員群體掌握一些特殊的知識和技能。

　　《彭德爾頓法案》主要有 3 個內容：一是要求公務員政治中立；二是預防公務員腐敗；三是通過公開考試選撥公務員。但《彭德爾頓法案》的推行，也遭遇了阻力和困難，此後歷經十多年，公務員體系的職位分類標準和考試程序才得以建立。以 1890 年第十一次人口普查為例，該次普查，共雇用了 47 000 多名普查員、3 000 多名數據處理分析員，但還是在分肥制的主導下層層進行的，絕大部分都沒有經過正規的公務員考試。直到 1902 年，人口普查局正式成立之後，普查系統的公務員制度才逐步得以落實。

　　辭官的沃克並沒有退隱，他接受了麻省理工學院（MIT）的聘請，成為該校歷史上的第 3 任校長。他在這個職位上，幹了 16 年，直至終老。雖然離開了普查辦公室，他還持續關心美國的人口普查。更重要的是，像加菲爾德一樣，他昔日的作為，也給普查領域留下了一顆種子，10 年之後，這顆種子釋放出巨大的能量和光彩。

　　就像一場接力，沃特從加菲爾德手中接過賽棒，跑完了他能跑的路。在下一代的接棒者當中，出現了衝刺的選手，這個衝刺者，開啟了一個全新的時代，把美國的數據處理技術，帶到了世界的高峰。

　　他就是被後世稱譽為 "數據自動處理之父" 的赫爾曼・何樂禮（Herman Hollerith）。

世紀巔峰：大數據驅動的創新

　　1879 年，何樂禮 19 歲。這年秋天，他剛剛從哥倫比亞大學畢業，正好碰上沃克在普查領域推行專業化、公開招聘 1 000 多名數據處理分析人員，這個年輕人於是加盟，參加了次年的煤礦普查。

　　前文說到，由於數據量巨大，1850 年的數據整理和分析工作，用了整整 9 年才全部完成，1860 也用了 6 年，1870 年則用了 8 年。1880 年的普查，全面改革，擴大為人口、出生死亡率、農業、社會、工業等 5 個部分。其問卷的問題也從 1870 年的 100 多個上升到 1 萬多個，除了普查範圍的擴大，當年的美國人口，也首次突破 5 000 萬，最終回收的問卷多達 1 000 多萬份 [11]。毫無疑問，和前幾次相比，其數據量成倍增加。

　　面對汗牛充棟的問卷，無數個夜晚，沃克望洋興歎。他知道他即使增加了數倍的人手，也至少需要八九年的時間才能完成全部的數據分析，這也是他的數據雄心被一些國會議員斥之為"荒謬"的原因，八九年之後，情況變了不說，新的普查又要開始了，數據價值必然大打折扣。沃克想來想去，他如果要扭轉局勢，對策無非就是 3 個：

　　1、 縮小普查問卷的範圍；

　　2、 增加數據處理分析的人手；

　　3、 技術創新。

　　縮小普查的範圍，當然不是選項，增加人手、提高人員素質，沃克已經在盡最大的努力，但美國的人口還在增加，普查的範圍還將擴大，沃克斷定，他最後的突破口，一定就是推動技術創新。

　　鍍金時代的美國，正在湧現一大批發明家，肖爾斯（Christopher Latham Sholes）發明了便攜式打字機，貝爾發明了電話、愛迪生發明了電燈，都集中在這個階段。1870 年代，美國平均每年有 14 000 項新的專利被註冊，1880 年代，年均註冊專利上升到 22 000 件。從 1860 年到 1890 年，美國一共授出了 50 萬份專利。在急速的工業化浪潮中，發明家還常常集企業家的角色於一身：貝爾創辦了最大的電話公司，愛迪生創辦了通用公司……他們的成功，受到了全社會的仰慕和尊重，被視為時代先鋒和國家英雄。

　　在這種大發展、大創新的氛圍中，加上沃克的倡導和鼓勵，普查系統有不少人都在開動腦筋，嘗試用新的方法自動處理普查的問卷，這其中，有統計學專家，也有普查系統的資深官員。在同事的啟發下，年輕的何樂禮也開始躍躍欲試。

　　和其他人相比，19 歲的何樂禮只能算個初出茅廬的"毛頭小伙"，可能最沒有資格談創新，但沃克卻看到了他身上的熱情和潛力。1881 年夏天，沃克把何樂

赫爾曼‧何樂禮（1860—1929）

德裔美籍發明家，被後世稱為數據自動處理之父，他發明的打孔卡片製表機把1890年普查數據的處理時間從八九年縮短到了兩年半。他於1896年成立的公司Tabulating Machine Company是IBM的前身。今天，何樂禮在華盛頓的故居已經成為了IBM的紀念館。（圖片來源：維基百科）

禮調到了資深統計學家比林斯（John Billings）的身邊工作，並安排他和發明了製表器的西頓坐在一起。

比林斯是當時衛生領域首屈一指的統計學家，這時候，他正在主持出生死亡率的普查。何樂禮主動、熱情，跑前跑後，獲得了他的好感，他啟發何樂禮説：所有信息，無論是性別、年齡，還是籍貫等，都可以通過在一張卡片的固定位置打孔來表示，例如，傑克是一名20歲的男性公民，那麼就在“性別”欄“男”的位置下打個小孔，“年齡”欄的“20”之下也打個小孔，如此類推，所有普查的信息，都可以通過“有孔沒孔”來存儲在卡片上。其中的關鍵，是要發明一種專門的機器，可以讀出每個特定位置上的孔洞，並加以自動統計。

多年後，何樂禮回憶説，他最初的靈感正是來自和比林斯的對話。這之後，何樂禮開始分析、拆解、組裝各種各樣的機器，作為機械專業的畢業生，鼓搗機器正是何樂禮的特長和優勢，他的目的是構造能夠讀取“孔洞”的機器。

但好景不長，1881年加菲爾德遇刺之後，沃克受孤立，被迫大幅裁員，最終自己也遠走麻省理工。沃克走後不久，何樂禮也遭解雇。但沃克對這位年輕人念念不忘，1882年，作為麻省理工的校長，沃克又向何樂禮伸出橄欖枝，邀請他出任麻省理工機械系的講師。

後來證明，麻省理工成了何樂禮起飛的跑道。這段任教經歷，不僅給了他大量的時間研究和思考，更重要的是，在這裡，他找到了新的靈感和方向，突破了其技術體系的瓶頸。

何樂禮的靈感來源於大發明家愛迪生。1882年9月，愛迪生在紐約珍珠街（Pearl Street）建立了世界上第一個供電系統,一時間曼哈頓地區明燈浩盞、夜如白晝,引起了全世界的轟動。這個時候,何樂禮正在思維的困境中左衝右突,他在反覆嘗試之後,發現單純的機械系統沒有辦法讀取 "孔洞",這個問題已經成了他技術模型中關鍵的瓶頸,要解決,就必須引入新的方案和思路。曼哈頓的燈光啟發了他用 "電" 來解決問題,但何樂禮完全沒有學過任何電力的知識,他的母校哥倫比亞大學直到 1889年才建立電力工程的專業,但身處麻省理工這座技術重鎮,他很快掌握了最新的知識和技術。

創新之路,注定是曲折的。1883 年,國會有議員提議,要在 1885 年再做一次人口普查。為了抓住這個機遇,何樂禮辭去了工作,開始全心全意搞發明。但 1885 年的普查最終沒有搞成,何樂禮的經濟一度陷入拮据。

做了過河卒子,只能拚命向前。何樂禮又把目標鎖定到 1890 年的普查,這期間,他結婚生子,日子過得更加緊巴。直到 1888 年,何樂禮才推出了他第一款成型的機器,他將其命名為 "打孔卡片製表機"。又在比林斯的推薦下,這款機器先後在衛生部門和巴爾的摩市的普查部門試用,何樂禮這才開始獲得一些收入。這時候,他的機器已經可以讀取孔洞,但數據處理之前,所有的信息都必須轉化為孔洞,何樂禮沒錢雇人打洞,只好親力親為,在巴爾的摩市試用期間,他一天要給幾百張卡片打孔,每天忙到半夜,手臂腫得都抬不起來。

打孔的困難在於,用力過猛會把卡片打破,而換成較厚的卡片後,打孔又變得相當費力。這迫使何樂禮思考自動打孔的解決方案。第二年,他又發明了自動打孔機,這種打孔機不僅輕鬆,還大大提高了工作效率,這為全世界的女性打開了一扇就業的大門,也為日後普查事業的發展埋下了一個重要的伏筆。

1890 年的普查開展之前,全國已經出現了好幾種以打孔卡片為基礎的數據處理解決方案,普查辦公室因此舉行了一次公開的招標比賽。3 個入圍的方案中,只有何樂禮的方案用到了電。比賽以 1 萬多個真實的普查數據為樣本,貫穿打孔、統計、製表所有的流程,一星期之後,何樂禮以無可比擬的優勢脫穎而出:數據錄入的打孔過程,他用了 72 個小時,其他兩個方案各用了 100 小時和 144 小時;數據統計的過程,他以 5 小時 28 分鐘再次奪冠,其他兩個方案則分別用了 44 小時和 55 小時。也就是說,打孔卡片製表機的統計速度,要比其他的方案快 10 倍。

二進制的雛形：打孔卡片製表機的主要設計思想

何樂禮的機器主要有 3 個核心的功能：

1、通過打孔，把每個人的問卷轉變為一張打孔卡片，一人一卡；

2、通過電路和電流自動讀取孔洞；

3、根據讀取的情況，進行自動統計製表。

其中的關鍵技術，就是讀取孔洞的過程。何樂禮的設計思想，是通過機械裝置將卡片傳輸到一個固定的位置，這個位置的上方，有一根金屬棒，下方是一個水銀杯，工作時，金屬棒被輕輕地壓下來，如果該位置上沒有孔，金屬棒就會被卡片擋住，反之，如果有孔，金屬棒就會和水銀杯接觸，兩者相連，導通了一個電路，產生了電流，電流再衝擊一次計數器，讓計數器加 "1"，這就完成了一個統計的過程。這個思想蘊含了後世 "二進制" 的雛形：有孔處能接通電路，產生計數 "1"，無孔處不能接通電路，則為 "0"。

1890 年的普查，與 1880 年相比，範圍又略有擴大，加上人口的自然增長，其數據量當然又有所增加。因為普查的範圍，這一年又爆發了爭議，反對派認為，普查範圍即使只擴大一點點，數據處理的時間也要超過 10 年，在何樂禮比賽的結果出來之前，已經有人估計，1890 年普查結果的處理時間，將會耗費 13 年。13 年！反對派大聲質問到：下一屆普查都做完了，這樣的數據意義何在？

打孔卡片製表機在商業領域的應用

除了人口普查，製表機也開始進入商業領域。1890 年，美國的保險業已經積累了幾十年的數據，著名的保德信保險公司（Prudential Insurance Company of America）成為了何樂禮的第一個客户。1895 年，該公司精算師戈爾（John K. Gore）在何樂禮機器的基礎上，研究改造，推出了適合保險業使用的製表系統，後來被稱為戈爾機。製表機進入的第二個商業領域是鐵路運輸。1890 年代，美國已經形成了一個完備的鐵路運輸網絡，隨著火車站的增多，貨物分發變得越來越複雜，貨車一天幾個班次、應該走甚麼路綫、如何收費，都需要統計和計算。1894 年，紐約鐵路局率先使用了何樂禮的技術，此後，製表機在越來越多的鐵路公司普及。

但打孔卡片製表機的出現，徹底扭轉了局面。這一年，人口普查辦公室向何樂禮租用了 106 台製表機，其全部的數據處理工作，以前所未有的驚人速度，在兩年半之內悉數完成。巧的是，兩年半，正好就是 1869 年加菲爾德為數據處理工作提出的目標和要求。

何樂禮因此獲得了第一桶金，很快，全世界都向他的發明打開了大門。製表機隨後在歐洲的博覽會上展出，引來了歐洲同行的嘖嘖稱讚，英國、法國、意大利、奧地利、挪威等多個國家的人口普查後來都使用了何樂禮的技術。1897 年，俄國進行第一次人口普查，因為人口已經過億，他們向何樂禮訂購了幾百台製表機。1904 年，製表機甚至進入了亞洲市場，用於菲律賓的人口普查。

1890 年 8 月，何樂禮的發明登上《科學美國人》(Scientific American) 雜誌的封面，這幾幅插圖展現了用“打孔卡片製表機”處理普查問卷的過程。（圖片來源：網絡）

何樂禮的成功，引起了很多大公司的關注，他們都開出豐厚的條件，遊説何樂禮加盟，但何樂禮最終決定開創自己的公司。這個決定，再次改變了歷史的進程，因為他的這個公司，就是 IBM 的前身。

何樂禮的公司起初十分成功，其中的關鍵在於他的商業模式，他的機器只租不賣，類似於我們今天講的“設備即服務”，這種模式不僅有利於保護其專利，也減少了客戶的負擔。這種商業模式，IBM 後來一直延續到 1956 年。何樂禮也不斷改進自己的設備、降低其成本，他提出，要像縫紉機走進每一個家庭一樣，讓製表機走進每一個企業。到 1907 年，何樂禮的技術已經非常成熟，幾乎壟斷了整個市場。

月滿則虧。20 世紀之初，美國資本主義的自由競爭開始走向巨頭壟斷，美國政府也開始出台各種管制措施，試圖瓦解各個行業的壟斷。1909 年，何樂禮的專

1940 年起，美國的社會保險支票（Social Security Card）開始採用打孔卡片。（圖片來源：美國國家社保局（SSA））

1960 年代，打孔卡片已經成為個人身份的替代品，人們一看到打孔卡片，就想到機器自動處理，打孔卡片因此也逐漸成為＂機械僵化＂的象徵。該漫畫的標題為＂美國的大學＂，諷刺大學像行政機關一樣僵化：學校的董事會操縱校長，校長控制老師，結果大學像打孔機一樣，培養出一個個像打孔卡片般的學生。（圖片來源："Do Not Fold, Spindle or Mutilate": A cultural History of the Punch Card, *Journal of American Culture*, Steven Lubar.）

利已經到期，為了打破他的壟斷，美國國會撥款 4 萬美元，在人口普查局成立了專門的實驗室，研發自己的製表機，用於次年的人口普查。

失去了美國人口普查局這個＂超級客戶＂，也引起了公司管理層的爭執和分裂，導致了＂中國合夥人＂式的危機 [12]。1911 年，何樂禮的公司和其他公司合併，成立了名為 Computing Tabulating Recording Company（CTR）的新公司，並聘請了職業經理人來管理，這個經理人就是大名鼎鼎的托馬斯·沃森（Thomas J. Watson）。沃森強調廣告、銷售、團隊、融資等等現代企業經營理念，1914 年，他為何樂禮配備了助手，成立了專門的實驗室。這期間，貝爾電話公司、通用電器也都建立了專門的實驗室，這也標誌著美國的創新由個人的單打獨鬥進入了一個團隊合作的新階段。

1924 年，CTR 公司改名為國際商業機器公司，也就是今天的 IBM。

沃森是一名經營天才，在他的領導下，IBM 把美國帶進了一個打孔卡片的時代。二戰期間，美國軍方的信息管理系統完全由打孔卡片和製表機主導，士兵的名冊、軍餉、裝備、崗哨、傷亡情況，甚至飛機的出勤率、轟炸的命中率、炮彈的使用數量等等都被製成圖表，用於管理和分析。戰爭結束後，打孔卡片已經走進各行各業，變得無處不在，入學、上班、就醫、保險、膳食都要用到打孔卡片。

在這個過程中，人口普查還在繼續推動美國的技術創新。1946 年，人類第一台電子計算機 ENIAC 誕生於賓夕凡尼亞大學，因為其是軍方項目，兩名主要的科學家沒有獲得任何的專利，這兩人憤而辭職＂下海＂，開辦了全世界第一家商用計算機公司。他們去找的第一個客戶，就是美國人口普查局，獲得的第一份訂單，就是處理人口普查的大數據。1951 年 6 月 14 日，在美國第 17 次人口普查數據的處理現場，一台被命名為 UNIVAC 的計算機橫空出世。這是全世界第一台商用電腦，它的誕生，被後世認為是人類進入信息時代真正的起點，因為這標誌著計算機的技術走出了實驗室，直接為千百萬的大眾服務。

這一年，因為 UNIVAC 計算機的出現，IBM 又失去了人口普查局的訂單。沃森意識到，打孔卡片正在失去未來，電子計算機的時代要全面到來，於是 IBM 也加大力量，研發新一代的計算機。兩年後，IBM 發佈了其第一款商用電子計算機 IBM701，隨後人工智能專家塞繆爾（Arthur Lee Samuel）在這台機器上開發了第一個跳棋程序（checker），展示了計算機不僅能處理數據，還有智能，能和人下棋，舉世為之震驚，IBM 的股票應聲上漲了 15 個百分點。自然，人口普查局又回到了它的懷抱。

IBM701 問世之後，雖然電子計算機開始大行其道，但當時鍵盤和打印機都還沒有誕生，數據輸入和輸出還是仰仗打孔卡片，這種情況一直延續到 1970 年代，也正是因為主導了打孔卡片和製表機的行業，又在新興的電子計算機領域不斷創新，IBM 公司得以成為信息領域的巨人。到 1960 年代，IBM 已經坐上了計算機產業的頭把交椅，引領全世界的信息技術浪潮，直到今天，還長盛不衰。

站在 1890 年這個時間的節點上，我們前瞻後顧，可以清楚的看到美國社會邁進信息時代的全景，無論是何樂禮的發明、IBM 的崛起，還是第一台商用電腦的出現，都離不開美國人口普查產生的龐大數據。正是因為處理這種大數據的需求，一系列的發明和創新才成為可能。檢視人類的創新史，有一點可以肯定，市場的需求才是真正的創新動力，當需求成為越來越迫切的現實，重大的技術突破就一定會產生。但令後人不勝感歎的是，這個需求，卻起源於 100 年前美國建國時的一個政治決定：1790 年，作為國家權力公平分割的工具，美國開展了第一次人口普查。之後幾十年，政治精英發現，數據不僅僅代表"真正的事實"，還蘊藏著社會發展的知識和規律，為了掌握更多的事實、發現更多的規律，人口普查越來越細緻，數據量越來越龐大，最終催生了新的技術和發明。1890 年，年輕的何樂禮打開了數據自動處理的大門，在他的基礎上，IBM 隨之開啟了一個打孔卡片的新時代，1951 年，人口普查產生的大數據又促成了第一台商用電腦的誕生……

這些成就，最終引領美國在全世界率先邁進了信息時代。

一個政治決定，歷經百年演變，卻推動美國登上了信息技術的巔峰，引領全世界邁進一個新的社會形態。歷史之曲折、奇妙和偉大，我們後人應該如何思考、詮釋和借鑒？

和政治分家：勞工統計的異軍突起

花開幾朵，各表一枝。

1869 年，之所以成為美國數據工作的拐點，不僅僅是因為美國國會在這一年對統計和普查的作用進行了全方位的總結和檢視，拉開了現代化的序幕，美國的地方政府，也在這一年推出了開創性的舉措，最後在人口普查之外，成就了統計事業的另外半壁江山。

前文說到，1845 年，麻省的波士頓率先把人口普查由 "戶" 推進到 "人"，細化了數據收集的粒度；1850 年，甘迺迪將這種模式引入到全國，成為美國普查史上的重要里程碑。1869 年夏天，就在加菲爾德的智囊團頻頻集會，推動新一輪普查改革的時候，波士頓，這座處於快速工業化漩渦的城市，又領時代之先，成立了勞工統計局。

勞工統計的出現，有深刻的時代背景。南北戰爭結束之後，美國的工業化加速，鐵路、運河、煉鋼中心、石油基地、電話網絡紛紛出現，在這個過程中，機器的廣泛普及也帶來了血汗工廠、童工問題以及大量的事故和傷亡，引發了勞資衝突和勞工運動。隨著工會的產生，資本家和工人之間的衝突和對立一度非常緊張。

在這種衝突當中，勞資雙方不免扯皮，政府作為仲裁者，也常常左右為難、無所適從。爭來爭去，最後三方都發現，解決爭議的最好方法，還是建國之初韋伯斯特提出來的 "用事實和數據說話"，麻省勞工統計局於是在這種背景下應運而生。

勞工統計局的成立，確實極大地消解了麻省的勞工爭議。例如，這個時期，勞資雙方一個爭論不休的問題是，工人的工作條件是不是過於惡劣？爭論的焦點又集中在紡織工廠，紡織車間到底是不是過於擁擠、令人窒息、沒有足夠的個人空間？

要回答這個問題，首先要確立一個標準，即紡織工廠的工人到底擁有多大的空間才合適？麻省勞工統計局沒有輕易下結論，他們引證了國內外各種學術研究成果，例如 1857 年，英國政府有關於軍營和醫院衛生情況的調查報告中指出，每位士兵至少要有 600 立方英尺的空間，每個人每分鐘的空氣供量不能少於 20 立方英尺；又如，生理學家 Ranke 在其著作中指出，每個人每小時至少需要 2 118 立方英尺的空氣，即每分鐘 35 立方英尺的空氣；再如，美國建築研究院（AIA）給出的在不同建築物之內的工作人員每個人每小時應該擁有的空氣量：

醫院：普通病人，2 000—2 800 立方英尺／小時

　　　受傷病人，4 300 立方英尺／小時

　　　傳染科病人，5 600 立方英尺／小時

工廠：2 000—3 500 立方英尺／小時

監獄：2 100 立方英尺／小時

軍營：1 000—1 650 立方英尺／小時

戲院：1 400—2 400 立方英尺／小時

學校：400—500 立方英尺／小時（註：此為兒童，所以較低）

在綜合以上幾種標準的基礎上，統計局提出，考慮到其工作環境的噪聲和溫度，每位紡織工人應該擁有 1 000—3 000 立方英尺的空間，每分鐘至少需要 25 到 50 立方英尺的新鮮空氣，即每小時 1 500 到 2 000 立方英尺的新鮮空氣。

1874 年，麻省一共有 219 家註冊的紡織公司，勞工統計局實地走訪了 180 家，每次走訪都有文字記錄，描述這間紡織工廠的概況和問題。除了文字記錄，統計局還收集了大量的數據，該局實地丈量了 2 140 個的房間，然後把房間分門別類，計算出每一類房間中每個工人擁有空間大小的平均值、最大值和最小值。此外，對於空氣流通的情況和換氣設備，也做了詳盡的統計：

表 3-1　1874 年麻省紡織工廠各種工作間的平均大小

（單位：間，立方英尺）

房間類別	房間數量	工人擁有空間大小的平均值	工人擁有空間大小的最大值	工人擁有空間大小的最小值
漂白室	21	7 055	50 369	1 428
鍋爐房	9	19 485	73 500	4 100
編辮房	4	5 246	12 666	2 037
修布房	7	2 290	6 720	847
布房	9	3 620	6 321	1 180
梳理房	3	5 554	7 250	3 571

房間類別	房間數量	工人擁有空間大 小的平均值	工人擁有空間大 小的最大值	工人擁有空間大 小的最小值
梳毛房	13	3 461	6 652	1 125
棉花房	3	10 758	19 200	1 574
梳妝室	139	6 748	33 583	1 014
染房	89	5 680	70 025	443
乾衣房	56	11 782	53 912	1 188
發動機房	6	14 113	24 288	2 540
雕刻房	7	2 130	3 000	521
拋光房	100	3 298	26 673	540
摺疊房	29	3 748	12 393	974
打夯房	11	4 487	11 037	2 000
旋轉房	9	3 573	5 113	2 330
針織房	4	1 437	3 612	1 126
器材房	26	7 022	50 000	720
配製房	395	5 815	63 050	947
包裝房	93	5 299	24 901	532
採棉房	32	7 434	24 960	923
打印房	11	2 458	4 420	579
維修房	43	4 890	15 850	1 178
捲軸房	6	2 551	6 810	784
旋轉環房	127	3 049	11 572	555
走錠細紗機房	281	5 213	21 360	687
旋轉千斤頂房	33	3 279	10 944	1 519
紡紗錠房	4	8 692	24 055	1 579
紡杯房	4	1 802	2 231	1 313
絡紗和經紗房	162	3 953	21 299	574
洗滌房	19	6 079	11 606	1 027
蒸汽房	2	20 531	38 400	2 672
剪羊毛房	7	10 289	50 369	2 400
纏繞房	6	3 736	6 840	1 803
編織房	276	3 327	34 908	495
洗羊毛房	6	8 713	27 440	1 809
羊毛分類房	28	3 131	13 000	1 035
捲繞房	7	1 871	3 278	511

註：從上表可以看出，絕大部分房間工人的人均空間都大於 3 000 立方英尺。（數據來源：表 3-1、表 3-2 分別來源於麻省勞工統計局 1874 年年度報告第 114、115 頁）[13]

表 3-2　空氣流通方式的分類

空氣流通的方式	公司數
僅僅通過門	11 家
通過強力換氣扇	26 家
通過門和窗戶	81 家
通過屋頂的窗戶	34 家
通過屋頂和屋底的窗戶	78 家
通過換氣通道	4 家
通過風扇	2 家

實地走訪和測量,可能是最笨、最耗時的辦法,但卻是解決爭議最有效、最有公信力的方法。考察上面的數據,不難發現,對絕大多數紡織工廠而言,工人的空間都不是問題,真正的隱患所在,是空氣流通的情況太差。這份報告後來提交給麻省的議會討論,引發了紡織工廠換氣設備的整頓。當時麻省勞工統計局的局長是卡羅爾‧賴特(Carroll Wright),他恪守一條原則,即統計局只提供事實和數據,不提供對事實的理論解釋,也不介入政策的制定。賴特認為,統計機關的科學性所在,就是收集和分析數據的技術。如果它的數據不被信任,那統計機關就一無是處。賴特的思想和沃克一脈相承,兩人也是終生的摯友,1873 年,當他就任麻省勞工統計局局長時,沃克給他寫信説:

"為了獲得大眾和新聞媒體的支持和信任,你們必須要超越黨派政治和理論構建。一旦獲得了公共信任,你們的選擇、你們想做的調查,都將變得清晰、容易。我強烈建議你能用清楚的方式、決絕的勇氣,把你領導的統計局和政治斷絕關係"[14]。

賴特恪守了"和政治分家"的原則,他領導下的麻省勞工統計局獲得了勞資兩方的信任,有力地緩解了勞資衝突,成為全國各地仿效的典範。到 1880 年沃克開展第十次人口普查的時候,全國已經有 12 個州都成立了勞工統計部門。

1884 年,美國第 21 任總統阿瑟(Chester A. Arthur)簽署法案,成立國家勞工統計局,在全國公開遴選局長,賴特作為勞工統計專家這時候已經聲名遠播,他在勞資兩方的呼聲當中獲任為國家勞工統計局首任局長。1888 年,在勞工統計局的基礎上,又成立了勞工部。所以美國是"先有勞工統計局,再有勞工部",這和農業部成立之初的情況極為類似，也是其統計部門引以為豪的地方。

賴特在勞工統計局局長的位置上服務了 20 年，期間他組織了很多大規模的統計和調查，回答了不少重大的時代話題，這些調查也幫助他贏得了國際聲譽，使其成為了國際知名的勞工統計學家。例如，工業社會最大的特點就是機器代替了人力，那機器的出現到底是增加了就業的機會，還是減少了就業的機會？工人的收入是因此增加了，還是減少了？這些問題，當時學術界都爭論不休。通過大規模地收集數據，賴特發現：隨著機器的普及，工人的工作機會其實大大增加，其工資也一直在上升。又如，隨著女性走出家庭，成為就業大軍中的一員，美國社會出現了一股強烈的反對聲音，他們認為，這導致了男性的失業和家庭生活幸福感的下降。賴特本來也持這種觀點，勞工統計局先後做了兩次大規模的調查，走訪了 30 個州的 1 000 多家工廠，收集了 15 萬人的數據，發現美國社會已經有343 個行業出現了女性的身影，但即使從事同等的工作，女性的工資也要比男性低50%。他們在訪談和調查中發現，因為就業，女性本身的幸福感上升了，因為她們可以在經濟上自立，不用再為了生計、安全和住房而結婚嫁人。工作解放了女性，改善了她們的生活水平，就像改善了男性的生活水平一樣。賴特後來公開承認，這些調查和數據，也改變了他自己的觀點。

1894 年，美國的工業總產值超過英國，躍居世界第一，開始成為世界上最龐大的經濟體。在這個快速變化、急躁甚至無所適從的時代中，這些數據和事實為全社會提供了參照和坐標，不乏正本清源、振聾發聵的效果。

隨著逐年的累積、數據的增多，數據有了縱向對比的可能，勞工局先後在1901 年、1902 年首次發佈了零售物價指數（Retail Price Index）、批發物價指數（Wholesale Price Index）、工資指數（Wage Index）、生活成本指標（Cost of Living Indicator）等統計指標，這些指標為監控經濟發展的波動和大眾生活水平的變化，起到了重要的指引作用，堪稱經濟發展、生活水平的溫度計，是統計史上的重要創新。

美國勞工統計局的成功引起了全世界的關注，1885 年，英國皇家統計協會（RSS）就呼籲英國政府向美國學習，建立勞工統計部門。1891 年，國際統計研究所（ISS）在維也納召開年會，重點介紹了美國的經驗，其後多個國家爭相仿效：法國在 1891 年，英國在 1893 年，西班牙在 1894 年，比利時在 1895 年，奧地利在 1898 年，德國、意大利、瑞典在 1902 年，挪威在 1903 年相繼成立了勞工統計部門。

年輕女性、棉花和數據：究竟誰在推動歷史

勞工統計局的成功，對人口普查部門來説，無疑是後來居上。要説歷史，人口普查和美國建國可謂是相生相伴，是最早的統計部門，但過了 100 多年，卻還是一個臨時的機構，面對勞工統計局的異軍突起，人口普查部門不免"羨慕嫉妒恨"。

其實，從 1850 年代的甘迺迪開始，每一屆的主任都想把臨時的普查辦公室升級為一個常設的機關，民間的統計團體也長期在國會遊説，包括沃克，他在離開普查系統之後，還擔任美國統計協會的主席，他也主張，普查工作的範圍在不斷擴大，升級為永久性的機構，有助於保持工作的連續性。

但歷屆國會拒絕、總統不支持的理由也很明確，普查工作十年一次，公務員隊伍應該儘量精簡。

1899 年 3 月，為了籌備世紀之交的新普查，梅里亞姆（William Merriam）被任命為普查辦公室的主任。梅里亞姆是一名資深政客，曾經擔任過明尼蘇達州的州長，但他卻毫無統計工作的經驗，他的就任曾經引起普查系統強烈的批評和反對。但歷史常常和人類開玩笑：正是在這名外行的領導下，普查人實現了半個多世紀的夢想，普查辦公室成功升級！

這位外行走的也是"偏門"。要説原因，竟又和何樂禮發明的自動打孔機有關。我們知道，在數據分析開始之前，必須把幾千萬張問卷先轉變為打孔卡片，因為

上圖為美國人口普查局的工作現場，除了主管，打孔員都是女性。下圖為 1928 年，德國柏林舉行打孔卡片比賽時的場景，參賽者清一色全都是女性。（圖片來源：*Herman Hollerith: Forgotten Giant of Information Processing* (Columbia Press), Geoffrey D. Austrian, 1982, P.195）

何樂禮發明的自動打孔機，這時候，打孔的工作已經成為了女性的專利。梅里亞姆因此雇用了幾千名卡片打孔員，清一色都是年輕的女孩。她們花枝招展，每天像雲彩一樣，在聯邦政府的辦公大樓穿梭，成為一道亮麗的風景綫。除了年輕，女孩們還有一個共同的特點，就是都想留在首都華盛頓結婚生子。梅里亞姆在國會、政府頻繁組織聯誼活動，於是，女孩們和議員們、公務員們打成了一片。在她們的強力攻勢下，國會議員都在不知不覺當中被爭取了過來。美國的人口學之父、著名的威爾科克斯教授（Walter F. Willcox）在談到這段往事的時候說："在處理和國會的關係上，梅里亞姆十分聰明，這批女孩們令人眼花繚亂。人口普查局之所以成為永久性的常設機關，和統計科學沒有一丁點的關係，僅僅是因為有人想把女孩們留在華盛頓。" [15]

女孩們攻陷了國會，但任何一個法案的通過，還需要總統點頭同意。恰恰這時候的總統西奧多 · 羅斯福（Theodore Roosevelt）也非常重視數據，而且就在議員們消受了艷福、改變了立場的時候，發生了一件小事，讓羅斯福也看到了小數據的大力量。

前文提到，1793 年軋棉機的發明激活了正在萎縮的奴隸制，棉花的種植從此興起，成為美國的重要經濟支柱，這種情況一直延續到 20 世紀。1899 年，美國共產棉 900 萬擔，其中 3/4 用於出口。但接下來的幾年，英國的紡織業不景氣，導致了棉花價格大幅波動，讓不少棉農破產。羅斯福總統因此急需數據，他要求統計一年當中各個時段的棉花產量，以便根據價格變化進行調控。

每一年的棉花產量，農業部都會統計，來年的產量，他們也有預測。但這次羅斯福總統要的，是一年內各個時段的實時數據，農業部左拼右湊，還是束手無策，拿不出可靠的數據。這時候，普查辦公室的一個部門主管諾斯（Simon N. D. North）靈機一動，他提出，在剛剛完成的工業普查中，已經掌握了全國各地軋棉機的分佈和數量，每一朵棉花都要通過軋棉機去籽，因此通過軋棉機的軋棉記錄，就可以準確地計算在不同的時間節點上的棉花產量。諾斯用了一年的時間，在全國 3 萬台軋棉機上建立了統計報告制度，每月統計兩次，從而獲得了棉花產量的準確數字[16]。這個數據，精細到半個月，讓羅斯福總統大感欣慰，他於是也表態同意普查辦公室升級為永久性的常設機關。

延伸閱讀

免費發佈和遞送農業數據

上文談到，為了讓農民免除貿易投機商的欺壓，避免"多收了三五斗"式的悲劇，1862 年在林肯總統的主導下，美國建立了農業統計系統。到 1900 前後，這個系統已經獲得了長足的發展。農業統計局在全國的農村雇用了幾萬名專職的通訊員，形成了一個農情監測網絡。根據他們提供的數據，該局每月定期發佈各種主要農產品的交易情況、各地的價格以及對下個月產量的預測。為了把這些報告及時傳遞到農民手中，1897 年，農業部總統計師海德（John Hyde）建立了"農村免費遞送"（Rural Free Delivery）的項目，每月的統計和預測報告一完成，循三個渠道同時發佈：一是通過電報統一發佈給新聞媒體；二是給全國的大農場以及 1 萬多個農民組織團體免費郵寄報告；三是把核心數據印在一張海報上，郵寄給全國 77 000 多個郵局，規定他們在公共場所張貼。通過這些措施，有力地保證了農民也能及時地獲得數據，在交易中不吃虧上當。

美國總統山上的雕像：依次為華盛頓、傑弗遜、羅斯福和林肯，他們被認為是美國前 150 年最偉大的總統。總統山位於美國南達科他州的美國總統紀念公園。（圖片來源：維基百科）

　　1902 年 3 月，在經歷了 100 多年的波折起伏之後，美國聯邦政府終於在內務部（DOI）成立了人口普查局，梅里亞姆成為首任局長。一年之後，人口普查局和勞工統計局都歸入商務勞工部（DCL），因為棉花統計的功勞，諾斯晉升為人口普查局局長。去職的梅里亞姆加入了何樂禮的公司，成為了其公司的總裁。1910年，又因為失去了人口普查局的訂單，何樂禮和梅里亞姆之間產生了齟齬，最終導致了何樂禮賣掉了公司，這個新的買家，就是後來的 IBM。

　　人口普查局和勞工統計局這兩個部門堪稱美國統計工作的中樞和主幹，美國政府後來很多的統計部門，例如交通統計部、能源統計部、衛生統計部大多都在這兩個部門的基礎上分化而來。1901 年，美國還建立了國家標準局（NBS），推進各類標準在社會中的建立和應用。因為沒有統一的標準，全社會的數據就不可能進行有效的對比和加總。例如一個工廠的排污量，如果沒有統一的標準，各測各的、各算各的，即使計算得再準確，也沒有意義，因為無法和其他單位對比並在全社會加總。勞工統計局、人口普查局、標準局和 1863 年成立的農業統計局並駕齊驅，標誌著美國國家統計機構的健全和崛起。

延伸閱讀

美國統計部門的三架馬車和兩種數據

　　農業統計局、人口普查局和勞工統計局，堪稱美國統計領域的三架馬車。

　　除了這三架馬車，美國還有一個重要的數據工作部門，這就是 1866 年在財政部成立的經濟分析局，經濟分析局主要負責國家宏觀經濟指標的統計和計算，例如 GDP、進口、出口等，沃克在擔任普查辦公室主任之前，曾經在該局工作。經濟分析局雖然也從事統計工作，但和三架馬車有本質的不同，其不同之處就在於數據的來源。根據數據的來源和性質，統計部門一般可分為兩類：一是使用調查數據（Survey Data）的部門，調查數據是需要統計部門親自去收集的數據，農業統計局、人口普查局和勞工統計局使用的主要是調查數據；二是使用行政數據（Administrative Data）的部門，行政數據是隨著政府履行某項職能自然產生的行政記錄，如進出口的記錄、納稅的記錄、不動產的記錄，這些數據不需要特定的調查，經濟分析局使用的就是行政數據。

　　值得一提的是，在棉花統計的過程中，開始出現了商業隱私的爭議。人口普查局最初以縣為單位，公開發佈各地的棉花產量，以供各級政府、商業組織和個體農戶參考。但對於一個小縣，如果只有兩三台軋棉機，公佈其總數，則意味著各台軋棉機的機主就能推算其他軋棉機的產量，這相當於商業機密的變相泄露，引起了一些地方的抗議。人口普查局很快修改了規定，規定一個郡縣的軋棉機如果不超過三台，其數據必須合併在其他郡縣中，不予單獨發佈。

這也表明，美國社會的隱私意識在逐步成熟。到 1910 年，第 27 任總統塔虎脫（William Howard Taft）首次為普查發表了專門的總統聲明，向大眾公開保證政府不會濫用普查中的信息和數據，他在聲明中說：

"普查的唯一目標是獲得我們國家人口和資源的總體信息，我們要求每個人都回答問卷，是為了保證能夠編撰細緻的統計信息。普查和納稅、軍隊服役、強制入學、移民管理以及任何國家、州和地方層面的執法工作都沒有任何關係，任何人都不會因為提供這些信息受到傷害，沒有任何必要擔心我們會公開個人情況及事務的數據。我們會對信息提供人的權益進行合理的保護，每個普查工作人員都禁止泄露任何信息，違反規定必受重罰。"[17]

這正是加菲爾德在 1869 年針對隱私提出的改革措施，40 多年過去，當年的辯論煙消雲散，國會的記錄也已經成為泛黃的紙片，加菲爾德的夙願最終一一實現。

除了隱私意識的成熟，在棉花的統計和預測中，數據安全的問題也開始浮出水面。

上文提到，農業統計局每個月都要發佈統計報告，其中的一個重要指標，就是對下個月各種農作物的產量進行預測，這些數據，會影響全國很多商品的供求關係，甚至左右期貨市場價格的波動和成交量的多少。因此，這份報告在發佈之前，被視為機密。1903 年，農業部的總統計師海德成立了一個 3 人小組，專門負責對全國各種農產品的產量進行預測。每月數據正式發佈的當天，3 人小組就召開會議，決定各項數據的大小，然後在同一時間提供給所有的新聞媒體。

1903 年 12 月，羅斯福給農業部部長寫信，說他收到多起投訴，有人提前預知了棉花的產量數據，並利用它在股票和期貨市場上進行內綫交易。這意味著數據泄密。海德立刻修改了數據討論和發佈的過程，他把會議的地點定在了一個與外界通訊隔絕的房間，並規定在完成了數據預測的工作之後，3 人小組的成員也必須待在會議室，直到數據正式對外發佈之後才能離開。

海德認為這萬無一失，他也向部長拍胸膛保證，但羅斯福總統還是繼續接到投訴。

為甚麼農作物產量的預測數據能產生經濟價值？

1900 年代的美國，雖然在從一個農業國家向工業國家轉型，但製造業、貿易業仍然在很大程度上依賴於農業的發展。作為工業紡織的重要原料，棉花的產量自然會得到製造業公司的關注，但除了棉花，其他農作物的產量，製造業公司也同樣需要高度關注。這是因為，農作物的豐收會影響很多產品的供求關係。哪裡的莊稼豐收了，那裡的農民就有錢了，這意味著農民購買力的增強，各種工業製造商如果能準確預測獲知這些情況，就能提前組織生產，及時調配自己的供應鏈，把產品運送到豐收的地區，誰預測得準、調得快、誰就能賺得更多，而預測不準，產品就可能在市場競爭中積壓、滯銷或者斷貨。除了工業製造商，高度關注農作物產量的還有貿易商和交通部門，如果能提前預知各地的豐收情況，貿易商就能以最快的速度把豐收的產品運出去，搶佔市場，這也需要鐵路公司及時統籌規劃車皮。

泄密的確實是 3 人小組中的一名成員，他是助理統計師霍姆斯（E. S. Holmes），霍姆斯把數據透露給了華爾街的一位棉花投機商賴柏，在被限制不能離開會議室之後，他跟賴柏約定，用會議室的百葉窗簾作為信號：當窗簾拉到一半的時候，就是約定的棉花產量，百葉窗簾最後停在不同的位置，就表示不同的產量多少。

海德百思不得其解。他最終想出一個辦法，挖出了"內鬼"。一天，在所有的數據彙總和預測完成之後，他在最後一分鐘提出要緊急修改。但這個時候，霍姆斯的信號已經發出，得到錯誤信號的賴柏在這一天的交易當中損失了 25 000 美元。巨虧之下，賴柏憤憤不平，他在交易現場公開指責有人"篡改"了數據，這當然也暴露了他提前知道數據這一事實，在後續的調查當中，賴柏供出了霍姆斯。

但令人尷尬的是，雖然霍姆斯對其陰謀供認不諱，但當時卻找不到一部法律能給他定罪，因為無法可依，農業部最後對霍姆斯只能開除了事。總統計師海德被迫引咎辭職。面對醜聞之後的尷尬，羅斯福十分震怒，他責令立即立法。1909年，美國國會通過立法，將公務人員提前泄露相關數據的行為定為刑事犯罪。

這之後，農業部著力完善了數據安全的機制，他們推出了"鎖定"（Lockup）

制度：凡是接觸到敏感數據的工作人員，在數據發佈之前都必須隔離，直到數據公佈以後隔離才能解除。鎖定制度也同時明確，數據大小的最終決定權屬於專業統計人員，即使是農業部部長，也屬於鎖定的對象，他僅僅在數據正式發佈的前15分鐘，在同樣封閉的情況下聽取專業人員對數據的解釋，以便回答新聞界提出的問題。這個制度不僅提高了數據安全，也把數據的決策權，牢牢地掌握在專業技術人員的手裡，保證了統計工作的中立性和專業性。

這種"鎖定"的制度也很快在其他的統計部門得到推廣。例如，每屆總統大選期間，"失業率"就十分敏感，甚至可以影響老總統的去留和成敗，它的計算過程，勞工部長也無權過問，都是在"鎖定"的情況下由統計學家獨立計算得出的。

隱私觀念的成熟、數據安全管理制度的完善，這些跡象都一一表明，這時候的美國，已經開始向一個具有現代意識的國家轉變。美國的數據文化，已經翻開一個新的歷史篇章。

塵封的瑰寶：中國的數據可視化先驅

上文提到，1850 年至 1880 年，歐洲和美國相繼出現了很多經典的數據可視化作品。

藉助簡單的圖形來表達數據，中國當然古已有之，但數據可視化是更高層次的寓數於圖，不僅要有數據，還要有設計，要蘊含美學和藝術的元素，這方面，中國和歐美相比落後一大截，類似的作品，直到 1940 年代前後，才開始在中國的民間萌芽，而其中能稱得上優秀的，更是鳳毛麟角、少而又少。

中國在數據可視化方面的先驅人物，是地理學家陳正祥。陳正祥在國際地理學界享有崇高的聲譽，但因為種種原因，牆裡開花牆外香，他的作品和貢獻，尤其是在數據可視化方面的貢獻，並不為中國大眾所知。

陳正祥一生致力於繪圖，他主張用地圖說話、用地圖反映歷史，利用地圖對政治、經濟、文化、生態、環境等現象進行描繪和闡述，陳正祥認為"有些長篇大論說不清楚的現象，用地圖來表示卻可一目了然"，這些思想，正是數據可視化的目的和精髓。他的不少作品，直到今天，還被世界各國的專家視為精品，稱為數據可視化的經典之作。

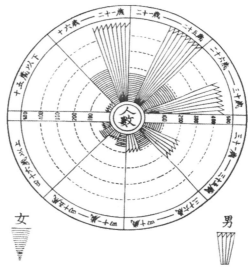

圖 3-12　上海第五紡織廠工人年齡分佈

註：這幅圖來自 1948 年上海第五紡織廠廠長吳德明先生編撰的廠
誌。從上圖可以看出，該廠員工最大的年齡群體為 21—25 歲，其次
是 16—21 歲，再次是 26—30 歲，而且每一個群體的男性都是女性
的 2 倍多。該圖雖然比較樸素，但已經體現了巧妙的設計。[18]

陳正祥（1922—2003）

世界著名的地理學家，被國
際學術界稱為 "中國地理第
一人"。早年曾在多個國家留
學，獲日本東北大學（Tohoku
University）博士學位。其後
在大陸、台灣和香港任教近 40
年，1979 年辭去教職，前往日
本講學，後移居意大利，領導
國際地理學會的世界土地調查
項目，主持編輯出版了五大卷
《世界農業地圖集》。陳正祥是
位非常高產的學者，其著作等
身，一生繪圖無數，但只有極
少數得以在中國大陸出版。（圖
片來源：網絡）

　　以其作品《中國文化地理》為例，這部書堪稱用數
據和地圖譜寫的中國文化史。陳正祥在這本書中提出，
中國的經濟、文化中心經歷了由北向南遷移的過程。為
了證明這個觀點，他首先引用了大量的數據，其中有各
個朝代的人口數據，例如在西漢元始二年（公元 2 年），
南方戶數僅佔全國總戶數的 10.3%，但到明朝隆慶六年
（1572 年）已經上升為 65.4%；還有政治領袖籍貫分佈
的數據，如唐朝共有 369 人擔任宰相的職務，其中 9/10
皆為北方人，但北宋中葉之後，宰相的高位多被南方人
佔據，到了明朝，共有宰相 189 人，其中南方人佔 2/3
以上，和唐朝相比分佈形勢完全倒轉；他還統計了明朝
期間的狀元、榜眼、探花以及會元的人數和籍貫分佈，
244 名文魁當中南方佔 215 人、北方只有 29 人。

鍍金時代

表 3-3　中國南北戶數增減的演變 [19]

時代	北方戶數	南方戶數	南方佔總戶數的比例
西漢元始二年（公元 2 年）	965 萬戶	111 萬戶	10.3%
唐天寶元年（742 年）	493 萬戶	257 萬戶	34.3%
宋元豐三年（1080 年）	459 萬戶	830 萬戶	64.4%
明隆慶六年（1572 年）	344 萬戶	650 萬戶	65.4%

　　除了用數據說話，陳正祥還針對漢朝至清朝的人口分佈、密度、交通、鹽業以及三公九卿、詩人、進士、狀元的籍貫分佈繪製了 18 幅地圖。這些圖華美精緻，色彩鮮明，濃縮了上百年的歷史，勝過千言萬語的解釋，即使最普通的讀者也可以一眼看出中國文明的興衰和轉移。

　　類似於各朝代詩人分佈的中國文化歷史地圖，陳正祥一共繪製了 268 幅。1981 年，這些地圖收集成冊，在日本、香港出版發行，大受歡迎。

　　要統計幾千名詩人的籍貫，雖然煩瑣，但畢竟有數可查，只要花上時間，用上"笨"功夫，就可以完成。陳正祥在繪圖過程當中，遭遇的最大困難還是沒有數

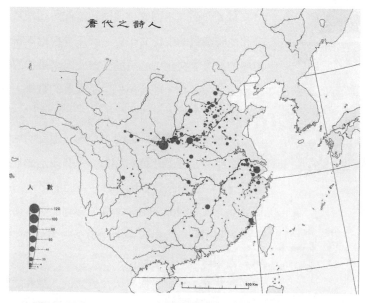

圖 3-13a　唐朝 2 625 個詩人的籍貫分佈（公元 618 年—907 年）

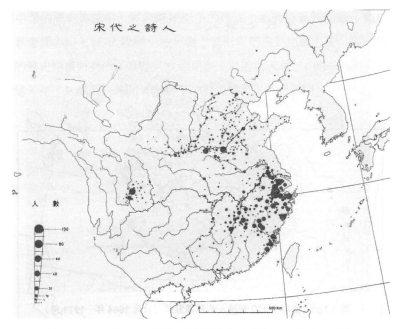

圖 3-13b　宋朝 2 377 個詩人的籍貫分佈（公元 969 年—1279 年）

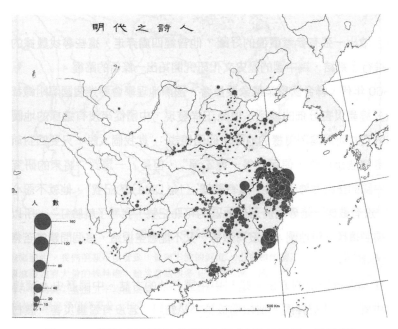

圖 3-13c　明朝 3 005 個詩人的籍貫分佈（公元 1368 年—1644 年）

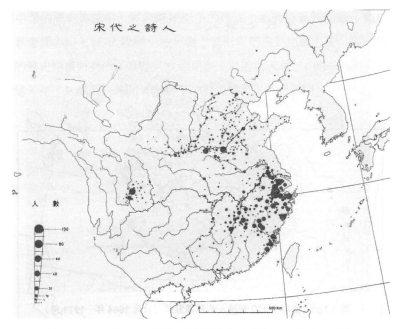
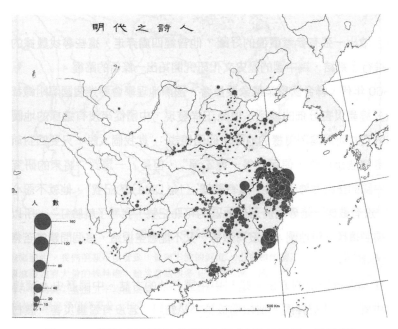

　　除了確定蝗神廟的地點，陳正祥還針對華北平原這個蝗災高發的地區，做了更細緻的數據分析。他把方誌中關於蝗災的記錄按地區和年代分門別類，計算出各地災害發生的頻率。在把數據標上地圖之後，陳正祥驚喜地發現，蝗災發生的頻率也和地理位置存在關係。根據各地災害發生的頻度大小，陳正祥在地圖上作出了兩條等頻率綫，其中 A 綫包圍的地區，平均相隔不到 10 年就可能爆發一次蝗災，在 AB 二綫之間的地區，平均每隔 10—15 年發生一次。例如河北省大名縣位於 A 區，該縣從宋朝到清朝的 736 年間，一共發生蝗災 73 次，平均每 10 年一次。

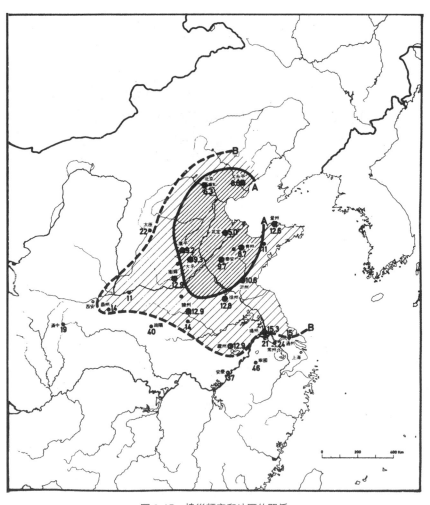

圖 3-15　蝗災頻率和地區的關係

除了在歷史文化和環境生態兩個領域的貢獻，作為一名地理學家，陳正祥還針對中國城市化的進程、工業的發展、人口的遷移、氣候的變化、交通港口的建設以及各類物產資源的分佈等等話題，繪製過更多的地圖。但可惜的是，這些地圖，大部分都沒有在中國大陸出版。

陳正祥大量繪圖的時代，計算機還遠沒有普及。在那個時代，要做一幅好圖，其資料的收集、數據的統計，需要很長的時間不說，繪圖的過程也非常繁瑣，陳正祥也曾經在其書中談到這種過程的甘苦：

"經過約莫二十年的歲月，很多地圖都成熟了。我選擇已經熟透了的，張貼在書房最著眼的牆壁上，一有閒暇就細心觀察它，看看是否合理，或加以必要的訂正。直到認為滿意了，才分批開始精繪，我自己也參加精繪工作。不少已經精繪的地圖，因為發現了重要的新資料，經過修改，又得重繪。一幅地圖精繪兩三次，是常有的事。利用此一方法編製地圖，要花費很多的精力、時間和金錢，而所得的結果，仍不免有所欠缺。但這卻是目前唯一可行的辦法！"[21]

1950 年代，大陸、台灣正處於緊張的對立狀態，兩岸隔絕，陳正祥繪圖，需要的大量數據和資料都無法獲得，他因此辭去自己在台灣大學的教職。他寫道："我下決心要離開台灣，否則無法完成我的中國研究。" 1964 年，他經歐洲輾轉來到香港中文大學，出任首位華人講座教授，這才圓了他的中國繪圖夢。

陳正祥也坦承，之所以不懈努力，是因為中國在這一領域的作品極其匱乏，很多空白甚至是由外國人來填補的：

"中國的歷史如此悠久，文化遺產如此豐富，有許多歷史和文化事項，皆可形之於圖，換言之，都可以用地圖來表示。但是奇怪的很，中國學術界卻始終沒有能夠系統化地編製歷史和文化地圖。日本同歐美的學者，雖個別有人下過功夫，但似乎受到文字修養和史料來源的限制，對中國很多古老的事項不能徹底了解……難以觸及比較深刻和更有意義的部分。這些事實增加了我的志趣和勇氣。"[22]

1979 年，陳正祥被迫離開香港，最終移居海外。其中的原因，他在其著作《大學生活四十年》中有詳盡的交待。他在這本書中，記錄了許多"醜惡可怖"的、令自己"身心交困"的經歷："如果你要問中國近百年來為甚麼學術落後，為甚麼不能發展自己的科學和技術，為甚麼國家和民族蒙受恥辱，那麼這本小書便是最好的見證。"[23]

　　斯人已逝。今天翻開他給我們留下的幾百張圖形瑰寶，子沛不禁思緒萬千。100 多年來，相比於西方發達國家，中國確實在許許多多的方面明顯落後，別人有的，我們沒有，但是，如果別人有的，我們其實也有，只是不為人所知、不受人尊重，這算不算一種更令人感到遺憾和難過的落後？

註釋

01 英語原文為："All sciences are, in the abstract, mathematics. All judgments are, in their rationale, statistics. "——C. R. Rao

02 英語原文為："Behind all the great material inventions of the last century and a half was not merely a long internal development of technics: there was also a change of mind."——*Technics and Civilization*, Lewis Mumford, 1934

03 之所以稱為"鍍金時代"，是因為在快速工業化、城市化的包裹之下，美國社會也出現了大量的問題。例如人心浮躁、道德滑坡、金錢至上、政治腐敗，因此當時的文學家馬克·吐溫將這個時期稱為"鍍金時代"，意為在金玉的外表下，掩蓋了大量的社會矛盾。

04 英語原文為："But more stubborn still has been the resistance against every attempt to assert the reign of law in the realm of society. In that struggle, statistics has been the handmaid of science, and poured a flood of light upon the dark questions of famine and pestilence, ignorance and crime, disease and death."——*Congressional Globe*, December 16, 1869, P.179

05 出處同上。

06 出處同上。

07 1860 年普查的基本情況報告在 1862 年出版，關於人口和農業部分的數據分析直到 1864 年才整理完成，而製造業及出生率的分析部分直到 1866 年才全部完成。

08 1890 年，美國的布蘭代斯大法官正式提出並定義了隱私權，請參見《大數據：數據革命如何改變政府、商業與我們的生活》（香港中和出版有限公司，2013），第 140 頁。

09 *Congressional Globe*, December 16, 1869, P.182.

10 *Congressional Globe*, December 16, 1869, P.181.

11 從 1850 年後，美國的人口普查雖然是以個人為單位收集數據，但問卷的單位還是家庭，即一個家庭一張問卷，當時有 1 000 多萬家庭，所以有 1 000 多萬張問卷。

12 《中國合夥人》是 2013 年風行中國大陸的一部電影，主要講述幾位朋友在創辦企業過程中因為理念分歧、利益衝突而產生的種種企業危機。

13 1874 Annual Report, Massachusetts Bureau of Statistics of Labor, PP.113-115.

14 英語原文為："Your office has only to prove itself superior alike to partisan dictation and to the seductions of theory, in order to command and cordial support of the press and of the body of citizen....Public confidence once given, the choice of agencies, the selection of the inquiries to be propounded, are easy and plain...I have strong hope that you will distinctly and decisively

disconnect the...bureau...from politics." ——*Carroll Wright and Labor Reform* (Harvard University Press, 1960), James Leiby, P.63

15 *Numbers Rule* (Princeton University Press, 2010), George G. Szpiro, P.134.

16 The cotton ginnings reports program at the Bureau of the Census. (Eli Whitney's Cotton Gin, 1793-1993: A Symposium), Hovland, Michael, 1994.

17 英語原文為："The sole purpose of the census is to secure general statistical information regarding the population and resources of the country, and replies are required from individuals only in order to permit the compilation of such general statistics. The census has nothing to do with taxation, with army or jury service, with the compulsion of school attendance, with the regulation of immigration, or with the enforcement of any national, state, or local law or ordinance, nor can any person be harmed in any way by furnishing the information required. There need be no fear that any disclosure will be made regarding any individual person or his affairs. For the due protection of the rights and interests of the persons furnishing information, every employee of the Census Bureau is prohibited, under heavy penalty, from disclosing any information which may thus come to his knowledge." ——Proclamation for the Thirteenth Decennial Census, William Howard Taft, March 15, 1910

18 吳德明編：《中國紡織建設股份有限公司上海第五紡織廠概況》，1948 年，第 161 頁。該書內有大量的圖表和數據，證明 1940 年代，中國的企業也開始形成了自己的數據文化。

19 陳正祥：《中國文化地理》，三聯書店，1983 年，第 10 頁。

20 陳正祥：《中國文化地理》，三聯書店，1983 年，第 52 頁。

21 陳正祥：《中國地理圖集》，香港天地圖書有限公司，1980 年，序言第 2 頁。

22 出處同上，序言第 3 頁。

23 出處同上，序言第 2 頁。

量化：進步時代的數據大潮

無測度，則無管理。[01]

——美國諺語

通過對數學的學習，也唯有通過對數學的學習，我們才能對甚麼是真正的科學
獲得真實、深入的理解。[02]

——奧古斯特‧孔德（Auguste Comte, 1798—1857），法國哲學家

　　隨著鍍金時代的崛起，美國的經濟實力和科學水平都進入了世界一流的行
列。但在工業化和城市化的快速衝擊下，美國社會也出現了嚴重的勞資衝突、政
治腐敗和道德失範。工人抗議、罷工的聲浪在全國的範圍內此起彼伏，政府官員

頻頻曝出權錢交易、貪贓枉法的醜聞，行業壟斷、血汗工廠、環境污染、失學童工、劣質食品、酗酒賣淫等各種工業化的病症層出不窮、舉不勝舉，準確地說，鍍金時代雖然見證了經濟的迅猛發展、城市的急劇膨脹，但同時也是一個問題叢生、動盪不安的時代，這也是其被後人稱為"鍍金"的原因：光鮮的外表下掩蓋著大量的危機和矛盾。

面對各種危機和亂象，美國社會的知識分子也分成了兩個陣營，爆發了"革命"和"改良"的路綫之爭。革命派認為，資本主義無法修正工業化帶來的各種問題和矛盾，必須進行社會革命；而改良派則反對這種激進主義，他們主張面對問題、不必氣餒，開展循序漸進的社會改革。

改良派認為，社會進步是漸近的，因此被稱為"進步主義者"。他們堅信：只要調查事實、收集數據、依靠專家，就能為社會問題找到解決方案，實現和諧發展。正是因為進步主義者的傑出貢獻，從 1890 年代到 1920 年代，前後 30 多年被後人稱為"進步時代"。

延伸閱讀

進步時代對於中國的借鑒意義

進步時代的"進步"，指的並不是"經濟"發展意義上的"進步"。快速的工業化和城市化催生了各種各樣的社會矛盾和問題，當時的美國社會，發生過大量令人瞠目結舌的公共事件：1907 年莫加農礦難，一次死亡 362 名礦工，1911 年紐約內衣工廠大火，一次燒死 146 名女工，此外，牛奶摻入工業添加劑、病豬死豬做成香腸、過期食品加工成罐頭等觸及道德底綫的食品安全事件，都曾經在美國發生過。

面對這些社會問題，"進步主義者"主張遵循理性的渠道，使用科學的方法。在知識分子、技術專家的努力下，美國不斷改革、優化社會管理體制，成功地化解了社會矛盾，避免了社會革命，實現了"社會"意義上的"進步"。到 1920 年代，美國的社會管理機器變得更加高效、公平、負責，這進一步強化了美國的制度優勢和強國地位。這個歷史階段，對於當下的中國，極具參考價值。

專家、科學和數據於是成了這個時代的主導。大眾相信專家，專家主張用科學的方法來解決社會的問題，而科學的落腳點，一定離不開數據。風急浪高，洪波湧起。如果說數據在鍍金時代掀起了波瀾，那隨著進步時代畫卷的展開，各種數據浪潮可謂奔湧而來。

　　1907 年，70 多名新聞記者和社會科學家集聚在當時的工業城市匹茲堡，對城市環境和工人的處境開展了一次大型調查。這是美國歷史上第一次全面的城市情況調查，史稱 "匹茲堡調查"，也是世界城市研究史上的經典案例。調查收集了大量的數據，形成了 6 本調查報告，其中的《工傷事故及法律卷》列舉了各種工傷事故的數據，整理了 1 000 多宗案例，血淋淋的事實令人掩面噓欷，發表之後，直接促成了美國工傷賠償制度的出台。

匹茲堡的城市轉型經驗

　　美國歷史上第一次大規模的城市調查在匹茲堡展開，並不是偶然的。從 1880 年代開始，匹茲堡就成為了美國的鋼鐵中心，蓬勃的鋼鐵業摧毀了城市的生態環境，濃煙滾滾，遮天蔽日，空氣質量極端惡化，白天的陽光、晚上的街燈都無法照亮路面，匹茲堡因此被稱為 "煙城"、"人間地獄"。1940 年代，當地政府開始治理環境，他們一手抓經濟轉型，一手抓污染治理，其中最有力的措施之一，是發動大眾對環境指標進行監測，有力地促進了企業的減排。今天的匹茲堡已經滿眼青翠，形成了以醫療、教育、機器人以及金融服務為主的地方經濟，多次被《經濟學人》和《福布斯》評為 "北美最適合居住的城市"，成為美國城市成功轉型的典範，其經驗值得當今中國的城市管理者借鑒。

　　1908 年，數據開始進入美國的法庭。俄勒岡州規定女性每天的工作時間不得超過 10 小時，有一位洗衣店的女工認為自己每天的工作量超出了這個標準，因此提起了訴訟。洗衣店的老闆認為州政府 "10 小時" 的標準不合理，官司最後打到了最高法院 [03]。州政府的律師布蘭代斯（ Louis Brandeis）在法庭上出示的辯護書與眾不同，轟動一時：他僅僅用了 2 頁的篇幅作法律分析，卻用了 100 多頁的篇幅援引各種統計數據，以證明勞動時間過長對女性健康所產生的危害。他的辯護獲得了 9 名大法官一致的支持。這種用數據和事實來證明立法必要性和合理性的做法，被稱為 "布蘭代斯訴訟方法"（Brandeis Brief），其後被法律界迅速採納。後世的許多重大案例，例如為黑人兒童爭取平等擇校權的 "布朗訴教育委員會案"，也是因為採用了布蘭代斯訴訟方法，大量引用數據和事實，最終獲得了勝利。

　　1910 年代，美國的心理學家推出了測量個人智力水平的方法。第一次世界大戰期間，美國的部隊通過智商測量選調新兵，美國移民局則在海關入口處利用智商測量篩選申請入境的移民，這些做法是否科學？這在當時極具爭議。1942 年，美國在珍珠港襲擊之後緊急對日宣戰，卻發現國內日語人才奇缺，軍情部門通過智商測試快速選撥人才，這批人果然不負眾望，在較短的時間內就掌握了日語，滿足了情報工作的需要。二戰結束之後，美國這套方法逐漸被推廣到全世界。

　　匹茲堡調查是進步時代的標杆性社會運動，引領了 20 世紀對社會現象進行大規模調查、收集數據的運動和風氣；布蘭代斯訴訟方法則在法律界開創了一種用數據辯護的形式；智商的測量則是科學家對"看不見、摸不著"的無形之物發起的量化挑戰。這些數據浪潮都在各自的領域給後世帶來了深遠的影響，但回顧進步時代湧起的種種數據大潮，其中影響力最深遠、最持久、最廣泛的，當屬"成本收益分析（Cost Benefit Anglysis）"。

　　成本收益分析始於治水。

　　水，是人類的生命之源，但水同時又威脅著人類的生存和發展，山洪暴發、江河氾濫，是世界各國都為之頭痛的自然災害。千百年來，人類必須鑿河修渠、築堤建壩，對水進行治理，把它們控制在安全的流域之內。

　　美國也不例外。早在建國後不久的 1802 年，美國就成立了陸軍工程兵團（Corps of Engineers），他們負責對全國的水利工程進行規劃和建設。1808 年，陸軍工程兵團成立不久，傑斐遜總統的財政部長加勒廷（Albert Gallatin）就對其提出要求：每一個水利項目的投資都非常巨大，而且影響千秋萬代，一定要對他們進行成本收益分析。

　　加勒廷可能沒有想到，他建議的這種方法，100 年後，伴隨著無數的爭議，逐漸演變成美國政府最主要的決策方法，並把量化的文化帶到了全體政府部門。

用數據決策：水利工程中的數據競爭

　　水利工程涉及到防洪抗災、土地灌溉、國防建設等諸多重大事務，而且常常是上游建壩、下游受益，因此美國將其定為聯邦事務，這意味著所有的水利工程都由中央政府統一管理。每一年，全國各地的政府要向陸軍工程兵團提出大大小小、成百上千個水利項目，而兵團的工程師們則按照加勒廷的要求，逐一對它們進行成本核算和收益分析，並根據結果進行初步的篩選，最後將他們認為最迫切、最重要、最可行的項目提交給國會討論。

之所以需要篩選，是因為國家財力有限，工程兵團必須大刀闊斧地砍掉一大半的項目，而篩選的主要標準，就是一個項目的未來收益和現在成本之間的比率，即：收益／成本。

如果收益／成本 >1，則證明該項目的收益大於成本，該比率越大，其可行性自然就高。

延伸閱讀

成本收益分析的起源

成本收益分析是指以貨幣為單位，對一個項目投建的成本和未來的收益進行量化，其目的是找到擁有最佳"收益成本比率"的項目或方案。

這種分析方法很早就在實踐中出現。但直到 1844 年，法國的工程師杜比（Jules Dupuit）才在其著作《論公共項目的效用度量》（*On The Measure of the Utility of Public Works*）中正式提出這個概念，並將其理論化、系統化。杜比以法國的防洪工程、巴黎的地下給排水系統為例，對這些項目進行了成本效益分析，並指出公共項目的收益並不等於該項目產生的收入。

項目報送到了國會，還要經過議員們的再度篩選，通過國會的批准，得到撥款之後，才開始投建。國會的議員來自全國各地，對地方而言，水利項目就不僅僅代表水利，龐大的投資還將促進就業、拉動內需，為地方經濟注入活力，自然，議員們都想自己選區的項目得以通過，但到底能否通過、獲得多少撥款，國會裡少不了一番各自為戰的激辯。

即使在國會的篩選中，工程兵團的意見也有一言九鼎的作用。這是因為，工程兵團的工程師們，清一色都是西點軍校工程系的畢業生，在議員們的眼中，他們代表專業、科學和權威，而且作為部隊，工程兵團不從屬於任何政府部門和地方單位，在議員們爭執不下的時候，工程兵團的意見往往以中立的面目出現，一錘定音。

然而，在這個世界上，沒有任何人能真正超脫所有的利益之爭，兵團的工程師們當然也不是不食人間煙火，他們每年經手上千個申請，其中不乏自己屬意的項目，若碰到這些項目，他們也有辦法暗中使勁，力保項目過關。

工程兵團的秘密武器，就是儘量把收益往"大"裡算。水利工程的規模一旦確定，其成本就相對固定，但其收益卻不好計算。其中的原因，在於水利工程的多功能性：例如一個大壩的建成，除了防洪泄洪、農田灌溉、水力發電，可能還具有很高的軍事戰略意義，也可能成為魚群鳥類的棲居地，改善當地的生態，或產生景觀價值，成為旅遊休閒的勝地，同時拉動當地人氣、促進經濟發展等等。

這些收益是無形的，不像發了多少度電、澆了多少畝地，大部分很難量化，到底算不算、算多少，也就成了工程師的自由裁量權。這種自由裁量權，給了工程兵團很大的操作空間。

然而，到了進步時代，美國的治水開始走向多頭管理。1902年，美國國會通過了《農墾法》，成立了農墾局（BOR），主管全國的水利灌溉工作。這之後，工程兵團一家獨大的地位開始受到挑戰。

預算：進步時代的又一場數據浪潮　　延伸閱讀

美國預算制度的建立，很大程度上歸功於進步時代的公共知識分子。1905年，一批民間的財務專家在紐約成立了"紐約市政研究所"，建議政府要用"科學"的方法管理政府的收入和支出，科學方法的載體，就是數據，即通過數據來界定政府活動的範圍，規範政府的行為，監督政府是否達到了收支平衡以及財政績效的水平。

這批專家在1908年為紐約市編制了美國歷史上第一份預算，這份預算通過精確的數據和易懂的圖表，告訴人民政府打算做甚麼、已經做了甚麼，花了多少錢、要花多少錢。這種形式的報告受到了該市的歡迎，此後在全國推廣，到1920年，從中央到地方，美國基本上都普及了預算制度。

預算制度的建立意義深遠。在此之前，對普通民眾而言，政府的活動是無形的、看不見的，但通過預算提供的數據，政府的活動被規劃、被記錄、被看見，公共項目的績效和官員的政績更容易量化，政府因此受到監督，官員變得更加負責。

除了農墾局的成立，這個時候，另外一場深刻的數據革命也在衝擊美國政府，這就是預算制度的建立。進步時代之前，美國的各級政府從上到下都沒有預算，花錢沒有規劃，所謂的財務管理，就是事後一堆雜亂無章的報賬單，別說普通大眾，就是國會也無法有效地監督政府的"錢袋子"。1908 年開始，美國政府開始在各級行政部門普及公共預算制度。因為有了預算，而且必須公開，對於公共項目的開支和投入，各級官員變得越來越審慎。

農墾局的成立、預算制度的普及，使得美國水利工程的管理格局發生了很大的變化，評估一個項目的成本和收益變得更加重要，但卻不再是工程兵團的獨家專利。換句話說，大家都建水壩，你用來防洪，我用來灌溉，而同一座水壩也可能兼有防洪和灌溉兩個功能，工程兵團要算，農墾局也要算。更重要的是，大家都想自己報送的項目最後在國會通過。

於是，兩個單位開始暗中較勁。較勁的方法，當然就是把自己項目的收益以合理的形式儘量"算"大，以增加項目的"經濟合理性"。工程兵團的工程師們到底是積累了 100 多年的經驗，他們在計算過程中常常推陳出"新"。在一次報告中，工程兵團甚至把"海鷗和蝗蟲"產生的經濟收益也納進了修建一個水庫的收益：

在這個新的水庫上，將會有 10 000 隻海鷗棲居，

每隻海鷗一年將吃掉 1 000 隻蝗蟲，

每隻蝗蟲一年平均要消耗 1 公斤糧食，

這些被吃掉的糧食的市值為：$10\,000 \times 1\,000 \times$ 每公斤糧食的價格＝……

這個總價值應該納入建造這個水庫的收益……

看到工程兵團這樣的計算，農墾局的同僚都驚呆了！他們反應過來之後，也不甘示弱，開始挖掘自己的數據潛力。農墾局的殺手鐧是"次級收入"，他們認為，一個地方的灌溉條件得到改善之後，將吸引更多的農民搬遷到此，引發豐收，豐收會需要更多的卡車來拉貨，更多的交通流量會拉動當地的消費，加油站將增加、餐廳將增加、電影院將增加，小麥的豐收還會促進當地的麵粉業，繼而會出現更多的麵包房……總之，更好的灌溉條件將引起更多的人員聚集，鄉因此可能變成鎮、鎮因此可能升級成市，各種連鎖反應將不斷放大經濟效益。

聽到這樣的分析，旁觀者可能忍俊不禁或嗤之以鼻，但稍作思考又會發現，

每一個計算的背後確實有其邏輯，該不該算，又該如何算，確實難以輕易作出結論。

1927 年，美國通過《河流港口法》（*River and Harbor Act of 1927*），用法律的形式規定陸軍工程兵團對其所規劃的防洪項目必須進行成本效益分析；1936 年，美國國會又通過《防洪控制法》（*The Flood Control Act of 1936*），進一步明確：只有“收益”大於“成本”的水利項目才能得到國會的批准。

這把工程兵團和農墾局的“數據競爭”推到了白熱化的階段。一有機會，他們都使勁把自己的“數”往“大”裡算，因為無形收益、次級收益到底如何量化，並沒有統一的標準，兩個單位少不了在國會撞車，吵成一鍋粥。

1939 年，加州提出要在其中央河谷地區修建一個大壩，工程兵團和農墾局兩個單位的計算結果都表明，這項工程的收益將大於成本，項目於是獲得了國會的批准，但兩個單位都認為，這個項目應該由自己來承建。工程兵團搶在第一時間發佈了他們的計算結果，他們認為，這個大壩 54% 的收益都將來源於防洪和泄洪，他們因此當仁不讓；但農墾局也不是省油的燈，他們承認如果以防洪為主要目的建設這個大壩，收益確實大於成本，兩者的比率為 2.4，但接下來話鋒一轉，提出如果以灌溉為目的來開展建設，收益和成本的比率將翻番，上升為 4.8，他們也列出了詳盡的計算過程。

項目因此遲遲不能上馬。這種數據之爭，說白了，就是利益之爭，誰的比率大，誰就可能成為項目的主導，把項目囊為己有。

國會為此召開了幾次聽證會，議員們看了雙方的計算，也是一個頭兩個大，莫衷一是。最後，國會把這個燙手的山芋丟給了當時的總統富蘭克林·羅斯福（Franklin Roosevelt）。誰知道羅斯福也是看數據，他從“2.4”和“4.8”的數據對比中很快得出了結論，1940 年 6 月，他大筆一揮批示說：我們美利堅合眾國致力於保護農民的利益，這個水利項目應該由農墾局承建！

總統指點江山的方式為部門的紛爭提供了一個普遍的原則，那就是，面對錯綜複雜的利益衝突和政治壓力，其他的不要說，讓數據來一決高下！

1940 年代，美國的統計學也正在發生一場重要的變革，抽樣技術開始在各個領域得到廣泛的應用。羅斯福總統首倡要在公共政策的制定過程當中應用統計學的理論和方法。總統身邊的幕僚、親信、內閣部長當然都從中看出了端倪，他們都意識到，要獲得項目和撥款，就必須用數據說話。這在美國政府掀起了一股數據浪潮，各個政府部門都開始招聘、雇用一大批統計學家和經濟學家，以確保自己在"數據競爭"中不落於人後。

工程兵團和農墾局兩個單位雖然頻頻"對掐"，但他們也有團結的時候，這是因為，無論是修建運河還是疏浚航道，雖然都是中央出錢，但並不是人人支持、皆大歡喜，這些國家投資的公共工程，會觸動一些商業集團的根本利益，其中的重要代表，就是鐵路集團。在美國，鐵路是私營企業，開通一條新的航運水道，就意味著鐵路運輸的份額將要減少，對這種政府補貼造成的市場流失，鐵路集團當然要大聲反對。

鐵路集團反對的武器，竟然也是數據。他們通過計算，向政府證明鐵路是成本最低、速度最快的運輸手段，因此具備高度的"經濟合理性"，應當成為美國社會的首選。而工程兵團和農墾局一方的理由也冠冕堂皇，他們主張多元化，反對"鐵老大"一家壟斷。

"鐵老大"和工程兵團以及農墾局的衝突，甚至更加激烈。1939 年 6 月，工程兵團和農墾局聯合提出在田納西州開鑿一條水道，在他們的評估報告中，這個項目的收益剛剛超出成本，但鐵路集團卻發現，工程兵團在計算的過程中，包括了 60 萬美元的國防戰略收益以及 10 萬美元的觀光收益，而正是因為這 70 萬元，項目收益才勉強超出成本。在國會的聽證會上，鐵路集團的代表憤怒地質問："這 60 萬的國防收益從何而來？誰能對這種收益作出準確的估值？這完全是憑空猜測，想填多少就填多少！"

1946 年，工程兵團提出在阿肯色州開鑿一條運河，其成本為 4.35 億美元。在這份提案中，工程兵團特別強調，即使不計算任何無形的收益，項目的收益也達到了 4.7 億美元。但鐵路集團還是表示反對，最後他們放出話來：給我 4.35 億美元，我可以建設兩條州際鐵路，免費為政府運輸所有的物資。在這種強勢的挑戰下，這個項目最終擱淺。

類似的爭論甚至到了劍拔弩張的地步，在國會的聽證會上，每一個數據稍有含糊，每一個邏輯推理的鏈條如果斷裂，都可能被競爭對手挑出來，受到質疑和挑戰。這種辯論，最終推動了成本收益分析方法的規範和改進。

1946 年 4 月，阿肯色州和路易斯安娜州提出要聯合開鑿一條州際運河，並以路易斯安娜州的參議員奧弗頓（John H. Overton）的名字命名。項目得到了工程兵團的支持，恰巧奧弗頓又是國會航運分委會的主席，但鐵路集團卻照樣跳出來反對。鐵路聯合會的代表羅伯茨（Henry M. Roberts）在參議院的聽證會上指出，如果沒有來自政府的巨額補貼，水路運輸將入不敷出，沒有可持續性。他甚至拿出工程兵團提供的計算表格，當面指證其中的種種錯誤，例如工程兵團錯誤地估計了這條水道未來的貨物航運量、沒有計算把貨物從原產地運輸到運河邊的前期轉運成本等，因此收益和成本的比率被嚴重地誇大了。

對於一條新的水道會有多少航運量，工程兵團採取了調查問卷的方法，他們向 2 500 個船主發放了問卷，最後回收到了 1 338 份，然後根據這個問卷結果對未來的航運量做出估計。

羅伯茨的指證激怒了參議員奧弗頓，他立刻從議席上站起來，質問羅伯茨說：我問你，工程兵團的項目委員是不是都是一流的專家？是，還是不是？

奧弗頓的意思是，工程兵團擁有一流的專家，他們做出了最專業的評估，這種評估不容挑戰，但羅伯茨卻並不買賬，這場辯論隨即失去了控制，往戲劇化的方向發展。

羅伯茨回答說：先生，"專家"這個詞，有很多意思。我曾與工程兵團的幾位工程師見過面，我覺得他們確實很不錯、很專業。但他們是否都稱得上"一流"，我就不知道了。

他的回答既不肯定也沒否定，可謂綿裡藏針，奧弗頓只有自己把話接圓：工程兵團有很多一流的專家，鐵路集團是不是也有呢？

羅伯茨回答：我們當然有。我們不是業餘水平。我們的計算都是從事實出發，對我們來說，2 加 2 就是等於 4。

奧弗頓接著質問：難道工程兵團的專家不是這樣嗎？他們從來沒有無中生有搞出數據，這些數據代表了事實。

羅伯茨則立刻舉出例子，批評工程兵團對於未來航運量的估算完全不符合事實，他反唇相譏道：如果鐵路公司也用這種計算方法來做生意，早就破產了！這種荒謬的方法就好像用你的住址號碼除以你的電話號碼，得到你的年齡一樣！

羅伯茨隨即又提出，應該讓雙方的專家在聽證會上見面，現場辯論。

奧弗頓則表示，國會不可能有這麼多的時間。

羅伯茨立刻抓住這句話，把問題帶回了原點，他反問奧弗頓說：那你怎樣證明你的專家就是一流的專家？

這時候，有人插話說，應該建立統一的認證標準，所有的"專家"都應該通過專門的考試，以證明他們名副其實，的的確確能提出如何量化的專業意見。

爭到這份上，現場的人都連連搖頭，大家都明白，再爭下去，也不會有結果。工程兵團的總工程師威爾（R. A. Wheeler）最後起身說道："看來，我們遲早要為所有的問題如何量化設定標準的公式"。

於是，這一年，陸軍工程兵團、農墾局、農業部、聯邦電力委員會等各個相關單位都派出高級官員，組建了一個成本收益分析委員會，研究如何為各種各樣的量化建立統一的標準。經過近 4 年的努力，1950 年 5 月，委員會終於發佈了第一份報告，頒佈了採用成本收益分析方法時必須遵循的原則和方法。

這份報告，成為了水利項目如何開展成本收益分析的操作指南，被後世稱為"綠皮書"（Green Book）04。"綠皮書"特別釐清了許多和無形收益、次級收益相關的問題。例如，對於風景、觀光等無形收益，"綠皮書"規定，只能計算遊客帶來的直接門票收益，沒有門票的，一律按一美元一人次計算，對於遊客落地之後發生的系列消費行為，則不納入計算；對於修建一個大壩的次級收益，"綠皮書"則主張，如果當地的農作物增收，那麼增收的收益可以計入項目的收益，但是，如果對農作物進行二次加工，這時候產生的收益則不能納入計算。"綠皮書"還明確規定，人的生命應當納入成本和收益的計算當中，但必須單項列明。

隨著"綠皮書"的推出，成本收益分析方法開始變得規範，也逐漸從水利項目延伸到環境保護、公共安全、衛生健康等等其他領域。美國也因此成為全世界首個在政府內部大規模使用成本收益分析方法進行決策的國家。

當然，"綠皮書"中倡導的原則和規定也招致了一些機構的批評，他們認為綠皮書"僵化、死板"，計算不到一個項目的全部收益，這也促使"綠皮書"在1950 年後經歷了幾次重大的修訂，得以不斷完善。直到今天，綠皮書還是美國政府各級部門使用成本收益分析方法時重要的指導文件。其反覆修訂的部分，也是其最受爭議的部分，其中之一就是，一個人的生命是否應該量化，又該如何量化？換句話說，一條人命到底值多少錢？

衝擊量化的極限：給生命定價

一提到要對生命的價值進行量化，而且要轉變為一個貨幣單位，可能大部分人的第一反應都是反對，理由很簡單：生命無價！

成本收益分析的主張者並不是完全否認"生命無價"，相反，他們認為，要對每一條"無價"的生命進行有效的保護，就必須對生命的價值進行量化。這是因為，人類面臨的一切資源，其實都是有限的，但恰恰個人生命的存在、人類社會的發展都依賴於這些有限的資源。例如，政府預算是有限的，但需要投入的公共項目可能很多：這個主張要建壩，抵抗洪水之災；那個要求開展癌症研究，治病救人；還有的認為要修路，減少交通事故……但因為資源有限，不可能樣樣兼顧，而且同樣數額的資金，用在不同的項目和不同的地方，就能挽救不同人群、不同數量的生命，這時候，要對全社會的生命進行最有效的保護，就必須對各個項目的效果作出理性的分析和對比，確定收益最大的項目，把有限的資源用到對生命最有效的保護之上。要完成這個過程，就必須承認生命有價。沒有量化的對比，就可能錯誤地分配資源，造成浪費。

但不幸的是，社會大眾常常理性不足，錯誤地分配資源。美國的現任副總統拜登（Joseph Biden）就曾經深刻地感受到這其中的矛盾，他在擔任參議員期間，講過這麼一段話：

"毫無疑問，美國人知道死於煤煙污染的人比死於核污染的人多，數據也證明，因為我們燒煤，更多的人死於煤煙污染，但美國大眾還是對核反應堆更為恐懼；美國人也知道，如果我們把用在重症病房挽救垂死老人的錢節省下來，哪怕僅僅節省25%，也能拯救更多孩子的生命，但我們的文化已經認定：無論對錯，我們都要花錢去救老人，即使這些錢可以拯救更多其他的生命；還有，在所有的藥物濫用中，吸煙導致了最多的死亡，但大眾卻更願意把研究經費花在吸煙之外的其他藥物濫用領域。美國人民做出了這樣的判斷和選擇。

"如果政治科學家因此做出結論説：這是因為美國文化當中沒有成本收益分析的元素，如果美國人民掌握了成本收益分析的方法，他們就會做出不同的選擇。我認為這種觀點是自以為是的精英主義。"05

拜登這段話，其實是在表達不滿：人民大眾因為恐懼、無知，常常做出和理性分析結果完全不同的決定，例如，和核污染相比，煤煙污染導致了更多的人死亡，但大眾對核污染更為恐懼，因此認為防治核污染比防治煤煙污染更為重要，而美國恰恰又是民主國家，政治家的決策必須迎合人民大眾的喜好和判斷，因此導致了公共資金並沒有投入到最應該投入的項目之上。

拜登還認為，這種理性的盲區在人民大眾思維當中根深蒂固，難以輕易改變，作為政治家，他對此感到無奈。

拜登的無奈，其實就是當年美國的建國者在制憲會議上對"民主"制度表達的種種憂慮：民主的"多數"恰恰可能就是平庸的多數，少數政客為了迎合這平庸的"多數"，常常提出自己都不相信的意見。

換句話說，民主的質量依賴於大眾理性思考的水平。

而成本收益分析，就是理性分析的工具。使用成本收益分析，就首先要承認生命有價，但即使同意生命有價，很快，一個更大的道德挑戰又出現了：每個人的生命是否等價？人人平等的提法當然無可厚非，但成本收益分析法的支持者認為，人人平等指的是政治權力，在現實生活中，如果生命真的等價，那全社會的資源就應該完全平均的分配，這顯然是不可能的。回到拜登舉出的例子，拯救一個老人的錢，往往可以救幾個青少年，如果人的生命真的等價，那這份錢就應該用來救更多的青少年。當然，我們還可以繼續追問，一個 70 歲的生命和一個 20 歲、甚至五六歲的生命，難道真的是等價的嗎？如果不等價，差別又是多大呢？要回答這些問題，就必須對生命的價值進行量化。

所以，用道德的名義反對生命價值的量化，其實是無知的表現，也是真正漠視人類根本利益的表現。如何完成這種量化，才是理性人類真正的挑戰。

1950 年"綠皮書"出版之後，如何量化生命的價值一直處於一個相當初級的階段。當時的主要方法是計算一個人因為死亡而失去的收入，這種方法，也被稱為"未來收入折現法"，因為許多無形的價值和損失根本還沒有辦法量化，這種方法當然備受批評。

直到 1966 年，美國的經濟學家托馬斯·謝林（Thomas Schelling）才在學術界第一次提出"價值意願法"（Willingness to Pay）的量化方法，該方法主張通過問卷調查的方式，掌握人們為減少生命風險而願意支付的金額大小，從而計算出大眾眼中的生命價值。

例如，一個有兩萬人的小鎮，每年有 6 個人死於交通事故，如果加大公共投入，改善交通狀況，就可能降低死亡的人數，那麼可以向全鎮人民進行調查：你願意繳納多少稅收來改善交通狀況，把每年 6 人的死亡數目降低為每年 2 人？

假設調查的結果是：為了把交通事故的死亡風險從"每年 6 人"降低為"每年 2 人"，該鎮每個人願意繳納稅款的平均值為 100 元。那麼，在這個小鎮的大眾心裡，人的生命價值就是 50 萬美元，計算方式如下：

$$\$100 \div [(6-2) \div 20\,000] = \$500\,000$$

其計算公式可總結為：

人的生命價值 = 人們為了降低死亡風險願意繳納的金額 ÷ 降低的死亡風險

"價值意願法"提出之後，其新穎和巧妙之處受到了肯定，作為一名傑出的經濟學家，謝林後來還獲得了諾貝爾經濟學獎。但也有批評者指出，這種方法的計算結果，反映的是大眾的主觀意願，即個人主觀認為"我願意付這麼多錢來減少風險"，但事到臨頭，他是不是真的願意掏錢，或者願意掏出更多的錢，都很難說，即意願法僅僅建立在一個假設的基礎之上，沒有反映真實的社會生活。

例如，1990 年代，美國的國鳥白頭鷹瀕臨滅絕，國家到底應該投入多少公共資金對其進行保護呢？有經濟學家就用"價值意願法"對美國民眾進行了調查，調查發現，每戶美國家庭願意出資 257 美元挽救白頭鷹，願意出 80 美元來挽救瀕臨滅絕的灰狼 06。美國大約有一億戶家庭，如果這個意願屬實，投入保護白頭鷹的公共資金將高達 257 億，大部分人都認為，這個估值太過樂觀了！

於是，統計學家、經濟學家又開始努力，他們期望找出更加符合現實的量化方法。繼謝林不久，又有人提出了"勞動力市場評估法"，這種方法認為，每份工作都有一定程度的死亡風險，面對死亡風險越高的工作，人們會索要更高的工資。事實上，一個人的工資，可以根據死亡風險分為兩個部分，一部分是正常的工作報酬，另外一部分是因為死亡風險而帶來的補貼：

工人期待的工資 = 正常工作報酬 + 死亡風險補貼

而死亡風險的大小，可以用風險率（P）來代表，則上述公式可表達為：

工人期待的工資 = 死亡補貼 × P + 正常工作報酬 × (1 - P)

不同的工作，死亡風險大小不同，即 P 的值在從 0 到 1 的範圍內變化。在兩種極端的情況下，"0"代表無任何死亡風險，那工人將得到一份正常的工資，"1"

代表最高風險，意味著肯定要死，如替別人代罪償命，對肯定要死的人，他的工資將變為一次性的死亡補貼：

$$工人期待的工資 = 死亡補貼 \times 1 + 正常工作報酬 \times (1-1)$$
$$= 一次性死亡補貼$$

1968 年，芝加哥大學兩位著名的經濟學家塞勒（Richard Thaler）和羅森（Sherwin Rosen）開始了 "勞動力市場評估法" 的研究，他們通過統計各個行業的死亡率，得出每一個行業的死亡風險，再以 1967 年美國各行各業的平均工資為基準，確定每增加一個比率的風險時，實際工資數額的變化，通過這種對比和計算，最後得出了美國社會的生命價值。這項研究，他們做了整整 9 年，在 1976 年才發佈最後的結果：在 1967 年的美國，一條生命的平均價值為 20 萬美元 [07]。通過這種量化過程得出的生命價值，也被稱為 "生命的統計價值"（Value of Statistical Life）。

因為 "勞動力市場評估法" 更加客觀，所以問世之後受到了廣泛的歡迎，很快從美國傳播到其他的國家。1980 年以後，它成為了量化生命價值最主要的方法，很多國家的研究人員都用它對本國人員的生命價值進行了量化，當然，結果各不相同。2005 年，哈佛大學的維斯庫西（W. Kip Viscusi）教授對部分國家和地區的研究情況進行了彙總，他發現，美國的生命統計價值已經上升到 700 萬美元，日本的生命統計價值比美國還高，為 970 萬美元，而香港只有 170 萬美元，台灣則更低，生命統計價值只在 20—90 萬美元之間。

表 4-1　部分國家和地區的生命統計價值（按勞動力市場評估）[08]

國家和地區	生命的統計價值（美元）
日本	970 萬
美國（30 個研究的中間值）	700 萬
瑞士	630—860 萬
澳大利亞	420 萬
英國	420 萬
奧地利	390—650 萬
加拿大	390—470 萬
香港	170 萬
印度	120—150 萬
韓國	80 萬
台灣	20—90 萬

從 1910 年代到 1970 年代，這種基於生命價值的量化一直在學術圈、商業界和政府領域靜悄悄地進行，並沒有引起大眾的關注，直到 1970 年代，因為一起車禍，這種方法才進入了大眾的視野，引起了激烈的討論。

肇事的汽車，出自美國的老牌汽車製造商福特公司，因為在生產這款汽車的過程中使用了成本收益分析方法，並對生命的價值進行量化，福特被捲進了一場全國輿論風暴，其商業道德受到了大眾的審判。

"平托"風波：福特公司的道德危機

1960 年代，美國的汽車行業開始受到日本和德國的挑戰，為了應對日德兩國對美國小型汽車市場的入侵和佔領，福特公司決定推出一款緊湊型的小車。1971 年，福特平托（Pinto）問世，其簡約版的售價才 2 000 多美元，受到了工薪階層的歡迎，直到 1980 年被新的車型取代，十年間平托車一共售出了 317 萬輛。

但平托車上路不久，就惹上了官司。1972 年 5 月，在加州的高速公路上，一輛平托車因為中途停靠，被後面一輛小車以時速 30 英里的速度撞上，平托車起火爆炸，兩名乘客當中，一名死亡，另外一名青少年格里姆肖（Grimshaw）雖然幸存，但全身大面積燒傷，其後幾年做了多次植皮手術。傷殘後的格里姆肖不滿肇事方和福特公司的賠償，於是告上了法庭，開始了一場漫長的訴訟。

這本來只是一起普通的民事賠償官司，但出人意料的是，因為新聞界突然有人出來"爆料"，這宗官司很快演變成為一場軒然大波，福特公司因此面臨全國的聲

1970 年代的福特平托車

福特公司將油箱的位置放在該車後輪軸承的後方，是為了最大程度地利用空間、使後備箱變大，在當時的汽車行業，這種設計也非福特公司一家獨有。在後來的法庭作證中，福特的設計師坦承，後備箱要"至少能放下一套高爾夫球具"，否則銷售就會大受影響，因此原本在後輪軸承的上方的油箱最終被放在了後輪軸承的後方。從上圖可以看出，平托車的尾部較短，後部碰撞確實很容易導致油箱受到擠壓，發生起火爆炸事故。（圖片來源：網絡）

討，其商業道德幾乎破產。

1977 年 10 月，美國著名的左派政治雜誌《瓊斯媽媽》（*Mother Jones*）發表了一篇新聞調查《瘋狂的平托》（*Pinto Madness*），記者道伊（Mark Dowie）在這篇長達十多頁的調查報告當中"揭露"了平托這款汽車在設計、出廠和上路過程當中種種不為人知、幾近"瘋狂"的內幕。

道伊在他的調查文章中引用了大量的文本、事實和數據，他指出，據保守估計，平托車上市至今，類似格里姆肖的起火事故已經發生了 500 多起。這是因為，平托是一款存在著重大安全隱患的汽車，其原因在於，大部分汽車的油箱都放在後輪軸承的上方，但平托的油箱卻放在了其後輪軸承的後方，這是個致命的設計，因為任何後部的碰撞，都會擠壓油箱，導致汽油泄漏、引發爆炸。這也正是格里姆肖悲劇之所以發生的根本原因。

道伊爆料說，對於這種設計，福特公司內部一開始就有反對的意見，設計師也因此提出了種種加固油箱的補救措施，但為了節約成本，公司的領導層最終一一拒絕，也就是說，在平托車上路之前，福特公司對其油箱容易爆炸的風險，已經完全了然於胸，但為了省錢並儘快佔據國內市場，公司的管理層擱置了油箱設計的爭議，倉促之間推出了這款新車。道伊列出行業數據說，一般一款新車的推出，從設計到下線平均要用 43 個月的時間，但平托僅僅用了 25 個月。

那這種設計又能節約多少成本呢？道伊接著爆出了"重磅炸彈"：他在調查過程中，獲得了一份福特公司的內部文件，道伊聲稱，這份文件清楚地記錄了福特公司使用"成本收益分析法"的決策過程，其中的成本，是 11 美元！

道伊在調查報告中直接引用了福特公司的計算過程。他解釋說，為了避免汽油泄漏，福特公司必須給每部車的油箱加裝一個價值 11 美元的設備，全公司 1 250 萬台車輛將因此增加開支 1.37 億美元。加裝這個設備之後，可以避免 180 人死亡、180 人燒傷以及 2 100 輛汽車的損毀，也就是採取這一改進措施之後的收益。那麼，這個收益到底有多大呢？福特公司接著又用計算給出了明確的答案：每條生命價值 20 萬美元、每例燒傷耗費 6.7 萬美元、每輛報廢車的平均價值 700 美元，因此這一加裝設備措施為公司帶來的總收益將為 4 953 萬美元。顯而易見，4 953 萬的收益遠遠小於 1.37 億美元的成本，福特公司因此決定，不對油箱進行加裝和改造。

汽車油箱泄漏的成本收益分析

成本：

銷量：1 100 萬輛小車、150 萬輛卡車

單位成本：每輛小車 11 美元、每輛卡車 11 美元

總成本：11 000 000×11 + 1 500 000×11 = 1.37 億美元

收益：

可以避免：180 例死亡、180 例重傷、2 100 輛車報廢

其中，每例死亡 20 萬美元、每例重傷 6.7 萬美元、每輛報廢車價值 700 美元

總共收益：180×200 000 + 180×67 000 + 2 100×700 = 4 953 萬美元

圖 4-1　福特公司內部使用的決策表格

甚麼！一條生命價值 20 萬美元？這個數據立刻成為了大眾議論的焦點。道伊繼續解釋說，這"20 萬美元"也算數出有據：1971 年，美國國家公路交通安全管理局（NHTSA）在對交通事故死亡的案例進行統計之後，利用"未來收入折現法"計算出一條生命的價值為 20 萬美元。道伊又列出了國家公路交通安全管理局的計算明細：直接生產損失 132 000 美元、醫療損失 1 125 美元、財產損失 1 500 美元、死亡人員的痛苦 10 000 美元……對於這些數據，道伊斥之為"荒謬"，他在調查報道中發出了一連串的質問：這是哪門子算法，還能給一個人的痛苦定價？難道一個人生命的價值真的就值 20 萬美元嗎？作出這種計算的人，會為了 20 萬美元交換自己的生命嗎？

表 4-2　1971 年美國國家公路交通安全管理局對生命價值量化的項目明細

項目	1971 年的死亡成本（美元）
未來生產貢獻的損失（Future Productivity Losses）	
直接（Direct）	132 000
間接（Indirect）	41 300
醫療損失（Medical Damage）	
醫院（Hospital）	700
其他（Other）	425
財產損失（Property Damage）	1 500
保險處理（Insurance Administration）	4 700

項目	1971 年的死亡成本（美元）
法律事務的費用（Legal and Court）	3 000
雇主的損失（Employer Losses）	1 000
死亡人員的痛苦（Victim's Pain and Suffering）	10 000
死亡人員的葬禮（Funeral）	900
財產丟失 Assets (Lost Consumption)	5 000
其他（Miscellaneous）	200
每例死亡的總計成本	200 725

註：1970 年代，如何量化生命的價值還處於一個相當初級的階段。美國國家公路交通安全管理局發現，車禍死亡人員的平均年齡為 37 歲，他們再根據全國的平均工資以及退休年齡，利用未來收入折現法計算出其家人因為其死亡而將喪失的收入，而對於"死亡人員的痛苦"這種無形的損失，他們使用了 1 萬美元的估值。該局在下發的文件中也強調，這是根據美國平均工資做出的最小評估值，有許多損失因為無法計算而沒有計入，因此不代表最大值。但福特公司在引用這個數據時，並沒有作出類似的說明，這在一定程度上加深了道伊和大眾的誤解。

這個時期的美國，作為無冕之王，記者的力量正如日中天。1974 年，《華盛頓郵報》發表新聞調查揭露出"水門事件"的真相，總統尼克遜隨後被迫辭職。一篇報道能夠直接掀翻總統，美國新聞媒體的力量可想而知！

道伊的文章發表之後，福特公司也一下子被拋上了輿論的風口浪尖。在生命的天平上，福特公司居然為了區區 11 美元，就置所有顧客的生命於汽油和火焰之中。各種批評的聲音一浪高過一浪，福特公司被斥之為冷血、毫無商業道德、唯利是圖的商業機器；平托車被貶為移動的"火坑"、隨時可能爆炸的"油桶"、歷史上最差的汽車。

既然是帶有嚴重安全隱患的移動"火坑"，平托車又為甚麼能夠廠上路呢？道伊的調查報告，隨後揭露了一個更宏大、更系統、更冷酷的平托出產路綫圖。

道伊指出，早在 1968 年，美國國家公路交通安全管理局就準備推出"301 號標準"。該標準規定，所有的小汽車，都必須通過時速 20 英里的碰撞測試，碰撞後，油箱不能出現泄漏的情況。但這個規定遭到了美國汽車行業的集體反對，福特正是其中最堅決的反對者。道伊估計，為了阻止這項規定的出台，福特公司花了上百萬美元在華盛頓遊説。

道伊在報告中總結了汽車公司應對政府提高安全標準的三種手段：一是不斷提起申訴，每次提幾點意見，讓政府不斷進行調查，從而拖延規定出台的時間；

二是指證政府的規定"藥不對症",例如,稱汽車相撞著火是因為駕駛員不遵守交通規則,或者是路況差,政府應該著力培訓好駕駛員、改善路況,而不是提高車輛的配置;三是向政府訴苦,提交成百上千頁的技術細節報告,羅列技術改造的困難,等政府官員看完看懂再做決定的時候,公司又爭取到了幾個月甚至幾年的利潤空間。

為了抵制"301 號標準",福特三管齊下,多種手段輪番上陣。這麼賣力的原因,就是因為平托車從一開始就沒有通過時速 20 英里的碰撞測試。福特首先向國家公路交通安全管理局提出,最危險的碰撞是兩車正面相撞,因此,"301 號標準"應該只適用於正面相撞,而追尾碰撞不應該納入其中。國家公路交通安全管理局於是開展了一項專門的調查,最後的統計結果是,後部相撞發生汽油泄漏的概率要比正面相撞高出 7.5 倍。福特公司又繼續辯稱說,後部相撞確實更容易導致油箱泄漏,但油箱泄漏、著火根本不是導致乘客死亡的主要原因,撞了車,即使油箱不漏,也是要死人的。該局於是又委託了幾個獨立機構開展了新一輪的調查,兩年後,這些調查機關得出的結論是,1970 年代以來,汽車著火的增長速度比房屋著火要快 5 倍,全國 40% 的火警電話是源於汽車著火,每年美國的公路上有近 5 萬人因車禍身亡,其中被火燒死的有 3 000 多人,佔火災死亡人數的 35%。這些研究還得出結論說,如果實施"301 號標準",因為汽車著火導致的死亡率將下降 40%。

到這個時候,已經是 1972 年了,已經有近 70 萬輛平托車下綫上市。

面對這些統計數據,道伊指出,福特公司本應該理屈詞窮,但他們不但沒有這樣,他們還聯合其他汽車公司向國家公路交通安全管理局施壓:要達到這項標準,整個美國的汽車行業要進行生產綫的改造,這會增加公司的成本,降低美國汽車在國際上的競爭力。

在以福特為首的汽車公司的反對下,直到 1977 年,"301 號標準"還是懸而未決。而在此期間,越來越多的移動"火坑"出現在美國的大地上。

話說到這裡,整個故事都浮出水面,全國上下一時群情激憤,不僅福特備受批評,美國汽車行業的監管機構——國家公路交通安全管理局也陷入了輿論風暴的中心。道伊還在自己文章的最後,附上了一封簡短的"請願信",讀者可以很快剪下來,簽名郵寄到國家公路交通安全管理局,呼籲該局下令全面召回平托車。

道伊的這篇新聞調查，激起了全國的討論，也因為其正義的立場、詳盡的事實而獲得了當年的普利策新聞獎。這個時候，格里姆肖的案件正在審理當中，這些新的證據和背景資料震驚了整個社會，福特公司的成本收益分析表格，這 11 美元背後的決策過程，讓主審的法官也倒吸一口冷氣，這份表格隨後被稱為"美國訴訟史上最受爭議的文件"。

　　但出人意料的是，這份"最受爭議的文件"很快就被福特公司推翻了。福特公司在法庭上指出，截至 1977 年，平托車的銷量，全部加起來也不過幾百萬台，而這份表格中的車輛總數是 1 250 萬台，完全和平托車風馬牛不相及，道伊是道聽途説、張冠李戴，錯誤地引導了輿論。

　　法庭在審察之後，發現福特公司反映的情況屬實，隨後判定這份表格與本案無關，不能成為證據。但新聞媒體、社會大眾都在問：如果這份表格不是平托車的成本收益分析，那又是甚麼車的成本收益分析呢？福特公司在平托車的決策過程當中，究竟有沒有使用類似的分析方法？

　　隨著庭審的深入，福特公司更多的內部文件曝光在公眾的面前。在公司的車輛碰撞測試記錄中，平托車確實沒有通過時速 20 英里的碰撞，其油箱在測試中被螺栓刺穿，發生了大面積的泄漏和濺射。公司的設計人員隨後提出了一系列的改進方案，在油箱經過了改進的車型上，平托車則安全通過了時速 21 英里的碰撞測試。在福特的測試報告中，這些加裝和改進的措施都已經一一列明：

　　為緩衝碰撞的衝擊，把油箱用類似"防彈衣"的材料包裹起來：成本 4 美元

　　在油箱內加裝一個尼龍內膽：成本 5.25 美元

　　加固保險槓：成本 2.6 美元

　　增加油箱四周的空間：成本 6.4 美元

　　在軸承和油箱之間增加一個防護盾：成本 2.35 美元

　　……

　　這些措施都可以有效地降低油箱泄漏的風險。測試報告中甚至指出，如果再增加 15.30 美元的總成本，用於改進車體後部的結構、加大緩衝空間、把軸承打磨得更加光滑並加固保險槓，那平托車就能通過時速 34—38 英里的碰撞測試。

　　但是，這一切都沒有發生，平托車還是帶著"赤裸"的油箱下綫出廠。雖然法庭沒有發現福特公司相應的成本收益分析文件，但這個時候，已經不需要更多

的解釋，很顯然，福特的高級管理人員都算過了賬，15.30 美元的成本，將大於收益……

這些新的證據，又引起了公眾的陣陣噓聲，但福特也有話要説。他們承認，公司確實使用了成本收益法進行成本評估，但這並不存在主觀惡意。作為公司，福特必須盈利，如果一味提高安全標準，公司肯定要虧損，公司虧損將導致員工失業，他們將沒錢吃飯、沒錢開車、沒錢養孩子。福特的潛台詞是，在現實生活中，公司的資源是有限的，如果僅僅用道德的標準來一味追求安全，公司勢必會破產，到那時，將會犧牲更多人的利益。

國家公路交通安全管理局的官員也在採訪中為自己"20 萬美元"的數字進行辯護。他們説，沒有人會願意為了 20 萬美元喪失自己的生命，每一起事故都是不幸的、也是無法預計的，但它一旦發生，這 20 萬美元就是我們這個社會必須承受的損失。為了做出對整個社會最優的決策，必須對生命進行量化，因為只有這樣，才可能在所有的選擇當中，確定出最優的社會決策。國家公路交通安全管理局的領導也解釋説，在任何一項管制規定出台之前，該局會作出相應的成本收益分析，但這個分析的結果並不是最終決策的唯一標準，最終的決策，是在綜合所有信息和數據之上的一個綜合判斷。

道伊的批評也上升到一個更高的層面，他指出，其實每一個汽車生產商都知道自己的車並不完美，而且清楚地知道其命門和危險所在，但他們絕不會將這個危險告訴消費者，而且面對政府有的放矢頒佈的管制規定，他們也會像福特公司一樣，在華盛頓遊説，全力爭取政府推遲甚至取消這些規定，對每一項成本的投入、每一項技術的改進，他們也都像福特公司一樣，在內部做著同樣的計算，但不同的是，福特公司不小心讓這份令人難堪的文件擺到了公眾的面前。

道伊認為，這是資本主義制度性的罪惡！換句話説，天下公司一般黑，福特被曝光，只不過是更倒霉罷了。

接下來的事實證明，福特公司確實"倒霉"，甚至比道伊預計的還要"倒霉"。1978 年 8 月 10 日，又一輛平托車在印第安納州的高速公路發生碰撞之後油箱爆炸，車上的三名少女當場死亡。

一波未平，一波又起。福特公司頓時百口難辯，在全國的批評聲浪中如坐針氈。印第安納州的警方則宣佈，福特公司明明知道自己的汽車背後拖著一個容易爆炸的"火坑"，居然為了十幾美元，拒絕改造，他們準備用"故意謀殺罪"起訴福特公司。

面對格里姆肖的官司，福特公司一開始試圖低調處理、息事寧人，但隨著危機的層層擴大，福特公司也開始調整自己的策略，他們開始公開捍衛自己的成本收益分析方法。福特公司在後續的庭審中指出，人類一切的理性活動，其實都是在進行量化和計算，成本收益分析方法是人類理性的終極選擇，甚至連法庭的審判也不例外。

用數據來審判：理性的必然選擇

福特公司的申辯，有一定的事實依據。

前文談到，正是在進步時代，數據的浪潮開始進入美國的法庭。其中的先驅人物是布蘭代斯，他開創了用數據來辯護的訴訟方法，布蘭代斯後來擔任了美國最高法院的大法官，也是美國歷史上最著名的大法官之一。

人事有代謝，往來成古今。到 1940 年代，美國的漢德（Billings Learned Hand）大法官又更進一步，不僅用數據，還把數學計算的方法引入到了審判當中。這個方法，福特公司認為，其實就是他們正在使用的"成本收益分析方法"。

1944 年 1 月，美國發生了美國政府訴卡羅爾拖輪公司一案[09]。一艘駁船受雇於美國政府託運麵粉，停靠在繁忙的紐約港。當時的駁船，都是用一根纜繩繫在凸式的碼頭邊。被告卡羅爾公司的一艘拖輪在碼頭拖船的過程中，因為誤操作，無意間鬆開了原告駁船的纜繩，這艘駁船隨後在雙方都不知情的情況下，漂移出了碼頭，撞上了另一艘船，連同麵粉一起沉入海底。駁船船主以卡羅爾公司的拖船存在過失責任為由向法院提起訴訟，要求賠償，但卡羅爾公司卻認為，船之所以沉，是因為當時的駁船上沒有人，不能及時制止駁船的漂移，因此駁船方自己應該承擔主要責任。

一審判定卡羅爾公司負有主要責任，被告不服，上訴到美國第二巡迴法庭。當時的主審法官漢德認為，每艘停靠在碼頭的船都可能衝出泊位，一旦衝出泊位，就會對自己與別人造成威脅，船主因此負有對此進行預防的責任，其預防責任的大小，取決於 3 個變量：

1、船隻衝出泊位的可能性，即事故發生的概率，用 P 表示；

2、船隻失控後可能造成的損失，用 L 表示；

3、船主進行充分預防所需要的成本，用 B 表示。

根據以上分析，概率 P 和損害 L 的乘積（P×L）就是統計意義上可能發生損害的大小。漢德法官認為，要判斷船主是否有責任，只需要對比其投入的預防成本 B 和可能發生的損害（P×L）兩者之間的數值大小。

如果 B≥P×L，則表明船主對可能發生的損害進行了足夠的預防，如果事故發生，船主則沒有責任；

如果 B＜P×L，則表明船主對可能發生的損害沒有進行足夠的預防，如果事故發生，則船主負有一定責任。

例如，紐約港因為同類的事故過去 200 天已經損失了 2 000 美元，那麼每天可能因為發生此類事故而導致的損失則為：

$$2\,000 \div 200 = 10（美元）$$

而當時雇用一個船工在駁船上進行監護一天的成本為 8 美元，很明顯：

$$8\,美元 < 10\,美元$$

也就是說，船主如果要進行充分預防，就必須雇傭船工，如果駁船上沒有雇傭船工，發生了事故，就屬於預防不足，船主就應該自己承擔主要責任。

漢德法官最後判定原告駁船預防不足，要承擔主要的過失責任。

漢德的這個判決，令原告被告雙方都口服心服。他提出的數學公式 B＜P×L，被稱為漢德公式（The Hand Formula），是後世公認的判定過失責任的標準。

福特公司認為，漢德公式其實就是成本收益方法在審判中的應用，"P×L"是事故的預期損失，如果採取措施，成功的預防了這起事故，那 "P×L"（即例子中的每天 10 美元）就是這項措施的收益，而每天雇傭一個船工的工資 8 美元就是這項措施的成本，如果成本小於收益，就值得我們進行投入。換句話說，如果一個船工的工資為每天 20 美元，那船主就不應該雇傭全職的船工，因為成本超出了收益，造成了浪費。

福特公司隨即把漢德公式推廣到了產品安全的領域。例如，一個工廠發現，如果改善某項生產過程中的安全措施，可以將生產過程中的事故率降低 0.01 個百分點，未來一年可能可以挽救 2 個人的生命，而完成這項技術改造，公司需要投入 100 萬美元，那公司是否應該進行這項投資呢？如果公司決定不投資，而次年又發生了事故，公司是否負有責任呢？這種責任是過失責任、連帶責任、還是故意責任呢？分析到這裡，情況已經很清楚：如果要做出一個理性的決策，就必須對一個工人的生命價值進行量化。

漢德公式也得到了美國法學界的認可。1972 年，美國著名的法學家、經濟學家波斯納（Richard Posner）在其著作當中指出，在漢德之前，美國的法官雖然從來沒有把計算的過程寫到判決書裡面，但也一直在用經濟理性和數學計算判案，漢德公式的貢獻，是用數學公式把它們清晰地表達了出來。波斯納概括說："出於本能，人們都在使用經濟學的原理進行計算和判斷，有的時候，甚至連他們自己還沒有意識到，就已經就在計算了"。[10]

因此，福特公司認為，大眾對平托的指責，其實是場誤會，福特不是不重視汽車的安全，但安全標準的提高沒有極限，作為公司，福特必須量力而行，採取符合實際的安全標準。平托其實和其他汽車一樣，符合國家的安全標準，也像其他汽車一樣，在路上會發生事故。福特公司接著列舉了美國市場上同等級別車輛發生的交通事故死亡數據，這個數據證明，平托車在同等車型中的事故率不是最高的，在 5 種車型中正好居中。福特強調說，這些數據證明，平托車總體還是比較安全的。

表 4-3　1975－1976 年同等緊湊型車型的交通事故死亡人數

（單位：人）

車型	1975 年死亡數	1976 年死亡數
日產得勝 1200/120（Datsun 1200/120）	392	418
雪佛蘭織女星（Chevrolet Vega）	288	310
豐田花冠（Toyota Corolla）	333	293
大眾甲殼虫（VW Beetle）	378	370
福特平托（Ford Pinto）	298	322

註：在這 5 種車型中，福特平托的發生事故、造成死亡的數量確實比日產、豐田和大眾品牌的同等車型都少。

但法庭卻拒絕了福特公司基於這份數據的解釋和申辯，格里姆肖的官司，福特最終還是輸了，而且，還是輸在數據上。法官們認為，福特提供的上述數據只是反應了福特汽車在公路上發生事故之後的死亡人數，此案真正需要比較的，是事故發生之後著火致死的比率。而國家公路交通安全管理局提供的數據最後證明：從 1971 年至 1977 年 6 月，平托汽車因為"後部碰撞"發生的著火事件，造成了 27 人死亡、24 人燒傷，這個數據比其他汽車都要高。1976 年，平托汽車佔全美汽車總數的 1.9%，但在所有汽車著火導致乘客死亡的事故中，平托卻佔了全國的 4.1%，這組不成比例的數據證明，和其他汽車相比，平托確實更容易著火，這個數據最終把福特置於死地。法庭最後判決福特賠償格里姆肖 250 萬美元。此外，法庭認為，福特在平托的設計和生產過程中縱容了不安全的行為，這種行為"應該受到譴責"，因此並處 350 萬美元的懲罰性賠償（Punitive Damages）。

延伸閱讀

懲罰性賠償

所謂懲罰性賠償，是指由於侵權人實施惡意行為，或其行為有重大過失時，法院判令侵權人支付比實際損害高很多的賠償款項，以抑制、警示全社會可能發生的仿效行為。

1978 年 5 月，平托風波登上了美國電視台的招牌節目《60 分鐘》，更是成為全國上下街談巷議的話題。次月，福特公司在巨大的輿論壓力之下，宣佈全面召回平托汽車，對其油箱進行加固和改造。

平托風波給美國的商業運作造成了深遠的影響。1974 年，因為水門竊聽的醜聞，美國公眾對政治家的信任降到了歷史的低點，而平托風波，又使大眾對商業公司的信任降到一個冰點。同時，美國的大公司也意識到，除了努力營造公共關係，他們必須要掌握新聞媒體，控制類似的新聞調查報道，這掀起了 1980 年代新聞媒體的併購高潮。此後，越來越多的大公司擁有了媒體，自然，新聞調查報道的力度和深度也隨之下降。

平托風波也成為了商業道德領域的經典案例，福特公司的決策到底合不合理、應不應該，幾十年來，在世界各國的課堂不斷被討論。即使今天，還不時被舊事重提。2009 年，豐田汽車因為出現油門突然加速的問題，被美國政府勒令召回。2010 年 2 月，美國國會對此展開了調查。他們在豐田公司的內部文件中發現，豐田早在 2007 年就清楚地知道問題的存在，但他們沒有把主要的精力放在解決車輛的故障上，而是花了大量的時間在美國政府遊説，要求國家公路交通安全管理局放鬆有關安全標準並推遲其出台。其中一份內部文件這樣寫道："通過談判，我們只需要部分召回 55 000 件設備，公司因此節省了 1 億美元，這是一個勝利"[11]。整個豐田公司，上下一片喜慶。道伊在《紐約時報》上再度評論説，這和當年的福特一無二異，豐田和福特，他們是一丘之貉。

代理人需要監督：成本收益分析法的未來

1970 年代的平托汽車風波，把福特公司拉到了難堪的境地，但奇怪的是，成本收益分析的方法不僅絲毫未損，還愈發堅挺，其應用範圍也不斷擴大。1980 年代之後，成本收益分析已經成為美國政府最基本、最主要的決策方法，歐洲、亞洲的很多國家也紛紛仿效，開始採用這種方法來評估公共項目的可行性。

1981 年，列根總統頒佈第 12291 號行政命令，要求聯邦政府的各個部委在推出重大管制規定的時候，都必須進行成本收益分析，並明文規定只有收益大於成本的規定，才可能得到批准，其命令中第二條的原文為：

b. 除非一項規定的社會潛在收益大於其潛在成本，否則將不予通過；

c. 管制的目標是社會淨收益最大化；

d. 在達到既定目標的所有備選方案中，我們應該選擇社會淨成本最小的方案。[12]

列根甚至還在命令中為完成這類分析的文本取了一個正式的名字：管制效果分析（Regulatory Impact Analysis），他要求政府每推出一項規定，都必須向白宮提交"管制效果分析"的文本文件，以供其審查。

列根是著名的共和黨人，他強調自由的市場，反對政府的管制。今天談到他的政績，後人往往評價説，他正是通過"成本效益分析"抬高了政府出台規定的門檻，削弱了美國政府對於市場的管制。

但到了克林頓時代，1993 年，這位民主黨總統也頒發了一道行政命令，強調成本收益分析方法對於政府決策的重要性，他在命令中説：

"要決定是否需要管制以及如何加強管制，各個機構必須評估所有方案的成本和收益，包括維持現狀的成本和收益。成本和收益都包括兩個部分：一是可以量化的部分，二是雖然難以量化，但對最終決策有關鍵影響的部分。除非另有法律條文規定，各機構最終的決定，應該選擇淨收益最大的方案。"13

也就是說，經過近一個世紀的發展，成本收益分析的方法已經從世紀之初工程兵團和農墾局的數據之爭，上升成為民主、共和兩個政黨的共識。之所以受到跨黨派的青睞，是因為這種方法有利於解決政治生活中的一個重要矛盾。

我們談到過，人民通過選舉，將管理公共事務的權利委託給當選的代表，這些代表就是國會的議員，受人民的委託，他們制定國家的法律，但這些法規的執行者，卻是以總統為代表的政府。也就是說，國會和總統之間也形成了同樣的委託代理關係：國會委託總統執行一個國家全部的法規，總統又委託各個部門的首長執行各個領域大大小小的法律和規定，這是個層層委託的代理關係。這種委託和代理，也是政治生活中最基本的關係。但問題在於，每一個代理人都是一個具體的人，一個具體的人就是一個有私心私利的人，他可能違背委託人的意志，暗地裡謀取私利。因為可能存在的"信息不對稱"，委託人無法對代理人進行有效的監督，但通過成本收益分析，委託人要求代理人收集信息、分析信息、披露信息，委託人藉此實現了對代理人的控制；代理人如果提供不充分、不真實甚至錯誤的信息，必將受到質疑，甚至是政治處罰和法律制裁。

除了強化了政治生活中的監督、促進了政治生活中的信任外，成本收益分析方法的另外一個巨大的好處就是前文已經提到的：它藉助數據，為錯綜複雜的利益之爭提供了一條"客觀"解決問題的途徑。政府的每一個決定，都關係到資源的調配、利益的消長，各種公司、社會團體、人群都在其中遊說、博弈，試圖影響政府的決策天平，使它儘可能地偏向自己，但成本收益分析方法，要求公開羅列出所有的成本和收益，把它攤開在天地之間，並從全社會的角度出發，謀求淨收益的最大化，這促進了公共福利的發展、減少了公共政策被利益集團操控的可能性。

正是因為以上原因，有學者甚至認為，成本收益分析方法在美國政府的推行，是美國繼 1946 年《行政程序法》頒佈以來最重要的行政進步和改革 14。

雖然被抬到了這樣的高度，但 1980 年代之後，成本收益分析方法引起的爭議，和綠皮書時代相比甚至有過之而不及，具體到每一個項目的實施、每一個政策的決定，都要面對不同程度的質疑和挑戰。這些挑戰甚至演變為公堂對訴，當然，其最糾結的地方，還是量化和計算的方法。

不妨再以"水"為例。除了防洪、通航和灌溉,水之於人類,還有更重要的作用——日常飲用,但自然界的水卻含有不少毒性元素,例如砷。1942年,美國政府通過立法,規定飲用水中的含砷量不能超過50ppb(1ppb=1微克/升),但之後幾十年,這個標準的安全性屢屢被質疑。1962年,美國公共衛生署(USPHS)就建議含砷量的標準應該調整到10ppb,但當時的總統甘迺迪反覆衡量這項標準的成本和收益之後,還是沒有同意。因為憑藉當時的技術,要在全國的飲用水中提取出砷,並對這些砷給予合理的處理,成本實在是太高了。

1999年,舊事重提。美國國家環境保護局(EPA,以下簡稱"環保局")在做了一次詳盡的成本收益分析之後,認為時機已經成熟,可以降低飲用水中的含砷量,提高飲用水的安全標準。當時的布殊(George W. Bush,即小布殊)政府一共考慮了3ppb、5ppb、10ppb和20ppb等四個標準,最終決定將含砷量的安全標準值定在"10ppb"。其主要依據就是這個標準——能夠維持成本和收益的平衡——如果標準繼續提高到"5ppb",收益則會遠遠低於成本。

表4-4 美國環境保護局對執行不同砷含量標準所做的成本效益分析 [15]

砷含量的標準	能夠避免多少宗膀胱癌和肺癌	執行該標準的成本(億美元)	人類健康的收益(億美元)
3ppb	57—140	7.0—7.9	2.1—4.9
5ppb	51—100	4.2—4.7	1.9—3.6
10ppb	37—56	1.8—2.1	1.4—2.0
20ppb	19—20	0.7—0.8	0.7—0.8

　　毫無疑問，在這個計算的過程當中，又要使用到生命的統計價值。美國環保局綜合了當時學術界 26 種主要的統計方法，這些方法中，有 5 種採用了意願價值評估法、21 種採取了勞動力市場評估法，結果當然各不相同，環保局對這 26 個結果進行了加總和平均，並計入當年的通貨膨脹率，最後得出一條人命的統計價值為 610 萬美元。環保局再根據美國學術界已有的實證研究，計算出安全標準提升之後，各種主要病症將下降的幅度，以及這種下降，將挽救多少生命、減少多少醫療費用，最後加總得出整個社會將獲得的健康收益。

　　美國環保局的計算過程旁徵博引，用了近 300 頁的說明，雖然處處謹慎，但還是引起了各路專家的質疑和批評。

　　美國布魯金斯學會企業研究所下設的布魯金斯制度研究中心（AEI-BJCRS）就公開發表報告批評環保局高估了這項標準可能產生的收益，並一一指出了其計算過程中的錯誤：一是有人喝水多、有人喝水少，環保局認為喝水多的人致癌風險就大，該中心批評說這種綫性的估計過於簡單，真正砷中毒的風險應該是一個曲綫分佈，即存在一個拐點，過了這個點，即使喝得再多，致癌的風險也不會增加；二是該中心認為，砷中毒有很長的潛伏期，即使今年提高飲用水的砷安全標準，也很可能需要 10 到 20 年的時間才能見到效果，而環保局在計算收益時，認為標準修改之後的第二年就能獲得收益，這和事實完全不符；三是該中心也不同意環保局將人的生命價值一律定為 610 萬美元的標準，他們認為這過於籠統，特別是因為存在 10 多年的潛伏期，一個 80 歲的老人即使長期飲用，對生命也造不成實質的威脅，但一個 20 歲的年輕人就不同了，環保局無視人口群的年齡分佈，用 610 萬一刀切，從而高估了收益。因為以上種種錯誤，該中心認為，環保局高估了這個標準的收益，言下之意，就是制定了過高的安全標準。

　　這些批評已經讓環保局頭大無比，難以回應，但同時，哈佛大學居然又有專家指出，環保局高估的不是"收益"，而是"成本"！這幫哈佛的教授認為，10ppb 是指一段時期內砷在飲用水中的平均含量，而不是每時每刻水中的含砷量都要低於 10ppb。這意味著，水的含砷量可能在一定時期內低於 10ppb，在另外的一定時期內高於 10ppb，只要在綜合的一段時間內，平均低於 10ppb，那麼就達到了標準。因此，對於含砷量高的水，並不需要把砷全部提取出來進行處理，而可以把它們和含砷量低的水進行混合，這樣就降低了處理的成本。此外，可以對水進行分類，把含砷量低的水作為飲用水，把含砷量高的水作為生活用水，這樣就不需要對所有的水都進行去砷處理，成本又將降低。哈佛教授的意思是，因為環保局高估了成本，"10ppb" 的標準其實還有提高的空間。

2001 年 1 月，布殊總統本來已經同意並簽署了 "10ppb" 的標準，但爭來爭去，誰也沒有說服誰，大眾一片譁然，布殊被迫收回成命，宣佈暫停實行新的標準。又經過了 8 個月的激烈討論，布殊最終還是簽發了命令：全美執行 "10ppb" 的含砷量標準。

水的含砷量還僅僅是專家之間的口誅筆伐，1980 年代以來，成本收益的計算方法也不乏訴諸法庭的例子，其中最具 "喜" 感的，當屬 2001 年的美國環保局局長懷特曼訴美國貨車運輸協會一案 [16]。

1970 年，美國國會通過了《清潔空氣法》。根據這個法案，美國國會授權國家環保局每五年就對空氣質量的標準進行一次審核，並根據需要進行修改，以保證空氣質量的標準能夠不斷提高，保障人民的生命健康。

空氣質量的好壞，主要繫於兩個指標：一是臭氧的水平；二是空氣中各種細顆粒物的含量，即我們常常提到的 PM10 和 PM2.5。1996 年，美國環保局在做了詳盡的成本收益分析之後，提出要將臭氧標準設定為 0.08ppm（ppm 為百萬分之一），將 PM10 的標準定為每立方米空氣中要少於 65 毫克，而且全年的平均值也不得超過 15 毫克。

PM 10 和 PM 2.5

懸浮粒子是指懸浮在空氣中的固體顆粒或液滴，這種懸浮物是導致空氣污染的主要原因。較大的懸浮粒子會被人類鼻子和咽喉中的纖毛和黏液過濾，因此無法進入人體，小的顆粒不僅更容易進入人體，而且危害更大：直徑小於或等於 10 微米的懸浮粒子（PM10）會被人體吸入，進入支氣管和肺泡；而直徑小於或等於 2.5 微米的懸浮粒子（PM2.5）有更強的穿透力，可以進入人體的細支氣管，不僅損害肺部的健康，還會引起心臟、血管等各方面的疾病，因為這兩種懸浮粒子的危害性，所以 PM10 和 PM2.5 的濃度成為空氣質量的重要指標。美國在 1996 年才第一次制定懸浮粒子濃度的標準。

延伸閱讀

臭氧的雙刃劍作用

臭氧對地球有保護作用，它可以吸收陽光中的紫外綫，減少紫外綫輻射對人類的威脅。然而，如果地球表面空氣中的臭氧濃度過高，卻會對人類的健康有巨大的影響：導致皮膚搔癢、引起咳嗽、氣短和胸痛，誘發哮喘、肺氣腫、慢性支氣管炎等呼吸道疾病。一般來說，發電廠、機動車等工業設施和各種化學溶劑被認為是人為排放臭氧的主要來源。

為了這兩個標準的具體大小，環保局做了幾百頁的成本收益分析報告。環保局認為，新的標準主要有三方面的收益：一是與呼吸道相關的疾病將大幅下降，這將挽救人民的生命、節省醫療的開支；二是空氣質量提高，地表的各種穀物、水果、植被將增產增收；三是改善城市的能見度，減少交通事故，提高生產效率。但在計算過程中，環保局卻發現，他們難以確定空氣標準提高之後，各種疾病下降的準確數量，尤其是懸浮粒子濃度的標準，因為是第一次制定，完全沒有歷史數據可供參照。但環保局又認為，就是因為沒有數據，所以更要制定一個懸浮粒子濃度的標準，因為只有先設定一個標準，才有利於後續數據的收集和研究的開展。最後，不少數據都來源於環保局的估計。對於城市的能見度提高帶來的好處，環保局採用了謝林教授在 1966 年提出的"價值意願法"（Willingness to Pay），即通過問卷調查，得出城市的每戶家庭願為提高一個能見度平均支付 14 美元。

環保局最後得出的分析結果是，由於這兩項空氣指標的提高，全社會的收益至少為 194 億美元，最高可達到 1 061 億美元，而同時，全國的企業需要支出 97 億美元來改善生產設施、控制排放，這 97 億美元也就是這個項目的成本。

表 4-5　1996 年新空氣標準的成本收益分析結果 [17]

（單位：億美元）

分類	成本	收益
執行臭氧 0.08ppm 的新標準	11	4—21
執行 PM 2.5 15 微克／立方米的新標準	86	190—1 040
總計	97	194—1 061

環保局的缺"數"少"據"的分析自然遭到了美國工業界諸多行業的反對，交通運輸、煉鋼煉油、發電煤礦、化工造紙、建築材料等各個行業無不受到新標

準的影響，甚至生產除汗劑、髮膠之類日用品的小企業，也要進行設備更新和技術改造，他們群起而攻之，宣稱這個標準"不科學"、整個決策過程"不理性"。不僅企業，西弗吉尼亞州、密芝根州的州政府也表示強烈反對，因為他們擁有大量的汽車工廠和礦區，要提高空氣質量，就要承擔更大的成本。

於是，美國貨車運輸協會聯合了很多個公司、商會以及西弗吉尼亞等幾個州政府，把美國環保局告上了法庭。他們的訴訟理由是，國會在授權環保局制定空氣質量標準的時候，缺乏科學的指導，環保局誇大了新標準的收益，低估了相關行業和區域的成本，新標準根本不是理性決策的結果。

這起官司之所以充滿"喜"感，是因為美國哥倫比亞特區聯邦巡迴上訴法院（D.C. Circuit）的法官們認為，環保局可以用量化的方法來制定新的空氣標準，但這個過程，需要統一的、明確的標準，而國會在授權環保局制定新標準的過程中，確實缺乏明確的、智慧的原則和指引，也就是說，環保局沒有原則指導，其實是"亂來"；但法官們又認為，作為民選政府的部門，環保局有權制定一個更好的空氣標準，即使推行這個標準的成本大於收益，也是合理的，換句話說，為了人民的生命健康，環保局不用考慮成本，亂來有理！

巡迴上訴法院雖然捍衛了新的空氣標準，卻也打了環保局的臉。環保局原本是被告，但其局長懷特曼先生感覺很受傷，於是主動提請巡迴上訴法院重審，但該院 12 個法官裡只有 5 個投票贊成重審，沒有構成多數，於是要求被駁回。但懷特曼還是不服氣，2000 年，他上訴到最高法院。

延伸閱讀

美國的巡迴上訴法院

美國的聯邦法院體系有幾個層次，最上面是最高法院，中間層是巡迴上訴法院，下面是地區法院。巡迴上訴法院按照地域劃分，一共 13 個，其中，設於華盛頓的哥倫比亞特區聯邦巡迴上訴法院受理所有涉及聯邦政府的"民告官"官司。各個地區巡迴上訴法院的法官人數有多有少，少的只有 6 人，多的有 29 人。對每一宗案件，巡迴上訴法院會組成一個 3 人法官的小組，對案件進行集體審判。如果原告、被告對判決結果不滿，可以提請其他法官重審，如還有分歧，則可以上訴到最高法院。

根據《清潔空氣法》的規定，在新的空氣質量標準公示後的 60 天內，無論個人還是團體，如有不同意見，都可以向哥倫比亞特區聯邦巡迴上訴法院提起訴訟。

2001 年 2 月，最高法院宣判，他們認為保護公眾健康是環保局的唯一標準和不二法則，因此推行更高的空氣標準可以不用考慮成本，至於在這個標準的制定過程中，環保局是不是缺乏"智慧的"原則指導，最高法院下令巡迴法院進行重審。

巡迴法院重審的結果，還是維護了環保局的權威。法官們最後認為，新的空氣標準，是環保局在有限條件下理性決策的結果，不是亂來的，環保局最終贏得了這場官司的全勝。

除了政府和民間的對簿公堂、專家之間的口誅筆伐，成本收益分析方法在美國社會的應用，還曾經得出更有"喜"感、讓人忍俊不禁卻又發人深思的數據和結論。

1990 年代，美國政府考慮向煙草公司增稅，理由是吸煙損害了大眾健康，國家的醫療開支因此增加。哈佛的維斯庫西教授在用成本收益方法對這項政策做了分析之後，得出了恰恰相反的結論：政府不僅不應該向煙草公司增稅，還應該給他們發放補貼！原因在於，美國政府要為老年人的養老金、養老院、醫療保健等支付一筆巨額費用，而吸煙導致了早死，這部分早死的人口無形之中減輕了政府的負擔 [18]。結論一出，舉眾譁然。維斯庫西的分析被批評者斥之為"愚蠢"、"荒唐"、"不近人情"，但好笑的是，還真有人利用這個結果來對抽煙者進行規勸，勸他們為國家少做"貢獻"。維斯庫西教授也是前文提到的研究生命統計價值的重要權威，他的結論還真不是譁眾取寵。2001 年，捷克共和國也做了類似的研究，他們也得出同樣的結論：國家不應該向煙草行業徵稅，而應該補貼他們，因為吸煙者確實為國家"省"下了一大筆錢。

但明眼的人很快看出，維斯庫西教授的分析，肯定沒有計算吸煙者從這種行為當中獲得的滿足和快樂。他們雖然早死，但收穫了感官上的快樂。這種快樂，又該如何量化呢？說到底，還是有很多無形的收益難以量化。

近年來，新的挑戰還在增加。2008 年奧巴馬上台之後，這位平民出身的黑人總統也非常重視成本收益分析方法在政府決策中的作用。2011 年，他也頒發了一項專門的行政命令，要求在計算無形的收益時，還必須考慮"平等、人類的尊嚴、公平以及分散在社會各個角落的影響"。[19]

毫無疑問，和"生命"相比，"公平"、"尊嚴"更為無形，也就是說，它們可能比生命還要難以量化。有理由相信，統計學家、經濟學家和社會學家能找到新的方法，但我們也能預計，無論是甚麼方法，也一定會有更多的爭議和分歧。

正如科學無止境，量化，也沒有止境。

思考中國話題：民族復興能否量化？

2012 年 8 月，中國國家發改委社會發展研究所楊宜勇所長發佈了他的一項研究成果：2010 年，中華民族復興指數為 0.627 4。楊宜勇認為，這表明中國的民族復興已經完成了大概 62.74%。2013 年 11 月，楊先生又發表了他新的研究結果，截至 2012 年底，復興指數由 2010 年的 62.74% 增至 65.3%。

楊先生的結論宣佈之後，引起了爭議和哄笑。民族復興的進程居然可以量化並精確到小數點之後的 "0.74"？一時間，"62.74%" 成為了大江南北的調侃用語，有人稱 "胃病好了 62.74%"、"關係改善了 62.74%"。調侃的背後，原因主要有兩個：一是認為民族復興這件事本身不可以量化，二是感覺 62.74% 這個結果和個人感受相差太遠。

認為民族復興不可量化的學者批評說，楊先生的研究方法反映了當前社會治理理念與模式當中存在科學主義的弊端，"而科學主義一定會導致嚴重的偏頗"，這種偏頗是 "迷信理智，其具體表現之一就是迷信數據"。例如，地方政府強調 GDP 增長，不顧環境污染，堅持引進一些項目，最終引發了群體性事件。其中的原因，正是因為 GDP 在數據上清晰直接，而污染對於民眾的影響難以量化。又如，有一些指標如法律體系的公正性、對自身文化的信心以及文化的開放性等 "簡直沒有辦法測量，即便測量，也可能出現嚴重偏差"。[20]

還有的批評者認為，民族復興這件事根本無需量化，楊先生的研究是 "沽名釣譽"、"小題大做"。另有學者出謀劃策說，民族復興這件事可以量化，但沒有辦法精確的量化，因此可以使用程度性的量表進行問卷調查，獲得一個大致的範圍，例如，你認為中華民族文明復興的程度如何：

A. 完全復興　B. 強勢復興　C. 基本復興　D. 路很遙遠　E. 倒退 [21]

相信讀者讀完本章的故事，對以上批評會有自己的思考和答案。

唯一靠譜的批評和討論，是有學者對楊先生關於 "民族復興" 的定義和對其進行測評的數學模型提出了質疑,認為這是 62.74%、65.3% 這兩個數據和個人感受相差太遠的根本原因。楊先生在採訪中也對其進行測評的數學模型進行了簡單介紹 22,但遺憾的是,對其模型的批評和討論沒有完全展開,也沒有人提出一個不同於楊先生的數學模型。

子沛認為,如果民族復興有明確的定義和目標,那中國的學術界不僅需要對這個進程進行量化,而且還需要百家爭鳴,出現多種量化模型。其中的原因:一是唯有量化,才可能對一個進程進行管理;二是從美國工程兵團和農墾局之間的數據競爭中,我們可以看到,正是競爭使得量化的過程不斷完善;三是每一個數學模型都有其局限性,多個模型可以互為補充。所謂的模型,是對現實世界的一種簡化和抽象,人類的任何模型,都不可能窮盡現實世界中所有的關係。嚴格地說,沒有完美的模型,任何模型都是錯的,但並不是說我們不需要去設計模型,恰恰我們需要多個模型,從不同的視角來觀察、比較、理解同一個問題,以期獲得更接近真實情況的結果。

至於精確到小數點之後的 "0.74",這是一個量化的結果,任何一個模型都會有一個計算結果。就好像我們拿著一把尺子去測量一個物體,總會讀出一個刻度,它可以是 "32.74",也可能是 "62.74",沒有任何值得哄笑的地方。從這個角度來理解,我們的模型就是一把尺子,社會科學者的任務就是要設計這把尺子,拿著它去測量社會。雖然測量的結果不一定完全準確,但不能因為還沒有掌握準確的方法就拒絕測量。從一定程度上來說,誤差是永遠存在的,每一種量化的方法都存在誤差,社會科學工作者的終極任務就是不斷研究,找到最佳的、誤差最小的量化方法,提高尺子本身的精確程度。

民族復興的量化風波及大眾的哄笑證明,中國社會非常需要普及數據的文化和量化的知識。這種普及是一種啟蒙,這種啟蒙是實現民族復興的必要前提,也是當前中國知識分子的重要使命。

01 英語原文為："No measurement, no management."——American proverb

02 英語原文為："By the study of mathematics and only by this study that we may obtain a true and deep understanding of what a science is."——A. Comte, Cours de Philosophie Positive, P.55. Paris 1830

03 Muller v. Oregon, 208 U.S. 412 (1908).

04 Proposed Practices for Economic Analysis of River Basin Projects, Subcommittee on Benefit and Cost of Federal Inter-Agency River Basin Committee, May 1950.

05 這是拜登於 1994 年擔任參議院參議員期間在最高法院的大法官布雷耶的就職典禮上發表的一個演講。Confirmation Hearings for Stephen G. Breyer, to be an Associate Justice of the United States Supreme Court, Senate Committee on the Judiciary, 103d Cong., 2d Sess. 42, July 14, 1994 (Miller Reporting transcript).

06 Economic Benefits of Rare and Endangered Species: Summary and Meta-analysis, John B. Loomis and Douglas S. White, *Ecological Economics*, 1996.

07 The Value of Saving a Life: Evidence from the Labor Market, Richard Thaler, Sherwin Rosen, *The National Bureau of Economic Research*, 1976.

08 *The Value of Life*, W. Kip Viscusi, 2005.

09 United States v. Carroll Towing Co. 159 F.2d 169 (2d. Cir. 1947).

10 *The Economic Structure of Tort Law* (Harvard University Press , 1987), William M. Landes & Richard A. Posner, P.23.

11 At the Toyota Hearing, Remembering the Pinto, Jim Motavalli, *The New York Times*, February 25, 2010.

12 英語原文為："(b) Regulatory action shall not be undertaken unless the potential benefits to society for the regulation outweigh the potential costs to society; (c)Regulatory objectives shall be chosen to maximize the net benefits to society; (d) Among alternative approaches to any given regulatory objective, the alternative involving the least net cost to society shall be chosen."—— Section 2 of Executive Order 12291

13 即 12866 號行政命令〔Executive Order 12866, Section 1(a)〕。克林頓在命令中強調的是 "淨收益"，布殊的標準則是 "淨成本"，這兩者其實是一回事，因為其數學絕對值是相等的。

14 Reinventing the Regulatory State, Richard H. Pildes and Cass R. Sunstein, 1995, *University of Chicago Law Review*, Volume.62, Rev. 1.

15 National Primary Drinking Water Regulations; Arsenic and Clarifications to Compliance and New Source Contaminants Monitoring; Final Rules, 66 Fed. Reg. 6976, EPA.

16 Whitman v. American Trucking Associations, Inc., 531 U.S. 457 (2001).

17 Regulatory Impact Analyses (RIA) for the 1997 Ozone and PM NAAQS and Proposed Regional Haze Rule, U.S. Environmental Protection Agency, July 17, 1997.

18 CIGARETTE TAXATION AND THE SOCIAL CONSEQUENCES OF SMOKING, *The National Bureau of Economic Research*, W. Kip Viscusi, 1995.

19 即 13563 號行政命令〔Executive Order 13563, Section 1(c)〕。

20 秋風：《社會治理中的數據迷信》，《南方都市報》，2012 年 8 月 8 日評論版。

21　這位學者的觀點，就其本身有合理性，但是，如其所表述，這樣的問卷調查得出的結果，是人們對於民族復興進程這件事的認識結果，即人們的主觀感受和印象，而不是客觀事實。對於客觀事實，必須像楊宜勇先生一樣，建立一個數學模型，就各種指標進行測量。

22　楊先生介紹，他針對民族復興的進程，建立了三級監測評價指標體系：一級指標為民族復興指數；二級指標包括經濟發展、社會發展、國民素質、科技創新、資源環境、國際影響等6個方面；三級指標由 GDP 與人口份額的匹配度、恩格爾係數、基尼係數、人均教育年限、萬人擁有專利申請量、森林覆蓋率、國際競爭力等 29 項指標構成。

抽樣時代：統計革命的福祉

我預計，不出 5 年，日本的產品就能進入世界市場，那個時候，日本的生活水平將與日俱進，日本將與全世界最繁榮的國家並駕齊驅。01

——愛德華茲・戴明（W. Edwards Deming, 1900—1993），

美國統計學家、質量管理之父，1950 年

自西洋文明輸入吾國，最初促吾人之覺悟者為學術，相形見絀，舉國所知矣。其次為政治，年來政象所證明，已有不克守缺抱殘之勢。繼今以往，國人所懷疑莫決者，當為倫理問題。此而不能覺悟，則前之所謂覺悟者，非徹底之覺悟，蓋猶在惝恍迷離之境。吾敢斷言曰：倫理的覺悟，為吾人最後覺悟之最後覺悟。

——陳獨秀（1879—1942），《吾人最後之覺悟》，1916 年 2 月

前文講到，美國最早的、最原始的統計活動是人口普查，而人口普查制度在美國的確立，卻源於建國初期"用數據分權"的制度安排，準確地說，是 1787 年制憲會議的一個政治決定。這個政治決定，成了推動美國早期統計事業發展最重要的力量。

但梳理美國社會數據文化形成的過程，我們可以發現，其政治制度對統計科學的影響，還不僅僅限於"用數據分權"的制度安排，美國的選舉制度也推動過統計事業的創新和數據知識的普及。我們談到過，在民主的體制中，人民通過選舉尋找委託人，將自己管理公共事務的權利讓渡給在選舉中獲勝的代表，讓他們在一定的時期內"代表"自己管理國家的事務，即通過選舉完成委託的過程。根據美國的憲法，美國的總統、州長、郡長、市長等各級行政長官以及國會議員、地方的立法者都要經過選舉產生，並有一定的任期。在這種制度安排下，大大小小的選舉活動便在美國長年累月、周而復始地發生。在每一次選舉中，究竟誰能當選的問題，不僅牽動候選人的心跳，也牽動大眾的神經。在 1930 年代，對選舉結果的預測和研究，促使統計科學發生了一次重大革命。

如果說，在美國內戰時期，數據分析開始成為一門職業，那伴隨著這一次統計學的革命，數據分析在美國開始成為一個產業。

新的革命認為，社會調查可以通過選取部分有代表性的樣本來完成，即抽樣（Sampling），而不需要像人口普查一樣，把全社會每一個人都問一遍。這一股統計革命的浪潮，於 1936 年在美國發源，從政治圈擴大到商業圈，又從統計領域延伸到管理領域，還以美國為中心，波及英國、法國、日本等多個國家，但歷史的詭異之處在於，花，開在美國，但它最豐碩的果實，卻結在一個遙遠的東方國度——日本。

從選票到電影票：和《亂世佳人》共舞

對誰能當選新總統的預測起源於 1824 年。這一年，恰逢"老頑童"亞當斯競選總統，為了預測誰能當選，賓夕凡尼亞州的一份報紙《賓夕凡尼亞哈里斯堡報》（*Harrisburg Pennsylvanian*）派出若干調查員，他們在車站、街角、餐廳等人口集中的地方，詢問、記錄人們的觀點，然後根據這些數據，在報紙上預測誰最有可能當選總統，以引起大眾的關注和討論。

　　沒有甚麼比預測未來更令人激動，這個"搶眼球、聚人氣"的話題，很快就引起了各大報紙的跟風和競逐。美國不僅選舉多，而且報紙也多，在他們的推波助瀾之下，這種調查和預測逐漸成為大眾政治生活中的重要內容，而且獲得了一個更響亮的名稱——民意調查，即通過調查，預測民意的走向。到了 1930 年代，一本名叫《文學文摘》（*Literary Digest*）的雜誌成功地預測了 1920、1924、1928、1932 年連續 4 屆總統大選的結果，把民意調查的可信度推到了一個前所未有的高度，其雜誌本身也名聲大振。

　　在 1824—1936 年的 100 多年間，民意調查的主要目標是追求調查群體的"大"，當時大家都相信，只有更人，才能更準。這種以大眾為主體的調查，把數據的知識和作用普及到了社會大眾。但對這種做法，也有統計學家提出不同的意見。1895 年，挪威國家統計局的主任凱爾（Anders Niscolai Kiaer）在國際統計年會上提出了抽樣的觀點，他認為，只要方法得當，就可以從總體當中抽出一部分有代表性的個體，通過研究部分個體的特點，從而推斷整體的屬性，類似中國人所說的"一斑窺豹"、"一葉知秋"。這究竟可不可行、科不科學？凱爾的觀點引發了國際統計學界持續 30 多年的爭論，直到 1930 年代，抽樣的科學性才成為學術界的共識。

　　這時候，因為抽樣技術在民意調查當中的應用，美國的統計界風起雲湧，其中的領袖人物是喬治·蓋洛普（George Gallup）。1936 年，羅斯福和蘭登競選總統，作為民意調查領域的龍頭老大，《文學文摘》在綜合了 240 萬人的意見之後，發佈報告說蘭登將勝出，而蓋洛普剛剛牽頭成立的美國輿論研究所（AIPO）僅僅對 5 000 人做了問卷調查，就預測說羅斯福會當選。蓋洛普和《文學文摘》在報紙上大打口水仗，互相攻擊對方的調查方法"不科學"。但誰知羅斯福果真以大比率擊敗蘭登，這意味著蓋洛普 5 000 人的抽樣擊敗了《文學文摘》240 萬人的調查，專家學者和社會大眾都大跌眼鏡，蓋洛普也如同一匹黑馬，一躍進入了輿論的風口浪尖，成為了新的行業領袖。

　　蓋洛普成功的法寶就是"科學抽樣"，他沒有盲目地大面積調查，而是根據選民的人口特點，確定家庭主婦、工人、農民、老人、中年人、年輕人等各色人群在 5 000 人的樣本中應該佔有的份額，再確定電話訪問、郵件訪問、街頭訪問等各種調查方式所佔的比例，由於樣本找得準，所以能夠以"小"見"大"。《文學文摘》失敗的原因也正是因為抽樣不科學，它的調查對象主要是其雜誌的訂戶，雖然訪問的對象多，但都集中在中上階層，由於樣本不均勻，造成了結果的偏差。

蓋洛普這位數據大師還是名精明的商人，他沒有止步於美國的選舉調查，很快就將抽樣的方法輸出到其他有民主選舉的國家。1938 年，在蓋洛普的幫助下，法國在巴黎建立了第一個民意調查機構，1945 年，他又把分支機構開到了英國。這一年恰逢英國大選，因為第二次世界大戰剛剛結束，英國絕大部分的政治評論員都認為，首相邱吉爾勞苦功高，必定連任，但蓋洛普卻預測工黨的領袖艾德禮（Clement Richard Attlee）將擊敗邱吉爾。結果傳奇再次上演，他又一語中的。隨著蓋洛普出盡風頭，民意調查也為越來越多的國家接受。到 1950 年代，全世界大部分民主國家都出現了類似的機構，民意調查也逐漸發展成為一個獨立的產業。

在這個不斷發展壯大的產業當中，"政治選票"是它最早的驅動力量，出人意外的是，下一個接棒的，居然是"電影票"。通過電影票，蓋洛普迅速把自己在政治領域獲得的成功，推廣到了商業領域，開啟了一個市場調查的嶄新時代。

還是 1936 年，就在羅斯福和蘭登選戰正酣的時候，一本叫做《亂世佳人》（*Gone With the Wind*，又譯為《飄》）的美國小說闖進了大眾的視野。作者米切爾（Margaret Mitchell）此前名不見經傳，但憑藉此書，她一夜成名。米切爾以南北戰爭中謝爾曼發動的數據遠征"向大海進軍"為背景，描寫了亞特蘭大一名富家千金郝思嘉在戰爭中的輾轉命運。郝思嘉在農場主家庭中長大，從小備受嬌寵，養成了任性、敢作敢為的性格。"向大海進軍"摧毀了她生活的農莊，在顛沛流離的境遇中，她的愛情生活也遭受了一系列的波折和打擊，郝思嘉不斷否定自己，又不斷鼓勵自己——用樂觀、堅強的態度去重建自己的家園和愛情。

1936 年 6 月，新書上市，首發 1 萬冊，即迅速告罄，接下來幾個月不斷加印，一時洛陽紙貴。這本書的成功引起了荷里活的關注。有的導演大聲叫好，有的卻嗤之以鼻。意見之所以不統一，是因為在此之前，荷里活出品的以南北戰爭為題材的電影，部部虧本，沒有任何一部賺錢。

又是一部南北戰爭的題材，荷里活的大佬們當然都擦亮了眼睛，格外小心。但在影片版權的談判中，對方卻喊出了高價，他們認為，雖然書的印量只有幾萬

《亂世佳人》的電影海報

《亂世佳人》是美國歷史上迄今為止最成功的電影，其版權以5萬美元成交，因為影片的成功，後來作者又得到5萬美元的分紅。電影獲得了1940年奧斯卡最佳影片、最佳女主角等10項獎項。這部小說也因為注重史實，獲得了1937年的普利策小說獎。（圖片來源：維基百科）

冊，但通過借閱式的流通，實際的讀者數量已經達到了印刷量的 10—20 倍，小説正風行全國。

但這畢竟只是單方面的估測，大佬們因此猶豫不決。很快，荷里活的電話打到了蓋洛普的公司，他們想請蓋洛普做一個調查，用數據來證明《亂世佳人》到底有多流行。蓋洛普一口應承，一星期之後，他告訴對方，此書非常流行，每 10 個受訪者，就有 8 個表示聽說過這本書。於是，新書上市後不久，荷里活著名的製片人塞兹尼克（David O. Selznick）就高價收購了《亂世佳人》的版權。此後，塞兹尼克又委託蓋洛普調查，到底有多少人讀過這本書。經過幾輪調查，1937 年 1 月，蓋洛普肯定地告訴他，《亂世佳人》已經成為了美國有史以來最流行的小説，共有 1 400 萬美國人讀過這本書，其流行程度僅次於《聖經》。塞兹尼克當然信心大增。

但還沒有等到電影開機，製片人、劇組和發行商之間就爆發了爭議。爭議的問題林林總總，從電影的時長、是否分為上下兩集、黑白還是彩色，到演員的選取、廣告的設計，三方都各有一套看法和計劃，吵成了一團。特別是塞兹尼克宣佈選擇英國的女演員費雯·麗（Vivien Leigh）飾演郝思嘉之後，引起了更大的爭議。因為涉及到美國獨立、黑奴解放等重大歷史事件，有部分南方民眾認為，邀請英國人擔綱女主角有失國格，呼籲全國進行抵制。發行商因此也強烈反對製片人的這個決定。

塞兹尼克於是委託蓋洛普調查爭議問題的方方面面。蓋洛普的調查一直持續了兩年，其結果表明：大部分人不反對它分上下兩集；60% 的觀眾想看彩色的電影；35% 的受訪者對女主角的人選表示滿意，遠遠高於不滿意的比率（16%）。塞茲尼克後來回憶説，這些數據，不再是個人的觀點，而是實證的支持，不僅幫助平息了三方的衝突，也讓他挺起了腰桿，和發行商要價談判。

1939 年 1 月，等到蓋洛普的調查全部完成，電影才開始開機拍攝。拍攝方在重大問題的決策上，幾乎全部聽取了蓋洛普的意見：影片分為上下兩集，時長 238 分鐘，彩色，用費雯‧麗做了主演。最後，蓋洛普向片方作出結論説，這部電影將有 5 650 萬觀眾，其人數之多，將創有史以來的電影之最。

雖然劇組最後幾乎採納了蓋洛普全部的建議，但對 5 650 萬人這個"大"數據，沒有一個人當真，甚至包括塞茲尼克本人。1939 年 4 月 23 日，《紐約時報》報道了這個數據："這是歷史第一次，荷里活用科學的計算來判斷一部電影是否會成功。按照蓋洛普的計算，已經有 5 650 萬觀眾捏著鈔票，在影院門口排隊等。"02 塞茲尼克捏著報紙，笑著鼓勵劇組説，蓋洛普至少能對一半吧，那我們就有 2 800 萬觀眾，一張票 6 角錢，票房將接近 1 700 萬元！這已經是天文數字，足以讓全體人員在夢中都笑出聲音。

但蓋洛普卻一直都鄭重其事。在新片上市之前，他又向塞茲尼克建議説，這個巨大的潛在觀眾群體，主要是小説的粉絲，所以影片的廣告要突出"書"。塞茲尼克也接受了這個建議，首輪電影廣告的設計，從圖形到字體，完全模仿了小説的封面。1939 年 12 月，電影上綫，全國各地的影院都爆滿，紐約時代廣場的國會電影院（Capitol Theatre），一天的觀眾竟高達 11 000 人，創下了歷史紀錄。故事的發生地亞特蘭大市甚至將首映日定為節日，舉城歡慶，成為轟動性的文化盛事。

在接下來的 4 年內，《亂世佳人》的發行商一共推動了 4 輪上綫，配合每次上綫，都根據蓋洛普的最新調查結果調整票價和廣告策略。1942 年 1 月，在第 3 輪上綫時，蓋洛普的調查結果是，全國已經有 4 025 萬人看過這部電影，其中 503 萬人看了兩遍、45.7 萬人看了 3 遍，第 3 輪上綫的潛在觀眾群體有 1 250 萬，其中 66% 都還沒有看過這部電影，而這 66% 大部分是 30 歲以下、收入較低的年輕人，蓋洛普因此建議，不僅要調整票價和廣告策略，還要設置適合這個群體觀看的放映時間和放映地點。針對廣告，蓋洛普提出，因為這一輪觀眾中年輕人和低收入階層居多，廣告的畫面不要突出重大歷史事件，而要突出人的情感。於是，這一輪的廣告刪除了火燒亞特蘭大、向大海進軍等歷史場景，取而代之的是男女離別、纏綿不捨的畫面。對於可能重複觀看這部電影的觀眾，蓋洛普指出，其廣告策略應該是強調"重複"行為背後的"理性"，而激起這種理性的方法，一是邀請看過多次的社會名流現身說法；二是隨同廣告發佈一些關於電影情節的詮釋以及類似於"你知道嗎？"的劇情測試，以激發老觀眾發現這部電影的新亮點。

蓋洛普這些數據和建議讓發行商連連點頭稱是，再次全盤接受。第 3 次上綫也取得了巨大的成功。1943 年 7 月，發行商準備推動《亂世佳人》的第 4 輪上綫，這一次，這幫大佬也認為數據確實重要，但有人提出，蓋洛普太貴了，類似的調查，我們可以自己搞。

塞茲尼克對此表示堅決反對，他在給劇組的信中寫道：

"在電影首輪發佈時，蓋洛普預測的準確性簡直到了出神入化的地步。而且，他對第三輪上綫的調查也同樣細緻徹底，他指出我們廣告中的戰略錯誤，並以同樣的精確度預測了結果，甚至告訴我們各個城市的票房和全國平均水平的差別……我個人也有評估一部電影是否成功的經驗，但幾十年的經驗告訴我，業餘愛好者對一部影片的評估以及電影公司附屬機構作出的調查都有很大的局限性，無法和蓋洛普這樣的專業機構相比。" [03]

在他的反對下，發行商最後還是高價雇用了蓋洛普。塞茲尼克關於市場調查"需要外部專家"的意見，也為後世荷里活大部分電影製片人所接受。

最後，通過 4 輪上綫，《亂世佳人》一共售出了 5 997 萬張電影票，票房毛收入為 3 400 萬，而 1940 年美國人口普查的結果為 1.3 億，也就是說，全國近一半的人都觀看了這部電影。

如蓋洛普所預測的，《亂世佳人》最終成為了美國有史以來票房最高、最賺錢的電影，如果剔除通脹因素，直到今天，還保持著歷史第一的票房紀錄。特別是蓋洛普關於 5 650 萬觀眾的預測，和最終結果 5 997 萬相距不到 6%，荷里活的大佬們個個都嘖嘖稱奇，佩服得五體投地。憑藉這種精確度，蓋洛普也徹底把數據帶進了美國的電影行業。1940 年，蓋洛普成立了觀眾調查研究所（ARI），專門為影視行業服務。除了荷里活，迪斯尼也成為了他的重要客戶，1940 年之後，迪斯尼每一部大片的開拍，每一個主要角色的設計，都要先經過蓋洛普的市場調查和數據推演。毫不誇張地說，蓋洛普的數據影響了無數演員的生涯和影片的命運。

　　這之後，越來越多的投資方都利用市場調查來決定是否投拍一部電影，到今天，這種數據驅動的決策方法，已經成為了美國電影製片人的常規武器。

　　2013 年，美國的奈飛公司（Netflix）利用大數據的分析製作了風行世界的電視連續劇《紙牌屋》（*House of Cards*），把電影製作當中的數據使用推到了登峰造極的地步，但要追溯當年的鼻祖，還是要數 1936 年的《亂世佳人》。

調查問卷

數據是怎樣煉成的

　　蓋洛普為《亂世佳人》開展的一系列調查，可謂煞費苦心，這個過程也說明，一個成功的調查，除了抽樣，問題的設計也很重要。

　　關於有多少人讀過這本書，蓋洛普分別問了以下 3 個問題：

　　·你讀過《亂世佳人》這本書嗎？

　　·你有計劃閱讀《亂世佳人》這本書嗎？

　　·你最喜歡的書是哪一本？

　　之所以問 3 次，是因為第一個問題會引起數據失真：大眾普遍存在自誇心理，問一個人有沒有讀過一本流行的書，容易得到誇大的結果。如果問 “閱讀計劃”，結果會更真實。而第三個問題屬於開放性的提問，可以從另一個側面來印證《亂世佳人》的流行程度。

　　關於電影是否會受歡迎，蓋洛普也分別問了 3 組問題。他發現，即使是同一個問題，但如果給受訪者提供的選項不同，調查結果就會不同。然而，通過給不同的選項，可以更準確地把握觀眾意願的強烈程度。

　　如果電影上市，你會去看嗎？（5 個答案中有 3 個傾向否定）

　　·肯定會　·可能會　·不好說　·可能不會　·不會

　　如果電影上市，你會去看嗎？（在了解到觀眾有較強的觀看慾望之後，肯定傾向的選項增加為 4 個）

　　·肯定會　·可能會　·一半以上的可能　·一半　·少於一半　·可能不會

　　如果電影上市，你有多大可能去看這部電影？（開放式提問）

　　關於電影的女主角人選，問了兩次，通過不同的措詞，試圖精確地把握人們的反對程度：

　　·你滿意女主角的人選費雯·麗嗎？

　　·如果費雯·麗飾演女主角，你看不看？

費雯·麗之所以引起爭議，是因為她是英國人。但注意，這裡蓋洛普沒有問："費雯·麗是英國人，如果她演這部電影，你看不看？"如果這樣問，則是一個誘導性提問，可能得出不客觀的結論。這種誘導性的提問也是調查人員試圖操縱調查結果時常常使用的手段，例如，如果調查民眾是否支持建設核電站，又想得到否定的回答，可以這樣問：蘇聯的切爾諾貝爾核電站爆炸造成了幾十萬無辜人員死亡，你是否贊成我們修建核電站？

　　關於電影是否選擇彩色，一共問了兩次，每次4個問題。第一個問題充當分離器的作用，把不同的人篩選出來，因為經常看電影的人和不經常看電影的人，其要求和期待不一樣，對是否彩色的評價自然也不一樣。

　　·你最近一個月看過電影嗎？（根據"看過"和"沒有看過"把人分為兩類，後繼3個問題按類進行分析。）

　　·你喜歡彩色電影嗎？

　　·你為甚麼喜歡彩色電影？

　　·一部電影，在甲影院是彩色版，在乙影院是黑白版，你會選擇哪個影院？

　　·你上次看電影是甚麼時候？（根據不同的回答，蓋洛普把人分為50個類別，在這個細分的基礎上，再對後繼3個問題按類進行分析，以期精確地了解各種人群的觀點。）

　　·你喜歡彩色電影嗎？

　　·你為甚麼喜歡彩色電影？

　　·一部電影，在甲影院是彩色版，在乙影院是黑白版，你會選擇哪個影院？

　　當然，也有人質疑，這種大規模的調查，本身就有廣告的效應，通過發佈"5 650萬人上座"這種"大"數據，本身就增加了《亂世佳人》的噱頭，引發全社會的"從眾效應"，拉動了電影的上座率。這個賬，又該如何算呢？

　　換句話說，由於調查行為的介入，被調查現象的本身將遭受扭曲。民意調查是不是存在這種"副作用"呢？從抽樣技術一問世，這個話題就爭議不已。

　　1948年，共和黨的杜威和民主黨的杜魯門競選總統，蓋洛普預測杜威將勝出，《紐約時報》、《芝加哥論壇報》等報紙這時候已經奉蓋洛普為神明，在開票前一晚，大家都提前印好了杜威獲勝的頭條新聞，但最後卻是民主黨的杜魯門勝出，印好的報紙被迫全部銷毀。這也是1936—2012年間19次總統大選的預測中，蓋洛普公司僅有的兩次失敗之一。

　　這次失敗引發了對民意調查副作用激烈的討論。共和黨大倒苦水，他們解釋說蓋洛普調查的結果讓他們認為穩操勝券，在最後關頭"麻痹"了、放鬆了警惕，以至於在投票的這一天，很多共和黨人都去打高爾夫球了，忘記了投票，而民主黨人卻同仇敵愾，成群結隊地來到了投票箱前。民主黨雖然最後獲勝，卻也有抱怨，他們指責說，蓋洛普的調查本來就是錯誤的，他基於錯誤的判斷大肆宣傳共和黨將勝出，已經在大眾當中產生了"光環效應"。這種"光環效應"，令大眾傾向於投票給聲勢較高的候選人，增加了杜威的選票。

　　雙方各執一詞。當然，對於這次失敗，蓋洛普也有自己的解釋，他們認為選舉初期共和黨的杜威確實一路領先，杜魯門是在最後幾週扭轉了乾坤。蓋洛普的苦衷在於，在這最後幾週裡面，其調查無法實時跟進。這是因為，民意調查要經過問卷設計、信息收集、數據分析等多個步驟，這個流程需要時間，等到全部走完，投票的結果都出來了，所以他們的調查其實在投票前 2 週就關閉了。而正是在這個時候，選情發生了翻盤。換句話説，這次失敗是由於其調查方法本身的滯後性所造成的。

　　這之後，蓋洛普想盡辦法加強自己對於民意的實時監測。研究人員也使出渾身解數，試圖量化每次選舉中"光環效應"和"麻痹效應"的大小。研究幾十年，學界的結論是，兩種效應作用大小相似，在民意調查中被宣佈領先的一方既享受了"光環"的正效應，也要承擔"麻痹"的負效應，兩種效應正好正負抵消，民意調查本身，對選舉的結果並無太大的影響。

　　當然，研究也證明，民意調查的數據在特定的情況下還是會對選舉結果產生微妙的影響。例如，如果存在 3 位以上的候選人，民調如表明某一候選人大幅落後，不可能當選，大眾得知這個結果之後，原來支持這一候選人的選票可能會轉投到次佳的候選人身上，以避免其最討厭的人當選。經過這樣的調整，選舉結果就可能大不一樣。因為這個原因，有部分民主國家立法禁止在投票前的最後幾天發佈、傳播任何民調的數據，例如，加拿大的選舉法禁止在投票前 3 天發佈任何民意調查的結果。

　　因為這些爭議，美國社會也呼籲政府採取措施加強對民意調查行業的管制。1940 年代，國會有議員提出，民調機構應該公佈自己的調查方法、抽樣的大小，並將具體細節在國會圖書館備案，以防止調查公司操縱數據、製造新聞噱頭、影響選舉結果。1968 年，國會為此召開了正式的聽證會，試圖推出相應的管制法案。這當然遭到了調查行業的強力反對，理由主要有兩個：一是調查方法是各個公司的核心競爭力，屬於不能公開的商業機密；二是科學無止境，誰也無法保證自己的方法完全正確。

這個法案最終沒有通過。但很快，調查行業自己也意識到，他們必須公開一些信息，例如誰出錢支持這次調查，樣本的大小、來源，數據獲得的時間、方式、地點等，否則調查結果也得不到全社會的信任。後來，在行業自治協會的主導下，美國陸續制定、推出了一些行業規定。

二戰結束之後，民意調查的重要性不斷上升，關於總統的調查不僅集中在大選期間，新總統就任之後，也有各種各樣的民意調查，向大眾揭示其支持率的變化。1948 年杜魯門當選之後，4 年期間其表現被民調了 15 次；1993 年克林頓上台僅僅半年，就被民調了 36 次。在這些數據指標面前，總統們都很 "低調"，很多民調專家甚至成為總統的座上賓，因為如果知道了各種民意調查開始的時間，總統們就可以踩準時機宣佈一些新的政策或措施，以獲得臨門一腳的加分機會。第 41 任美國總統布殊（George H. W. Bush，即老布殊）甚至被美國政治評論界認為 "唯民調是從"，他常常根據最新的民調結果調整自己的工作計劃，有一次因為民調的反對，他臨時取消已經安排好了的出國訪問。1992 年，布殊甚至任命民意調查專家提特（Robert Teeter）作為自己選舉委員會的主席，全力仰仗他組織開展自己的選舉活動。毫不誇張地說，民意調查徹底地改變了美國的政治生態。對此，美國的資深政治評論員貝利（Douglas Bailey）有這麼一段精闢的總結：

"對於大眾在想甚麼，候選人已經不用去猜，他可以從每天的民意跟蹤調查當中找到答案。我們現在的政治領袖，已經不再是 '領導'，相反，他們必須 '追隨' 民意。" 04

用數據跨界：質量大師是怎樣煉成的

通過幫助荷里活開展對《亂世佳人》的市場調查，蓋洛普完成了從政治領域到商業領域的華麗轉身，也開啟了一個抽樣技術廣泛應用的時代。在《亂世佳人》持續 6 年的調查中，除了蓋洛普，還有一個人功勞不小，他就是被後世譽為質量管理之父的愛德華茲・戴明。

　　戴明是蓋洛普的朋友，蓋洛普曾經就如何抽樣、如何設計問題，不斷向他徵詢意見。蓋洛普是數學博士，但戴明卻是一名物理學博士，之所以和蓋洛普有共同語言，是因為物理實驗中會產生大量的數據，處理這些數據讓戴明對 "實際偏差是如何產生的，又該如何控制" 有了深刻的體會。因為數據的共通性，在和蓋洛普的不斷討論中，戴明也逐漸偏離了原來的研究方向，進入了統計領域。幾年之後，他成了美國首屈一指的抽樣專家；接下來他開始研究如何用統計方法來進行質量控制；再後來，他又進入了管理領域，最終成為了名揚世界的質量管理大師。

　　戴明先物理、後統計、再管理，用現在話來說，就是 "跨界"。跨界是指跨越不同的領域、行業甚至不同的文化，對其中的相關因素進行融合和嫁接，而開創一片新領域、一種新風格或者一個新模式。戴明的跨界，開創了一個應用統計科學進行質量管理的新領域，其中的過程曲折起伏。他猶如汪洋中的一葉扁舟，曾經被衝到歷史的邊緣，又在不意間被推到舞台中心，享受如日中天的盛譽。

　　1925 年，戴明剛剛獲得物理學碩士學位，這年的夏天，他在西電公司（Western Electric）下屬的霍桑工廠（Hawthorne Plant）工作。這段時期的觀察，成了他日後許多重要思想的萌芽。

　　1920 年代，美國正在大規模地普及電話，霍桑工廠有 45 000 多名工人，生產的就是電話。工廠的管理還完全遵循進步時代遺留的科學管理思想——計件制。在這種思想的主導下，戴明看到，車間內擁擠、沉悶，工人們一言不發、汗如雨下，如果有產品沒有通過工頭的檢驗，就會觸發扣發工資的懲罰。下班的鈴聲一響，工人們便如潮水一般湧出大門。戴明後來強烈反對計件制，他認為這降低了生產的積極性和人的尊嚴，不利於提高產品質量。

延伸閱讀

科學管理理論的核心思想

　　科學管理的理論由美國人泰勒在 1900 年前後提出，他主張把複雜的生產過程分解為固定的步驟，並為每個步驟和環節設定標準，這樣一來，工人的每個動作就都有標準可循，並按經手產品的件數獲得報酬。其核心的思想，就是通過流程標準化和計件工資制提高工人的勞動生產率。科學管理的理論又稱為古典管理理論，在 1920 年代開始受到現代管理理論的挑戰。

這個時候，霍桑工廠正在進行著名的"霍桑實驗"。這個實驗開始於 1924 年，陸續進行了 10 年，最終的實驗結果印證了戴明的發現，即金錢不是提高工人積極性的唯一動力，人不僅僅是經濟人，也是社會人，要調動每個人的積極性，還必須從社會、心理方面去努力。

霍桑實驗

霍桑實驗是西方管理學發展史上的重要里程碑。該實驗通過控制生產車間的各種環境條件，收集生產過程的數據，測量勞動生產率的變化。例如，研究小組在繼電器車間選定了 6 名女工作為觀察對象，不斷改變溫度、照明、工資、休息間隔、午餐配送等外部條件，希望發現這些因素和生產率之間的關係。但是不管外在因素怎麼改變，試驗組的生產效率一直沒有提高。原因在於：由於實驗者知道自己受到了觀察和重視，其行為發生了改變，下意識地迎合實驗，導致數據被扭曲。研究人員從而認識到，人的行為不僅受外在因素的刺激，更有主觀上的激勵，這個發現引發了後來管理行為理論的出現。

研究者從另外一個實驗中發現，在工廠這個正式組織當中，也存在非正式組織，這種組織限制了生產效率的提高。例如，根據泰勒的標準化分析，焊接車間的每個工人每天應該完成的標準定額為 7 312 個焊接點，但是大部分工人每天的工作量都集中在 6 000—6 600 個焊接點之間，即使還沒有到下班的時間，他們也會停止工作。原因在於，一個人的產量過高會給同事造成壓力，也會促使廠方制定出更高的生產定額，因此生產積極的工人會受到小團體和小幫派的非難，最終導致了所有的工人都"適可而止"。

此後不久，戴明就拿到了耶魯大學博士項目的錄取通知書，但這位 25 歲的年輕人，卻下不了離職的決心。之所以猶豫不決，是因為耶魯的博士很難讀，許多人進去了，卻終其一生都畢不了業。這時候，一位上級給他打氣，告訴他一旦畢業了，西電肯定還會雇用他，而且年薪會漲到 5 000 美元。作為一名碩士畢業生，戴明當時一年的工資是 1 200 美元，5 000 美元這個數字，著實令他心下一驚。但這位上級卻繼續告訴他說，價值 5000 美元的人並不少見，西電之所以雇用他們，是希望他們有一天能夠成為價值 5 萬美元的人才，為公司創造更多的財富。

這段對話戴明終生銘記，他後來在回憶錄中寫道："我認識到，優秀的人才並不少見，公司最需要的，是能夠不斷學習、永遠保持進步的人。"不斷學習、永遠進步，這正是他日後不斷跨界的動力。

1927 年，戴明順利從耶魯畢業，獲得了物理學博士學位。西電公司確實想要他並給他提供了豐厚的薪水，但戴明最後選擇了美國農業部固氮實驗室，研究氮氣對農作物生長的作用。此後近 10 年，他的學術論文都集中在這個領域。

1936 年，當蓋洛普屢屢向他徵詢意見的時候，戴明也意識到，統計領域將迎來一場巨大的變革。這個時候，美國的農業統計已經很成規模，他們也想採用抽樣的方法，戴明便在農業部的研究院開設了統計課程，講授最新的抽樣技術。戴明不僅自己講，也請其他專家來講。1938 年，戴明邀請著名的統計學家休華特（Walter Shewart）來院授課。休華特當時在貝爾實驗室工作，他主持設計了全美的公用電話系統，在這個過程中，他應用了大量的統計學，以提高電話系統的運營效率和服務質量，美國的電話業也因此以優質的服務聞名於世。戴明對他非常推崇，並於 1939 年把他的講稿編撰成一本書。這本書，成了戴明再次跨界的契機，他開始關注如何把統計方法應用到質量管理的領域。

而這個時候，1940 年的全國人口普查即將到來，對於應不應該在普查中使用抽樣的技術，人口普查局發生了一場激烈的爭論。爭論的結果是，商務部部長親自拍板，人口普查因為涉及到分權，還是逐一清點，但對專項普查，可以使用抽樣的技術。因為已經名聲在外，戴明很快就被聘為 1940 年人口普查抽樣技術的首席顧問。

在戴明的參與下，1940 年的普查工作，不僅很多專項普查採取了抽樣技術，統計方法也被應用到提高數據質量的領域。我們知道，在普查完成之後，為了使用何樂禮發明的製表機，首先要把幾千萬張普查問卷轉變為打孔卡片，在這個過程中，錯誤當然難以避免，人口普查局原來的做法是，在打完孔之後，指定專人對全部的卡片進行檢查和核對，以確保數據的準確性，但戴明認為，這種做法效果很差，原因在於：

1、檢查員的工資和經手的卡片數量掛鈎，即計件制，這無形中鼓勵了他們加快檢查的速度、而忽視檢查的質量。

2、檢查員和卡片打孔員是同事關係，為了避免打孔員陷入麻煩、導致尷尬和難堪，檢查員會睜隻眼閉隻眼。

戴明改革了整個質量管理的流程，他取消了核對全部卡片的做法，而是每天在每個打孔員完成的卡片當中抽取 5% 的卡片，對這些樣本進行檢查，以檢查的結果評定哪些打孔員需要回爐培訓。這個做法不僅提高了打孔員的工作質量，還大大加快了數據處理的速度，節省了人力和經費。

　　1941 年 12 月，發生了舉世震驚的日本偷襲珍珠港事件，美國正式對日宣戰，加入了第二次世界大戰。此後不久，戴明接受了美國國防部的邀請，在軍工企業講授他利用統計控制質量的方法。這給他提供了一個平台，能夠不斷完善他自己關於質量管理的理論。戴明的方法也大受肯定，美國軍工企業的廢料率和返工率因此大幅度降低。兩年期間，戴明一共為國防部培訓了約 2 000 名工程師和質檢員，美國也因此產生了第一批有質量控制意識的工程師。1946 年 2 月，在這批工程師的努力之下，美國質量控制協會（ASQC）宣告成立。

　　1945 年，當二戰結束的時候，戴明已經在質量控制領域小有名氣。此後不久，他就辭去了政府的工作，成了一名獨立諮詢師。

　　但誰知道，戴明一丟掉鐵飯碗，就坐上了冷板凳。

　　戰後的美國迎來了一個空前繁榮的時代，汽車、洗衣機、電冰箱、吸塵器、烤箱、割草機、地毯等大宗產品一一流入普通的家庭，國內需求非常旺盛，另外，大多數工業國家都在戰爭中傷了元氣，但美國的生產能力卻完好無損，因此國際市場也供不應求，美國的企業可謂內外逢源，訂單應接不暇。這時候，企業界最關心的事就是擴大生產，把蛋糕做大，企業管理層對質量的理解，就是事後的控制，即通過檢查，把質量不合格的產品剔除出來，而這部分產品導致的損失，將完全由利潤覆蓋。

　　戴明主張在生產中進行質量控制的做法，完全淹沒在這股大潮之下，他突然發現自己沒有了用武之地。他後來回憶說，二戰期間他在國防部門的努力全都煙消雲散，沒有在美國留下一絲痕跡。他在失落之中也逐漸認識到，除了時勢大變，還因為他的理論在美國僅僅影響了一綫的工程師及質檢人員，沒有觸及企業的高級管理人員，而好的質量管理體系，需要從上到下的共識和制度建設。要推廣貫徹質量控制的主張，他還要跨界，他必須用管理學家的聲音，去警醒企業的掌舵人。

　　道不行，乘桴浮於海。恰恰在這個時候，一個東方小國因為戰敗而百業凋蔽、瀕臨崩潰，戴明的學說令他們如獲至寶。他們謙卑、勤奮，以絕決的態度在工業管理中貫徹戴明的理論，很快就在國際競爭中嶄露頭角，最終以優質的產品馳名世界，甚至在市場競爭中擊敗美國，創造了舉世矚目的經濟奇跡。

這個國家，就是日本。

旋轉質量的飛輪：日本崛起

二戰後的日本一片廢墟，由於戰敗，日本甚至一度失去了主權國家的地位，在 1945—1952 年，整個日本的最高治理權由美國軍隊接管。但出人意料的是，日本很快就擺脫了軍事失敗的困境，僅僅在 15 年之後的 1960 年，日本就超越了聯邦德國，成為了全球第二大經濟體。

日本的浴火重生，是世界經濟史上的奇跡。1894 年，美國超越英國，成為全球第一大經濟體，這對很多人來說，很容易理解、接受，畢竟就地理面積、自然資源而言，美國本身就是"龐然大物"，但日本，這個大小不到美國 5% 的彈丸之地，二戰之後一片廢墟，何以在極短的時間內崛起為世界經濟舞台上的巨人，還和美國並駕齊驅？

今天回頭看，日本的秘密其實沒有其他，就是承認自己的不足，真心誠意地向西方國家學習，不斷引進、不斷消化、不斷建設，最終在器物、制度、文化三個方面都和西方文明接軌，成為了先進文明的一分子。

在這個過程中，日本也獲得了美國極大的幫助。駐日盟軍總司令麥克阿瑟（Douglas MacArthur）接管日本之後，對日本的政治、經濟和文化領域進行了大刀闊斧的改革。他在三年之內，就幫助日本制定了新的憲法，完成了三權分立的政治體制改造，把日本從一個專制國家轉變為一個民主國家，並實現了新聞自由、婦女平權、教育普及等社會改革，其速度和效果也向後世證明，一個國家完全可能在短時間內脫胎換骨。

麥克阿瑟的改革，為日本打造了一個文明的政治制度，但直到戴明的出現，日本才找到了其經濟起飛的"教父"，而其中的機緣，又是人口普查。

1947 年，在麥克阿瑟的邀請下，戴明搭乘軍用飛機抵達日本。戴明的主要任務，就是利用抽樣的技術，幫助日本開展戰後的第一次人口普查，通過普查對戰爭給日本社會造成的破壞程度進行評估，為其經濟規劃提供數據支持，例如每年應該營建多少新的房屋來滿足人們的需要、每個地區的公共資源又該如何根據人口數量進行配置等等。

戴明並不懂日語，但普查給他提供了大量機會在各地走訪。他發現，戰爭給日本造成了嚴重的破壞，物資匱乏、糧食緊張，大部分人都填不飽肚子，但整個日本社會卻很鎮靜，到處乾淨整潔，這種強烈的對比給戴明留下了極為深刻的印象，令他對日本民族刮目相看。戴明在日記中寫道："雖然整個日本在飢餓中掙扎，但日本人仍然樂觀、開心，到處都很乾淨，他們期待著新的一天來臨。"05

因為對日本文化的尊敬，戴明結識了不少日本朋友，也被日本統計協會聘為首位外籍榮譽會員。但這次旅程只是一個序幕，就像他在美國的職業生涯一樣，意外還將發生，主題還要轉換。

隨著經濟建設的鋪開，日本的工商界認識到，日本的糧食不能自給，如能擴大工業出口，就可以用外匯來換取糧食，而要擴大出口，唯有改善產品質量、增強競爭力。但恰恰日本商品在國際上卻以"山寨"、"低劣"而聞名。於是，在麥克阿瑟的支持下，日本的通信設備製造行業召開了第一次高級管理人員會議，探討如何提高產品的質量。在這次會議上，美國電話行業的經驗被作為重點進行了介紹，自然，休華特的書、戴明的名字又被提到。

就這樣，1950 年 6 月，戴明又收到日本科學與工程聯盟（JUSE，以下簡稱"日工盟"）的邀請，這次，他作為日本的老朋友、作為質量管理專家，搭乘軍機再次飛赴日本。

日工盟是在二戰期間由日本的科技工作者、工程師組建的一個社會團體，其目標是幫助國家進行經濟重建。但在邀請戴明加入之前，這個組織和其他大多數社會團體一樣，成員聚在一起，無非就是聚會、清談、吃飯，對於如何開展戰後重建，其實拿不出具體的方法和明確的意見。

戴明給他們帶來了一整套運用統計來提高產品質量的方法。1950 年 6 月 16 日，戴明在東京大學舉辦了第一個講座。雖然天氣炎熱，也沒有空調，但當時座無虛席，過道上也站滿了聽眾，一個教室裡擠下了 500 多人，其中有教授、政府官員，也有企業的工程師和管理人員。一堂課下來，戴明滿頭大汗，但其視線所及之處，聽眾的臉上都是專注的眼神、推崇的表情。戴明後來回憶說，在日本，他見到了最好的、最認真的學生。

圖 5-1　戴明在日本舉辦講座的情景

註：戴明每次去日本，都會在各地演講，這是他 1965 年在日本大阪舉辦講座的照片，現場 450 個座位，還有 100 多人站在旁邊。(圖片來源：Cecelia S. Kilian, *The World of W. Edwards Deming*)

在日工盟的安排下，戴明從南到北，在日本巡講。但戴明沒有忘記他在美國的經驗，他知道他如果要改變日本，就必須從日本的最高管理層下手，只有這樣，質量管理的體系才能真正扎根，而不是曇花一現。他向日工盟的主席石川一郎提出，他希望見到日本企業的最高管理層，而不僅僅是一線的工程師。巧的是，石川一郎除了擔任日工盟的主席，還在當時日本最大的商業組織 "日本經濟團體聯合會"（Nihon Keidanren）中任職。

7 月 13 日，在他的安排下，戴明見到了 21 位日本的行業巨頭，戴明和他們一起坐榻榻米、喝清酒、看藝伎表演。這 21 位行業巨頭，管理著日本近 80% 的財富。在晚餐會上，戴明直接告訴他們說："日本可以用高質量的產品換回糧食，這種做法並不少見，美國的芝加哥是這樣，瑞士、英國也是這樣！"他繼而向他們承諾說："如果按照我所倡導的原則去做，你們就可以生產出高質量的產品。5年內，日本的產品將佔領整個國際市場。"

5 年？！

當時晚餐會上所有的人都認為這匪夷所思，不僅這 21 人，當時整個日本的工商界都認為，他們產品要和歐美的相提並論簡直是天方夜譚。但戴明反覆告訴他

戴明質量獎獎章為一銀質獎章，中間繪有戴明的頭像。其肖像下面鑴刻著戴明的一句話："良好的質量和穩定性是商業繁榮與和平的基礎" 06。自1951年以來，日本每年都評選戴明獎，每年的頒獎典禮，國家電視台都現場直播，為年度盛事。（圖片來源：網絡）

們，只要掌握方法，從上到下嚴格落實，日本的產品就能迅速洗刷過去糟糕的名聲。多年後，不少人問戴明為甚麼對日本這麼有信心，戴明解釋說，他親眼看到了日本人對新知識非常渴求、對工作非常投入，管理層也積極上進、恪守職責，而且拿出了信心推廣、普及其質量控制的理論。

這次晚餐成了日本工業界的轉折點。這年的夏天，戴明和日本企業的最高管理層頻頻會面，向他們講述如何在企業中建立完整的質量管理體系，這些企業家回去之後，又層層召開會議，商討如何落實。為了在全國推廣，1950年年底，日工盟又把戴明的講義編成了一本小冊子 07，配發全國的企業和工廠。這也給戴明帶來了一份收入，但戴明隨後把這筆錢全部捐給了日工盟。日工盟最終投桃報李，用這筆錢設立了"戴明質量獎"，從1951年開始，每年評選並頒發給那些成功應用統計方法改善產品質量的單位和個人。

15年後，全世界都目睹了日本人開創的經濟奇跡，研究者問得更多的是，戴明是一名遠渡重洋的外國人，日本人為甚麼會對他言聽計從？

最直接的原因，是日本的工商界確實在圖謀破壁，他們想改善"日本製造"的不良形象，擴大產品的出口，打進國際市場。同時，由於二戰的失敗，日本人的自尊心受到極大打擊，整個社會士氣低落，而戴明作為一名外國人，對日本人表現出極大的尊重、對日本文化表現出濃厚興趣，對他們極盡鼓勵，日本人感受到了溫暖、看到了希望。

當然，日本對戴明的信奉，還有更深刻的心理基礎和歷史原因。

這就是其明治維新以來"脫亞入歐"的目標和夢想。

明治維新，是在 1860—1890 年日本發生的一場改革運動。這場運動主張不僅要學習歐美的技術，開啟工業化的浪潮，還要在文化上放棄中國儒家思想的主導地位，推行多元和開放，建立新的政府體系，以求進入強國之林。1885 年，日本的思想家、教育家福澤諭吉在《時事新報》上發表了《脫亞論》一文，這篇文章在日本引起過很大的反響，有一批人認為，福澤諭吉的主張應該成為日本在國際社會的航標和方向。

"脫亞入歐"

福澤諭吉在《脫亞論》寫道："日本位於亞洲之東部……但不幸有鄰國，一是中國，二是朝鮮……這兩個國家，都不思進取。而當今之世界，對新的文明視而不見，無異於掩耳盜鈴。"

福澤諭吉認為，和中國、朝鮮為鄰之所以"不幸"，是因為西方國家常常把中、朝、日這三個國家相提並論甚至混為一淡，因此對中、朝的批評，也就加到了日本的頭上。他打比方說，就好比大家同住在一個村莊裡，因為屋院相鄰，當有一批人出現了無法無天的愚昧行徑，而且殘酷無情的時候，即使村莊裡偶爾有一家人品行端正，也會被其他人的醜行所淹沒。由於中朝兩國的愚昧和落後，日本就不幸處於這種境地。

福澤諭吉最後主張，近朱者赤，近墨者黑，日本應該從內心拒絕糟糕的鄰居，其最佳的外交政策，不是等待中朝兩國變得開明進步，而是應該脫離亞洲這些落後國家的行列，與西方的文明國家共進退。這種思想，被總結為"脫亞入歐"。

經過了明治維新的種種變革，日本逐漸成為亞洲第一強國。1930 年代，日本發動了侵華戰爭，其部隊在中國土地上橫行無忌，中國人則無力抵抗，大片國土淪陷。1941 年，日本發動了珍珠港襲擊之後，美國正式參戰，導致了日本在二戰中的徹底失敗，特別是 1945 年美國在廣島引爆了第一顆原子彈，更讓日本人深刻地體認到現代西方文明的先進和強大。因此，二戰之後麥克阿瑟對日本的改造，幾乎得到了全體日本人的支持和配合。

在這種背景之下，戴明的出現，加上其友善的態度，日本的工業界於是心悅誠服地把他當做"先知"來對待，全心全意地貫徹他的主張。

戴明的成功，還有另外一個重要的原因，就是其主張契合了日本文化注重細節的特點。

戴明認為，85% 以上的質量問題源於管理不當，而生產過程中之所以產生質量偏差（或者叫變異），原因可以分為兩種，一是特殊原因，二是共同原因。特殊原因是指源於某一特定人員、機器或者特定環境的影響，本質上是局部的，一旦一綫生產人員採取合適的行動，就可消除；而共同原因是由於制度的缺失或整個系統的不精確造成的，要由管理人員採取行動，才可能縮小和糾正過來。

要控制質量，首先要確定每次偏差產生的原因，這就必須在生產過程中收集數據。例如，"50% 羊毛"的毛毯，是指在它的材料中，必須含有 50% 的羊毛，但每次生產出來的成品都會有偏差，即使是在同一張毯子上隨機剪下 10 個直徑為

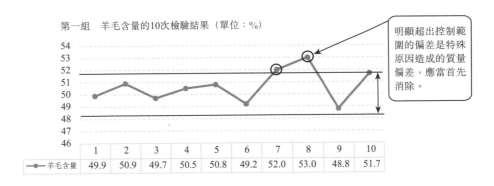

第一組　羊毛含量的10次檢驗結果（單位：%）

明顯超出控制範圍的偏差是特殊原因造成的質量偏差，應當首先消除。

	1	2	3	4	5	6	7	8	9	10
羊毛含量	49.9	50.9	49.7	50.5	50.8	49.2	52.0	53.0	48.8	51.7

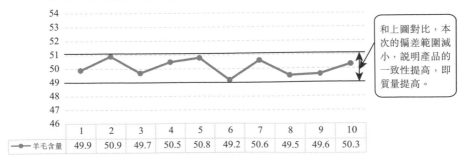

第二組　羊毛含量的10次檢驗結果（單位：%）

和上圖對比，本次的偏差範圍減小，說明產品的一致性提高，即質量提高。

	1	2	3	4	5	6	7	8	9	10
羊毛含量	49.9	50.9	49.7	50.5	50.8	49.2	50.6	49.5	49.6	50.3

圖 5-2　偏差控制圖

註：偏差不可能被完全消除。10 次檢驗的結果，雖然沒有一次正好是 50%，但只要它們的平均值大於或等於 50%，而且最大值和最小值之間的差距，即偏差的範圍，小於某一特定的值，例如 2%，我們就認為這張毯子是合格的。

1 厘米的圓形，交給化學師檢驗，10 個檢驗結果可能是 50.1%、48.3%、51.2%、49.9%……很可能沒有一塊的含量為準確的 "50%"，但偏差為甚麼產生？每次是大是小？究竟是 "特殊原因" 還是 "共同原因" 造成的？一旦有了數據，管理人員就可以此進行研究和分析，而研究的方法，戴明主張用圖表來進行。

其中最重要的圖表就是控制圖和魚骨圖。戴明認為，無論是企業的管理者還是生產者，都要學會製作這兩類圖表。控制圖為每個偏差定義了一個變化的上限和下限，一但波動超出了這個限度之外，就說明可能發生了特殊原因。特殊原因應當首先消除，但這還不夠，戴明認為，真正的質量控制，不僅是要使偏差落在規定的範圍之內，還要讓偏差波動的範圍越小越好，即在生產的過程中也要全力消減共同原因，達到 "穩定的一致性"。他認為，追不追求這種一致性，正是後來日本成功、美國失敗的原因：美國的生產僅僅是簡單地追求 "合符規格"，而沒有注重一致性，而日本產品之所以優質，就在於他們不斷縮小偏差的範圍、提高一致性。

發現了偏差，確定了偏差發生的類型，再接下來，就要對偏差發生的原因進行因果關係分析，分析的工具，就是魚骨圖。

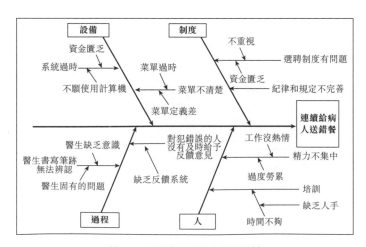

圖 5-3　利用魚骨圖進行因果分析

註：上圖為某醫院發生 "連續給病人送錯餐" 的錯誤之後，進行的因果分析圖，錯誤可能有 "設備、制度、過程及人" 四大來源，每一來源又分為若干小因素，每個箭頭都表示一個原因。戴明主張通過一線生產小組的集體討論，共同繪製出這種分析圖，通過這個過程，讓生產者、管理者一起積極地確定問題產生的原因，增強大家對於問題的理解並儘量避免[08]。因為全圖像魚的骨頭，故稱為魚骨圖。

石川馨（1915—1989）

被稱為日本的全面質量管理
之父。戴明的理論傳到日本
之後，日本人並沒有簡單地照
搬、複製，而是在戴明的基礎
之上，發展出了自己的理論體
系，石川馨就是其中傑出的代
表。他認為質量管理是企業經
營管理的一次革命，其主要思
想可以歸納為 6 條：一是質量
第一；二是要面向消費者；三
是下一道工序是顧客；四是要
用數據、事實說話；五是企業
的經營要尊重人；六是企業機
能管理。從這 6 點內容中，都
不難發現戴明的影子。（圖片來
源：網絡）

要指出的是，魚骨圖的正式提出者，是日本的學者
石川馨（Kaoru Ishikawa）。石川馨是日工盟主席石川
一郎的兒子，在戴明訪日期間，他擔任過戴明的翻譯。
因為戴明的來訪，他開始研究質量管理，後來在戴明理
論的基礎之上，發展出了全面質量控制理論，成為了日
本本土的質量管理大師。他提出的魚骨圖，不僅受到戴
明的肯定，1960 年代起，也在全世界的企業管理領域
風行。

1950 年之後，戴明先後在 1951 年、1952 年、
1955 年和 1956 年相繼前往日本，為日本的質量管理提
供諮詢和指導。日工盟也全面發揮了自己的組織協調功
能，堅持在全國開展培訓、普及戴明的方法和理論，在
1950—1970 年，日工盟一共培訓了 14 700 名工程師和
上萬名管理人員。

於是，數據和圖表有如花朵一樣，開始在日本的企
業、工廠和車間的各個角落"綻放"。很快，戴明的方
法就初見成效，各條戰綫捷報頻傳，日本的產品也開始
在國際上嶄露頭角：

1951 年 1 月，日本古河電力公司報告：其絕緣電
纜的返工率下降了 10%，利潤隨之提高。

1951 年 7 月，《倫敦快報》（London Express）頭
版頭條報道："日本尼龍大量來襲、質量優良。"

1952 年，田邊藥業公司報告：通過強化質量控制，
其氨基酸產量提高了 3 倍。

1952 年，富士鋼鐵公司宣佈生產一噸鋼鐵所需要
的材料下降了 29%。

……

除了應用統計方法進行質量控制，戴明還將抽樣
的技術和蓋洛普發明的消費者市場調查方法介紹到了日

本。1950 年之後，日本的企業開始派出代表，走家串巷進行問卷調查，以根據消費者的觀點和意見，打造市場最需要的產品。日工盟也成立了抽樣委員會，對工廠和企業進行指導。在其指導下，1955 年，日本的八幡鋼鐵公司就取得了一個突出的成果。

作為一家鋼鐵公司，八幡公司的原始礦砂主要是經船運抵達碼頭。該公司必須首先檢測礦砂的含鐵量，確定其等級，然後給供應商付錢。當時公司的做法是，在船上隨機挖幾鏟作為樣本進行檢驗，而這幾鏟，一般都來自礦砂的最表層。在日工盟抽樣委員會的指導下，八幡鋼鐵公司設計了一套新的抽樣方法。當輸送帶把礦砂由船上卸下傳送到倉庫的時候，隨機停止抽取樣品，進行檢測。這樣一來，整船的每一粒礦砂都有可能被選為樣本。

使用新的抽樣方法之後，八幡鋼鐵公司發現，來自各地原材料的含鐵量都有不同程度的下降，因此各種進貨渠道的成本分別下降了 2%—10%。八幡鋼鐵公司發明的這個抽樣方法，經過不斷改進，後來成為了大宗物資抽樣的國際標準。

表 5-1　新舊兩種抽樣方法所測試的含鐵量對比 [09]

礦產地	等級	舊抽樣方法的檢測結果	新抽樣方法的檢測結果	差異
登根	A	59.95%	55.33%	4.62%
拉納	B	56.60%	55.30%	1.30%
	C	59.25%	58.06%	1.19%
薩瑪	D	55.55%	50.42%	5.13%

到 1954 年，日本的產品已經開始大舉進攻國際市場。事實上，從"山寨"、"低劣"到"優質"的改變，日本只用了 4 年，比戴明當初預料的 5 年還早了一年。

1960 年，日本天皇授予戴明二等珍寶勳章，這是外國人在日本能夠獲得的最高榮譽。日本首相岸信介親自將獎章別到了戴明的胸前，並在頒獎詞中說，日本人民認為，日本的錄音機、收音機、照相機、望遠鏡、縫紉機等一系列產品在國際市場取得的成功都要歸功於戴明，日本工業的重生和崛起，就是因為貫徹了戴明的學說和理論。

應該說，戴明、休華特等一批美國學者，是質量管理領域的開拓者，戴明在日本點燃了薪火，啟動了質量管理的飛輪。這台飛輪一旦開始旋轉，日本人不僅沒有讓它再停下來，而且讓它轉得更快更好。1960 年代，針對如何在生產過程中收集數據、整理數據和解釋數據，日本學者提出了系統的 "質量管理七大手法"，這些手法主要包括核查表、數據分層法、控制圖、魚骨圖、柏拉圖、直方圖和散佈圖，每一種手法都不需要高深的計算，普通的管理人員都可以學會；到了 1970 年代，日本人又總結出 "質量管理七大新工具"，其中包括樹圖、矩陣圖、親和圖等等，這些理論和工具都成為了世界質量管理史上的經典和寶藏。到這個時候，世界質量管理的前沿和中心，已經毫無疑問地轉移到了日本。

1965 年，戴明第 7 次訪問日本，他參加了第 15 屆戴明獎的頒獎典禮，並受到了日本天皇裕仁的接見。這一年，日本最大的汽車製造商豐田公司獲得了戴明獎。

這個時候，美國大眾幾乎都沒有聽過豐田這個品牌，他們做夢也沒想到，僅僅 10 年之後，這個來自日本的品牌就成為了美國汽車市場的攪局者，並最終擊敗了所有的美國對手、橫掃美國市場，摘取了世界汽車生產的質量第一、數量第一的雙重桂冠。

世紀之問：日本行，為甚麼我們不行？

豐田是戴明質量控制理論最早、最大的受益者。在 1950 年夏天的那次晚餐會上，豐田公司的總裁就赫然在座。到 1961 年，豐田公司已經在石川馨等日本學者的指導下，開創了一套完整的全面質量控制體系（TQC）。他們不僅在生產過程中全力縮小偏差的範圍，還完全吸納了消費者調查的方法，在進入一個新市場的時候，豐田公司甚至會派出人員去測量當地人的身高、腿長，以調整變速桿的高度和乘客腿部空間的大小。1980 年，豐田的總裁豐田章一男又獲得了戴明個人獎。他在記者採訪中講到："我沒有一天不在思考，戴明博士於我們意義何在——戴明是我們整個管理思想的核心。"

而這時候的戴明博士，一直在紐約大學教書。一回到美國，這位 "教父" 頭頂的光環就消失了，在這裡，他只是一位普普通通的教授，很少有人知道他在日本的影響力。

除了教書上課，戴明也為企業做諮詢，但顧客寥寥。直到 1979 年，戴明在美國才獲得了第一個比較大的客戶：納舒厄公司（Nashua），這是一家位於紐咸西州的造紙公司，因為和日本的理光公司（Ricoh）有業務往來，公司的老闆康韋先生（William Convey）經常去日本出差，在日本頻頻聽到戴明這個名字，而且每次提到的時候，康韋都能感受到周圍一片肅然起敬的氣場，1979年3月7日，他忍不住撥通了戴明的電話，把他請到了公司座談。寂寥已久的戴明雖然年事已高，但一口氣給公司的管理人員講了4個小時，當然是強調統計方法的重要性。在戴明起身如廁的時候，康韋轉身向公司的管理團隊宣佈說："我要聘他擔任公司的質量管理顧問。""請一個80歲的老頭來教我們提高產品質量？"與會人員一陣錯愕，多數人都表示反對或者不屑一顧，但康韋力排眾議，最終給戴明下了聘書。

在此前後，國際汽車行業正在發生翻天覆地的變化。1975年，豐田超過德國大眾，成為美國最大的汽車進口商；到1981年，日本已經主導了整個國際汽車市場，成為了全球最大的汽車生產國和出口國，其出口的數量，是美、德、法三國轎車出口之和；到1983年，豐田推出佳美車型，更是進入了如日中天、獨步天下的狀態，此後10年中，佳美連續9年都是美國市場最暢銷的車型，唯一一年屈居第二，輸給的還是一個日本品牌——本田雅閣。2008年，豐田超越美國通用，一度成為全球汽車產量最大的公司。

隨著日本汽車的步步緊逼，美國的汽車巨頭如通用、福特、克萊斯勒的經營業績不斷下降：福特公司1979年虧損10億美元，1980年虧損擴大到15億美元；克萊斯勒1979年虧損11億美元，1980年虧損高達17億美元；通用也在虧損的邊緣掙扎度日。更要命的是，除了汽車，還有電視機、摩托車、錄音機、複印機等等日本商品都在美國大行其道，獲得了越來越多的市場份額。在日本製造的對比之下，"美國製造"黯然失色。

屋漏偏逢連夜雨。1980年初，世界能源危機爆發，石油價格飛漲，這使得美國的消費者更注重產品的質量，以汽車為代表的各種日本產品開始橫掃美國市場，美日兩國的貿易逆差不斷攀升並開創了新的歷史高點，美國的企業開始叫苦連天。在一次又一次的消費者調查中，美國的工商界都得到相同的答案：消費者之所以青睞日本的產品，就是因為其質量過硬。在這種情形下，美國社會開始全面反省。工業界、知識界和新聞界都開始探討美國為甚麼會在產品質量上輸給日本。

但直到這個時候，還是沒有人注意到戴明。最後發現戴明的，是美國國家廣播公司（NBC）的製片人梅森（Clare Crawford-Mason）。梅森也在思考美國正在

經歷的重大挫折和失敗，她籌劃拍攝一部紀錄片，但她
知道，除了市場佔有率、貿易逆差、顧客滿意率等等枯
燥的數據之外，要製作一部好的影片，引發大眾的關注
和思考，她還需要一個好的故事，只有故事才能激起人
們情感上的共鳴，但她遲遲沒有找到滿意的故事。直到
有一天，她在華盛頓的採訪過程中，聽到一位教授説：
"就在這附近，住著一位叫戴明的老人，他扭轉了日本
的經濟。"

梅森眼睛一亮，她第二天就找到了戴明，在戴明寓
所的地下室，開始了她的採訪。這個時候，距離戴明初
次到日本傳道授業，已經 30 年過去了。戴明打開了話
匣子，採訪一連進行了幾天。

隨著戴明故事的展開，梅森完全怔住了，她無法相
信，一個如此傑出的人物，卻幾十年在美國默默無聞。
全美國都在談論日本，經濟學家都不知所措、無以應
對，但改變日本的這個人，卻就住在距離美國白宮 6 英
里的地方，完全不為人所知！

梅森反覆追問，為甚麼會這樣？為甚麼人們都不知
道他？

戴明則反覆強調，他試過，但在美國，沒有人聽
他的。

梅森先是猶疑，她把電話打到了美國駐日本大使
館，經他們確認，戴明確實應麥克阿瑟的邀請去過日
本，日本確實設有戴明獎，戴明確實獲得過二等珍寶勳
章並受過天皇接見；她又把電話打到白宮，先後聯繫了
好幾個總統的經濟顧問，但沒有一個人聽説過戴明的
名字。

"我的上帝！"梅森一遍又一遍地在心裡驚呼，作
為一名職業製片人，她知道自己可能已經找到了絕佳的

新聞素材。她興奮不已，又猶豫不決，她下不了決心，是否真的要做這期節目。她發現，當講到數據，講到通過數據發現新的思想、作出新的結論的時候，這位80歲的老人最為興奮，而這部分內容因為太專業，梅森完全聽不明白。

梅森之所以最後下定決心，是因為她從戴明的口中獲知了納舒厄公司。她立即飛赴紐咸西州，走訪了戴明這個唯一的客戶。康韋先生則興奮地告訴她，他如何聽說戴明、如何慧眼識人，經過一年的實施，戴明的方法大見成效，公司已經節省了幾百萬美元。

聽到這裡，梅森幾乎屏住了呼吸，她確定自己發現的就是"金礦"。她迫不及待地回到了製片室，一連幾天足不出戶，完成了影片的剪輯。最後，這部長達一小時的紀錄片被定名為《日本行，為甚麼我們不行》，於1980年6月24日晚上的黃金時段在全美播出。這部紀錄片詳盡地分析了日本的產品之所以能夠崛起的原因，並以振聾發聵的形式發問：為甚麼我們美國不行？

在片尾最後15分鐘，主持人現場採訪了戴明。

主持人問：日本人和美國人對質量的看法有甚麼不同？

戴明解釋說：日本人用統計的方法來提高質量。就像他們從其他的文化中學習好的東西一樣，他們不僅學習，而且真正吸收了這種方法，然後，他們用前所未有的優質產品回饋世界。

主持人又問：那這種統計方法在美國可行嗎？我們美國能否取得同樣的成功？

戴明肯定的說：當然可行，美國可以取得同樣的成功。

主持人再追問：那為甚麼美國沒能做到？

戴明果斷的回答說：那是因為，美國人沒有這樣的決心，我們不知道該做甚麼，我們沒有目標。

這部紀錄片轟動了全國。這之後，各種關於戴明的新聞報道排山倒海般洶湧而來。美國的媒體甚至派出記者深入日本調查，這些記者在豐田公司的總部發現，其大堂的走廊上掛著三幅肖像，其中兩幅小的，一幅是豐田的創始人，另一幅是現任董事局的主席，而中間最大的一幅，則是戴明。

於是，在80歲這年，戴明在美國一夜成名，成了家喻戶曉的人物。紀錄片播出的第二天，戴明家裡的電話就受到了"轟炸"，鈴聲響個不停，全國各地的公司都打來電話，他們都希望能立刻見到戴明。

如果説，1950 年戴明和 21 位日本巨頭的會晤是日本的轉折點，那麼 30 年後，《日本行，為甚麼我們不行》這部紀錄片的播出就是美國的轉折點。

美國的企業從此開始追求質量。戴明也很快成為了通用、寶潔、福特、亨氏等一系列美國大公司的座上賓。這個時候，福特公司正因為平托風波深受質量問題的煎熬，從 1983 年起，戴明正式成為福特的顧問，他給全體高管開課，講授他的質量控制方法。戴明的方法很快生效，1986 年，福特公司在一次詳盡市場調查的基礎上推出了一款新的車型——金牛（Taurus），這款車戰勝了日本豐田，連續 6 年蟬聯美國質量最佳的冠軍，也正是在 1986 年，福特汽車的盈利首次超過了通用和克萊斯勒。這些成功，後來都被福特的總裁彼得遜（Donald Petersen）歸為戴明的功勞："福特正在建立一種質量文化，公司正在發生很多變化，這些變化都根植於戴明的思想。"

1982 年起，戴明先後出版《質量、生產力和競爭地位》（Quality, Productivity, and Competitive Position, 1982）、《轉危為安》（Out of Crisis, 1986）、《新經濟觀》（The New Economics, 1993）等三本專著，系統地闡述了如何用統計的方法進行質量控制、如何在企業中建立質量管理的體系，他還提出了管理 14 點、企業的 7 個病症、淵博知識體系，指出要用合作來代替競爭，謀求多贏，並強調要通過教育來打破現代管理的桎梏。這時候的戴明，已經被公認為一名管理學家。為表彰他對美國的貢獻，1987 年，列根總統授予其國家技術獎章。同年，美國也設立了類似於日本戴明質量獎的國家質量獎。

《日本行，為甚麼我們不行》這部紀錄片也給戴明帶來了世界性的聲譽，這之後，這位 80 多歲的老人開始以美國為中心，在全世界奔波，英國、南非、紐西蘭，幾個大洲都留下了他的足跡。

但他已經時日不多。在他生命的最後幾年，戴明總是向身邊的朋友抱怨説美國覺醒得太晚了，他的時間不夠用。1993 年，93 歲的戴明還舉辦了 30 場講座，可謂 "憤而忘憂，不知老之將至"。這年的 12 月，他坐在輪椅上，在加州舉辦了最後一個講座。幾週後，他因胰腺癌在華盛頓的寓所辭世。

兩天後，消息傳到了日本，《日本時報》（The Japan Times）以 "質量控制之神：戴明逝世" 報道了這個消息。

直到今天，日本的戴明獎還在繼續評選、頒發，很多日本的企業都將戴明視為再生父母。

今天回顧戴明的故事，我們還能看到，戴明對日本的貢獻並不僅僅在質量控制，戴明的遺澤，更在於推進了日本社會對於統計和數據的普及和重視：因為產品質量的崛起，日本的企業、政府甚至全社會都體認到了統計和數據的重要性。1973 年 7 月 3 日，日本內閣會議討論決定，將每年的 10 月 18 日定為"統計日"，幫助國民理解統計的重要性，鼓勵他們形成對統計的興趣，並在國家進行各項普查時予以最大限度的配合。日本政府內務部負責每年統計日的宣傳、組織和實施，包括印製海報、組織知識競賽、成果展覽等。除了國家統計日，日本每年還在中小學教師中組織"統計講習會"，在中小學生之間開展統計圖表大賽，入選作品在東京的統計資料博覽會上展出，最佳作品將獲得總務大臣特別獎。此外，日本政府還在全國各地建設統計廣場、統計資料館、統計圖書館，以生動活潑的形式向大眾介紹、展示統計的歷史及最新的圖書資料，在全民中推廣數據的知識和概念。

"日本行，為甚麼我們不行？"這一世紀之問，引發了美國人對日本崛起的反省和改進。其實，面對日本的崛起，我們中國人更應該這樣問一問自己："日本行，我們為甚麼不行！"同是東方國家，都曾經受到儒家文明的熏陶和主導，但 100 多年來，中日兩國在現代化的進程中已經走上了完全不同的道路，形成了巨大的差距。今天的中國雖然已經擁有了"世界工廠"的聲譽，也超越了日本成為了全球第二大經濟體，但中國的土地面積是日本的 20 多倍，人口是日本的 10 多倍，我們的超越究竟是以質取勝，還是以量取勝？我們的產品，在

每年的國家統計日，日本都公開向社會徵集標語和口號：2009 年的口號為"去調查，了解日本現狀"，當年共印製 6 萬張海報，在全國各地張貼分發；2010 年的口號為"以統計為支撐，做出正確選擇"。（圖片來源：網絡）

全世界是不是還頂著"山寨"、"劣質"、"廉價"的帽子？我們也在崛起，但我們有沒有向世界文明做出原創性的貢獻？

中國的"統計"一詞來源於日本

中文的"統計"一詞，就是從日本進入中國的。在明治維新年間，日本向西方國家學習，成立了國家統計局，1872 年進行了第一次全國人口普查，1882 年出版了第一本統計年鑒。1903 年，中國學者翻譯了日本人橫山雅南所著的《統計講義錄》一書，把"統計"一詞引入到中國。其實，當時的日本已經被很多中國的知識分子視為榜樣，與"統計"類似的，從日文傳入中文的詞彙還有很多。

日本社會對統計的重視還可以在台灣找到證明。1894 年，中日兩國之間爆發了甲午戰爭，中國號稱裝備精良的北洋艦隊幾乎全軍覆沒，此後被迫割讓台灣島、向日乞和。日本在統治台灣的 50 年期間，進行了多項大規模的、全面的、不間斷的社會統計調查活動，例如人口普查、經濟普查、犯罪調查等，這些調查範圍廣泛、數據豐富。2006 年，台灣當局意識到這是一筆寶貴的資料，於是專門建立了台灣日治時期統計資料庫，共收錄日治時期的統計出版物 681 冊。

圖 5-4　日本統治台灣期間出版的各種統計報告

圖片來源：台灣大學台灣法實證研究資料庫網站

重讀戴明的故事，不難發現，中日差距形成的歷史原因，關鍵在於兩個國家的國民對待先進文明的不同態度，日本人認識到自己的不足，坦蕩面對自己的失敗，真心誠意地向西方學習，因為善於學習，1936 年這輪起源於西方國家的統計革命，卻成為了一個亞洲國家崛起的福祉；因為善於學習，這個小小的國家爆發出驚人的能量，僅僅 15 年就從殘垣斷壁的失敗境地中崛起，與全世界最強大的國家並駕齊驅；因為善於學習，日本不僅成功地融入了先進的文明，還為這個文明的豐富和發展做出了巨大的貢獻。

子沛認為，用數據來改善、控制產品質量，畢竟只是一種方法和手段，中國人最需要學習的，應該是日本人對待先進文明的胸懷和態度。

註釋

01 *Out of the Crisis* (MIT Press, 1986), Edwards Deming, P.490.

02 *George Gallup in Hollywood* (Columbia University Press, 2006), Susan Ohmer, P.173.

03 出處同上，第 189 頁。

04 英語原文為："It's no longer necessary for a political candidate to guess what an audience thinks. He can find out with a nightly tracking poll. So it's no longer likely that political leaders are going to lead. Instead, they're going to follow." ——David S. Broder: The best political reporter of his time, Robert G Kaiser, *The Washington Post*, March 10, 2011

05 *The Man Who Discovered Quality: How W. Edwards Deming Brought the Quality Revolution to America* (1990) Andrea Gabor, P.76.

06 即《應用統計方法進行質量控制的基本原則》(*Elementary Principles of the Statistical Control of Quality*)。

07 英語原文為："The right quality and uniformity are foundations of commence, prosperity and peace." ——Edwards Deming

08 此例子來源於 *The Deming Management Method*, DODD, MEAD & Company, Mary Walton, 1986, P.101。

09 *The New Economics* (MIT Press, 1994, Second Edition), Edwards Deming, P.168.

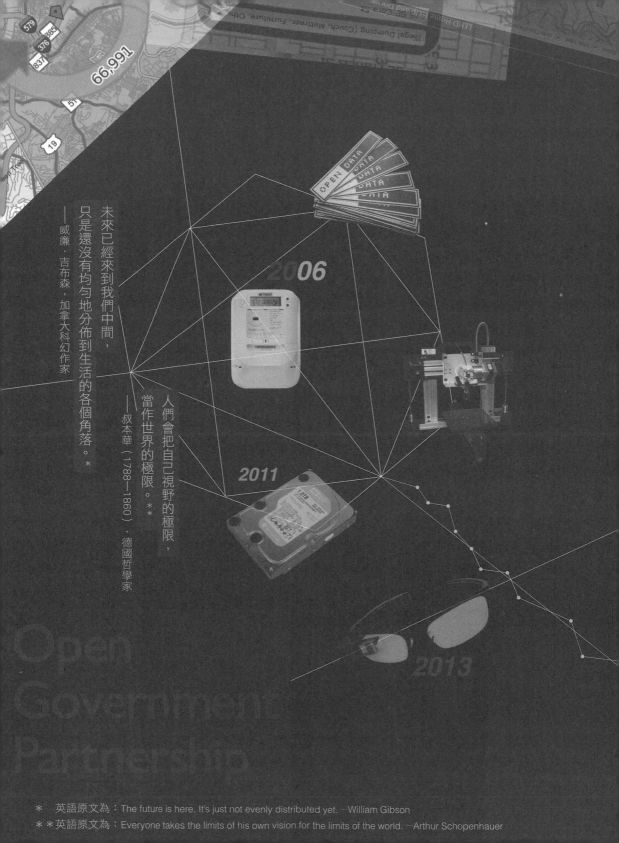

66,991

OPEN DATA

2006

2011

2013

未來已經來到我們中間，
只是還沒有均勻地分佈到生活的各個角落。*
——威廉·吉布森，加拿大科幻作家

人們會把自己視野的極限，
當作世界的極限。**
——叔本華（1788—1860），德國哲學家

Open
Government
Partnership

* 英語原文為：The future is here. It's just not evenly distributed yet. ——William Gibson

** 英語原文為：Everyone takes the limits of his own vision for the limits of the world. ——Arthur Schopenhauer

（下部）

大數據的崛起

開放時代：內開放的歷程

每個國家都在追求一條自己的道路，這條道路，根植於這個國家人民的文化當中，但是經驗告訴我們，歷史的發展最終是站在自由這一邊的。開放的經濟、開放的社會和開放的政府，是人類社會之所以能夠進步最深厚、最強大的基礎。01

——奧巴馬，在聯合國大會上的演講，2010 年 9 月 23 日

    1930 年代出現的抽樣調查技術，極大地推動了統計科學在各個領域的應用。伴隨著民意調查、市場調查的普及，數據分析開始成為一個獨立的產業。數據既是該產業的生產資料，也是其最終的產品，這個產業開始累積數據。更重要的是，隨著 1951 年電子計算機走出象牙塔和美國軍方的實驗室，這些數據不再是

保存在紙上，而是以"0"和"1"的電子化形式保存在磁帶上和硬盤中。隨後幾十年，硬盤在全世界不斷普及，這給海量數據的永久保存提供了可能。今天回頭看，這種電子化的數據累積就是人類邁進大數據時代最初的起點。[02]

　　1980年代，互聯網開始在美國普及，人類保存數據有了新的方式——網絡服務器。這時候的數據，除了電子化，還有了一個新的特點：在綫。這意味著數據24小時可得，其複製、傳播、整合更加方便，相同的一份數據，可以快速在不同的服務器上流轉、重複使用，不同的數據可以互相整合、產生新的效用，數據的價值越來越凸顯，但其保存成本、分享成本卻越來越低，下降到邊際成本幾乎為零的地步。在綫數據的這些特點，最終引發了公共領域的"數據開放"的運動。數據開放，即讓數據自由流動，徹底分享數據的所有權。

圖6-1　人類數據保存方式的演進

　　開放，主要是指信息的自由流動，廣義的開放，還包括人、財、物的自由流動。一提到"開放"，中國人耳熟能詳的是"對外開放"，好像只有打開國門，讓外部的信息和人、財、物進來，才是"開放"。其實不然，一個國家的開放，應該首先指向它的內部，而且就開放的程度而言，一個健康的國家，對內開放的程度應該遠遠高於對外開放的程度，也就是說，和外來的"人、財、物、信息"相比，其內部的"人、財、物、信息"應該享有更高的自由度。這其實不難理解，國際社會由不同的國家組成，他們遵從各自的風俗、法律和規定，這些都是自由流動和開放的壁壘。

　　美國的數據開放，其最早的表現形式是信息自由、數據公開，這是一種典型的對內開放，即內開放。

　　內開放作用何在？對外開放，可以引進外部先進的思想、人才、技術和產品，這也正是中國持續30多年的改革開放之所以成功的重要原因，但毫不誇張地說，和對外開放相比，內開放更加重要，它決定了一個國家長期的發展和命運。隨著本章故事的展開，你可以看到，內開放不僅關係到公民的自由、權利，還是政府管理社會、調控市場、服務經濟發展的有效手段。更重要的是，隨著大數據時代的到來，數據將像傳統的"人、財、物"一樣，成為重要的生產資料和創新資源，內開放的程度，將決定一個國家發展的動力、一個社會創新的活力。

在半個多世紀的歷程中，美國的內開放制度經歷了三個截然不同的階段。它的第一階段，可以追溯到 1960 年代發生的信息自由運動，準確地説是 1966 年，伴隨著《信息自由法》（FOIA）的誕生和執行，美國拉開了內開放 1.0 的大幕。

內開放 1.0：數據承載知情權 03

美國的信息自由運動起源於民間對政治知情權（Right to Know）的爭取。1945 年，美聯社執行主編庫珀（Kent Cooper）在歷史上第一次對何為"知情權"及其意義進行了闡述。他認為，人民有權知道政府的運作情況，政府如果封鎖信息，那除了選舉權，公民的其他各項政治自由其實都沒有保障，所以知情權是一項基本的公民權利。美國的信息自由運動也是在這時候由新聞記者發起的。1953 年，在新聞界的強烈要求下，國會開始草擬《信息自由法》，要求在不危害國家安全和個人隱私的情況下，政府應該公開其一切信息和文件。其後，國會召開了數百場聽證會，撰寫了幾十卷調查報告，《信息自由法》也數易其稿，但歷經十多年，其立法總是通不過。

通不過的原因，還是因為政府部門的強力反對。1960 年代，聯邦政府只有 27 個部門，但無一例外，全部都在聽證會上對《信息自由法》大聲説"不"，認為信息公開會給政府的動作造成極大的阻撓和負擔。當時的約翰遜總統（Lyndon Johnson）甚至給議員直接打招呼：即使國會通過了這個法案，他也會行使總統的否決權。多年以後，約翰遜總統的新聞秘書莫耶斯在回憶錄裡説，約翰遜聽到這個法案的第一反應是：國會要幹甚麼？是不是想搞砸我這屆政府？

由於新聞界和民間團體長達十多年的不懈抗爭，1966 年，國會參眾兩院終於以壓倒性多數通過《信息自由法》，社會輿情也一致沸騰，約翰遜知道無力回天，才在極不情願的情況下簽署了這個法案。

立法是通過了，但執行起來還是困難重重。《信息自由法》剛剛實施的時候，政府部門消極應對，效果並不理想。對於查閱公共記錄的要求，政府部門或收取高昂費用，或拖延不予答覆，或以國家安全的理由搪塞，使人望而卻步卻又無可奈何。當時的報紙形容說，知情權雖然有法可依了，卻還是一張"空頭支票"。又是在公民團體、新聞記者的批評聲音和抗議浪潮中，國會在 1972 年提出了《信息自由法修正案》。該法規定，如果政府拒絕民間關於信息公開的要求，任何公民都可以提起司法訴訟，而法院才擁有信息是否公開的最終裁判權。這個規定直接掐到了政府的"七寸"。當時是福特（Gerald Ford）擔任總統，當《信息自由法》於 1966 年在國會投票的時候，他還是一名議員，並且投了贊成票。但時過境遷、位轉人移，這時候的福特也是屁股指揮腦袋，他立刻給國會發函，明確表示反對這個修正案。最後，在參眾兩院高票通過的情況下，他還斷然行使了總統否決權，拒絕簽署這個修正案。但由於三權分立中的相互制衡機制，他的否決再度被國會以 2/3 以上的絕對多數推翻，歷史這才真正翻開了新的一頁。

這之後，美國政府的信息公開工作駛上了快車道。從 1970 年代後期起，美國的聯邦政府每一年都要收到來自民間數十萬條關於信息公開的申請，並依法向申請人公開這些文件和數據。1976 年，美國國會又通過《陽光政府法》，規定除了靜態的文件要公開，動態的決策過程也要公開，美國公民自此獲得了旁聽政府會議的權利。1996 年美國又通過了《電子信息自由法》，明確除有形的文件之外，保存在計算機內的電子記錄也屬於信息公開的範圍。此外，還有 2007 年制定的《開放政府法》規定，聯邦政府信息公開的範圍不僅僅是其本身收集的信息，還包括政府委託私營機構、非營利組織收集的信息。

這些層層疊加的法規，迫使信息公開的主體不斷擴大，從最早的紙面文件到會議，再到電子記錄，這種信息公開，實際上已經是現代意義上的數據公開。從傳統的意義上來說，數據指有根據的"數字"，但自從 1946 年第一台計算機誕生之後，"數據"這個概念的內涵擴大了："數據"如今已經不僅僅指代傳統意義上的"數字"了，而是統稱一切電子化的記錄，一個視頻、一段音頻在今天都被稱為數據，但其本身也是信息。也就是說，進入信息時代之後，數據即信息，信息就是數據。

從這個角度理解，美國的《信息自由法》就是一部《數據自由法》，它的建立和完善，為內開放 1.0 的時代奠定了制度性的框架。但這個時候，公開信息和數據的主要目的還僅僅是為了保護公民的知情權，直到 1980 年代，美國的內開放才出現第二個重要的轉折點，呈現大相徑庭的格局，邁進了 2.0 時代。

內開放 2.0：用數據制衡

這個新轉折點的出現，要歸功於美國 1970 年代興起的環境保護運動。

説起美國的環境保護運動，又必須提到一位女性作家雷切爾‧卡森（Rachel Carson），她早年是一位生物學家，為美國聯邦政府工作，後來辭去公職，成為了一名專業作家。1962 年，卡森出版了《寂靜的春天》一書，引發了大眾對於環境污染問題的關注。卡森所謂的 "寂靜"，不是詩意的寂靜，而是因為人類無節制地使用農藥等化工用品，在春天來到的時候，再也聽不到鳥兒的歌聲了，而且，這些致命的微量毒素，殘存在水、空氣和土壤當中，並通過生物鏈層層傳遞，最後到達了人體。卡森認為，人類發明農藥等化工用品，本意是為了美好的生活，但這些東西對環境的污染、對人類長期的負面影響，無異於慢性自殺。

卡森在書中第一次明確地提出人類必須 "保護環境"。這個時候，各種因為環境污染觸發的危機也開始影響普通大眾的生活，頻頻引發各種抗議和社會運動。1970 年，美國人甚至把 "環保" 問題排到了越南戰爭和民權運動的前面，認為這是國家必須面對的首要問題。這一年，在美國誕生了第一個 "地球日"、組建了國家環境保護局。此後，環保運動轟轟烈烈、如火如荼。

但即使大眾參與、國家重視，美國的環保運動依然困難重重，原因在於，要採取措施保護環境，就意味著現有利益格局的調整、個別領域發展的停滯、行業利潤的下降，甚至部分人員會失去工作。如前文中提到的，當 1990 年代美國政府決心提高飲用水標準和空氣質量標準的時候，都遭到了巨大的反對，這些反對可能來源於一些行業協會和公司，也可能直接就是地方政府和平民大眾。1980 年代，美國的《伐木卡車司機》雜誌上登載過這樣一則廣告："伐木界正在遭受攻擊。如果我們不團結起來，我們就會被消滅，成為激進環保主義者的犧牲品，他們將封鎖森林，工廠將關閉，勤勞的人們將失去工作"。

這正是環保運動的複雜之處：環保主義者高舉的正義大旗，其他群體，尤其是利益受損的群體會認為過於激進；而且，任何群眾運動和社會運動都免不了魚龍混雜，在美國的環保運動中，也曾出現一些企業，藉環保之名打擊商業競爭對手。在各種組織和勢力的對抗中，政府好像是 "三明治"，被夾在中間，政策的制定者常常左右不是人、進退都為難。但在 1980 年代，由於信息公開帶來的政策創新，美國政府開始擺脫這種困境。

1984 年，印度發生了一起惡性環境污染事故，位於博帕爾的一家農藥廠發生了氰化物泄漏，致命的氣體噴出工廠，周邊地區 3 787 人立即死亡，接下來幾週的時間，又有上萬人死亡，總共 50 多萬人因此受傷，史稱博帕爾之災（Bhopal disaster）。其傷亡之慘烈，當時震驚世界，這在美國激發起了新一輪的環保運動。1986 年，美國國會通過立法，要求相關企業必須每年公開他們排放到空氣、水源或土壤中的有毒化學物品的數量。

工業界當然強力反對。在立法的過程中，他們就進行了大量的遊說，並且成功地降低了公開的範圍和程度。例如，為了使公開的數據不至於令人立即聯想到嚴重的化學污染，工業界要求減少需要公開的化學品項目和種類，並成功地將公開的範圍縮小到最終排放的化學物品，而不包括其使用有毒化學物品的多少。此外，工業界還要求企業可以自主測定其排放量，其中的原因，當然是通過控制測量和計算的方式，儘量讓"數據"顯得好看。

這也是人類控制數據最重要的手段，即控制數據的產生方式以及控制對數據的解釋方式。

因為這些妥協，當時沒有人看好這部法律，甚至是負責執行的美國國家環保局也認為這是走走過場，不會有很大的作用，相反，核實、彙總、發佈這些數據將極大地增加他們的工作負擔。

但出人意料的是，這部法律獲得了極大的成功，並且成為了美國信息公開的轉折點。在法律頒佈的第一年，一些大公司的頭頭腦腦就先後主動出來表態，聲稱企業負有保護環境的社會責任，應該控制、減少這些有毒物質的排放。有的企業領導甚至向新聞界公開承諾，要將現有的排放量減少 90%。這之後，全國的排放量每年都下降，同時經濟發展並沒有停滯，到了 1998 年，全國各種有毒化學物質的排放量較 1986 年減少了一半。美國國家環保局事後總結，這是近 30 年來最為成功的環境政策。

雖然向社會公開這些數據，其實還是屬於"知情權"的一部分，但通過公開數據，把企業置於全社會的輿論和監督之下，讓他們自覺、自願降低污染的排放量，矛盾得到轉移，問題得到解決。通過這項法律，美國政府真真切切地領會到數據公開的制衡作用，意識到開放本身就是一種有效的管理手段。這之後，環境數據的披露成為了美國環境政策的主流措施,數據公開成為了美國政府一種全新的調控手段。對政府而言,原來被動的公開開始變為主動,這是一個質的改變,美國的內開放由此進入了 2.0 時代。

在 2.0 時代,美國政府對"公開"的手段運用得越來越嫻熟,把內開放的社會管理功能、市場調控功能發揮得淋漓盡致,除了環境污染,在產品質量、食品衛生、藥物安全等棘手的社會領域,都主動地、大量地採用公開的方法。

例如,1993 年,威斯康辛州最大的城市密爾瓦基市(Milwaukee)爆發了大規模的自來水中毒事件,因為位於密芝根湖的水源遭到污染,導致該市 104 人死亡、40 多萬人生病入院。這是美國歷史上最嚴重的一起飲用水危機事件。除了勒令各地的飲用水處理工廠進行相應的技術改造,1996 年,美國國會修訂了《聯邦安全飲用水法》,要求自來水的供應商要為客戶提供年度污染報告,報告中要列明水源的各項指標、在水源中發現的污染物多少,以及是否超出了國家規定的額度。這種數據公開無異於向自來水公司施壓,讓他們提高警覺、改善技術,最大限度地減少污染,同時也讓消費者可以在不同的公司之間自主選擇,強化了市場競爭。

再回到我們前文中曾經提到的一個重要話題:汽車安全。2000 年,有新聞記者注意到,各地 SUV 車型(運動型功能車)發生了很多起側翻事故,事故車中又以福特的 SUV 為最。記者在新聞報道中分析說,雖然翻車佔所有車禍總數的 4% 不到,但翻車所導致的死亡人數卻佔了全部車禍死亡人數的近 1/3。在 1991—2001 年,美國交通事故致死的人數上升了 4%,但翻車導致的死亡卻上升了 10%。美國交通管理部門進一步分析了數據,也確實發現,側翻的事故總數在上升,其中輕卡、SUV 汽車側翻尤其明顯,其導致的死亡人數上升了 43%,而其他車型因為側翻而導致的死亡人數卻下降了 15%。[04] 這些數據證明,SUV 車型確實容易側翻。

這些數據和報道立即引起了大眾和立法機構的關注。按照傳統的做法,美國國會將會同國家公路交通安全管理局,針對 SUV 型汽車,出台一個防止側翻的最低安全標準。但這種做法,如前文所述,無疑將引起汽車行業的反對、遊說和博弈,其立法過程將耗費幾年甚至數十年的時間。

這個時候,美國的立法者對於如何利用公開已經輕車熟路。國會的做法,是通過了 TREAD 法案 05，該法案要求汽車銷售商在賣車的時候，必須明確告知消費者車輛側翻的可能性，這個可能性的大小，在新車型下綫的時候，由政府監管部門測試評定。該評定系統由 5 顆星組成，一顆星很差，代表側翻風險高達 40% 以上；五顆星則最好，代表側翻風險低於 10%。2005 年，國會進一步要求，汽車的側翻評級結果必須張貼在新車的展示廳裡，讓消費者一眼就可以看到。

結果又證明，這種公開的措施非常有效，獲得了 5 顆星的汽車製造商把這作為自己品牌宣傳的一個重點，廣而告之，這無形中刺激了市場的競爭。2005 年，在所有 25 款新下綫的車型當中，有 24 款獲得了 4 顆星以上的評定，只有福特一款 SUV 汽車獲得了 2 顆星。更具戲劇性的是，這個時候，國家公路交通安全管理局提出要立法，設定防止汽車側翻的最低安全標準，所有汽車製造商竟然無一反對，當年國會輕鬆地通過了相應的最低標準。美國國會最後總結說，這種公開"鼓勵了汽車廠商生產更為安全的車輛，並給消費者提供了充足的信息，非常成功"。06

當然，也並不是所有的數據公開都一帆風順、取得了理想的效果。近 20 年來，也有難產甚至夭折的例子。1999 年，美國醫學研究院（IOM）發佈報告說，美國每年有 4.4—9.8 萬名患者死於醫療事故、還有 93.8 萬患者因為醫療事故而受傷。這造成了巨大的損失，也導致了醫院的公信力下降。但這些事故，大部分都處於不公開或者半公開的狀態。醫學研究院因此號召建立一個全國醫療事故的公開數據庫，即以醫院為單位，向大眾全面公開每一起醫療事故的數據明細。美國醫學研究院認為，正是因為不公開，醫療事故才居高不下，如果有一個公開的體系，大眾的監督將會轉化為激勵，全國的醫療事故將減少一半以上。

這個提議得到了時任總統克林頓的支持。但可以想像，一到立法的層面，以醫院為中心的各種利益團體立即形成了涇渭分明的兩大陣營：一是以病人、公益組織、政府官員、律師團體以及個別醫院為中心的群體，他們支持這樣的數據公開；另外一個陣營則以美國醫藥協會、美國醫院協會和保險公司為主，他們儘管肯定這種公開的價值，但明確反對以醫院為單位的公開方法。反對聲中又以保險公司為甚，因為公開的數據可能成為訴訟中的證據，導致高額的索賠，但這對律師來說，卻是個利好的消息，因此律師協會大力支持。

這種對立在立法層面造成了久拖不決的僵局。全國性的醫療事故公開系統，直到今天，美國也沒有建立起來。雖然在國家的層面上卡殼，但也有地方單位先行一步，例如明尼蘇達州就全面公開了醫療事故的數據，一些醫院的個別科室，如紐約州的心臟外科也自行建立了類似的公開制度。

除了在經濟、社會事務的領域發揮作用，數據公開的這種制衡作用，還可以在美國的民主體制當中找到應用。例如，有一個問題在美國的歷史上糾結已久，那就是國會議員是否應當享有自由買賣股票的權利？國會的立法、重大事務的表決往往會引起股價的波動甚至震盪，如此允許議員自由買賣股票，議員就可能會利用自己掌握的信息悶聲發大財，也可能在重大問題的表決時顧及個人私利，投出不公正的一票。

一個最簡單的方法，就是迴避。美國的法院和行政機關都有迴避原則，例如，一名法官如果擁有涉案公司的股票，他或者迴避，或者在介入審判前轉讓自己的股票，行政官員在類似情況下也不例外。但迴避的原則卻不適合於議員，這是因為，和法官、行政官員這些職位相比，議員的性質有本質的區別。前文提到，美國實行的是代議民主制，議員是選民利益的受託人，如果議員在投票時被勒令迴避，部分選民便無人代表，其權益就受到侵害。因此在美國的歷史上，議員的投票權沒有被剝奪的先例。此外，作為立法討論機關，國會涉及的話題極其廣泛，如果要求議員必須轉讓與每個話題都相關的股票，這在操作層面上難以落實，對議員的個人自由也是個極大的限制。

美國社會曾經為這個問題展開過多次討論。爭來爭去，發現最好的辦法，就是財產公開，國會的議員必須每年公開自己的財產情況，包括各類股票的多少和交易的明細。通過公開這些數據，把這個問題交給選民去監督，無數隻眼睛會讓所有的貓膩都無所遁形。如果議員擁有大量的股票，並在關鍵的時間點上頻頻買進賣出，那就有嫌疑置個人利益於選民利益之上，下次選舉中就可能被"拉下馬"來。想當選的議員就必須潔身自好。當然，這種監督可能會成為"馬後炮"，一年的時間，議員也可能已經發了一筆財了。針對這個漏洞，2000 年以來，已經有人不斷提出，一年一度的財產公開週期太長，不利於監督，財產數據應該每半年甚至每個季度公開一次，而且，原來的公開是通過文本文件進行的，未來的公開，應該是在互聯網上公開其財務明細的數據，利用現有的信息技術，這完全不是難事。

財產公開的這種訴求，其實就是後來"數據開放"最初的原型。2000 年之後，數據公開的要求在美國社會逐漸轉變為"數據開放"的呼籲，隨著數據開放浪潮的到來，美國的內開放被賦予了新的目的和濃厚的技術色彩，上升到嶄新的高度。但誰也沒想到，進入新世紀不久，美國就發生了"9·11"的悲劇，這個新時代的拐點，竟然在這場震驚世界的悲劇當中浮現。

悲劇現場的第一個問題：普查局的數據之痛

2001 年 9 月 11 日。

早晨 7 點 59 分，波士頓機場。美國航空公司第 11 號航班準時起飛，這架波音 767 大型飛機載著 87 名乘客和機組人員，將飛往洛杉磯。這是一次長達 6 個多小時的飛行，飛機滿載著燃油。

8 點 32 分，美國聯邦航空總署（FAA）突然接到報告，美航 11 號航班被劫持，航向改變，聯邦航空總署立即向北美防空司令部（NORAD）求助。呼嘯聲中，兩架 F15 戰鬥機在 8 點 53 分從麻省奧蒂斯空軍基地起飛，趕往出事地點，試圖控制事態的惡化。

他們並不知道，其實 7 分鐘之前，悲劇已經發生了。

8 點 46 分，紐約曼哈頓，世貿中心雙子塔。這正是上午開始上班的時間，這個高達 110 層的商務中心正剛剛開始一天的忙碌，大堂內"叮叮"聲此起彼伏，90 多部電梯正上下穿行。雙子塔曾經是全世界最高的建築，自 1973 年啟用以來，一直是紐約的地標，也是美國經濟繁榮的象徵。但在這天早晨，一切都開始凝固成為記憶：一架飛機突然從天而降，撞在了其北塔樓 92—99 層的地方。

一時間，爆炸聲、尖叫聲、烈火、濃煙、四散的殘骸和灰塵籠罩了這個剛剛從清晨中蘇醒的社區。

十多分鐘之後才確定，這架飛機就是從波士頓起飛的美航 11 號航班。

之所以反應如此遲滯，是因為聯邦航空總署及相關部門已經完全亂了陣腳。從 8 點 32 分接報美航 11 號飛機被劫到 8 點 46 分世貿北塔被撞的短短 14 分鐘內，聯邦航空總署的電話響個不停，在波士頓、紐瓦克和華盛頓又陸續確認有 3 架飛機被劫。

在他們沒來得及做出更多反應之前，9 點零 3 分，又一架飛機撞向了世貿中心南塔樓 77—85 層之間。33 分鐘之後，9 點 36 分，第三架飛機撞向了美國國防部的五角大樓。

23 分鐘後的 9 點 59 分，燃燒中的南塔樓結構崩潰、轟然倒塌；10 點 28 分，北塔樓也隨之崩塌。在兩樓倒塌之前，為了求生，被困於高層火海的人員甚至縱身下跳。據調查組後來統計，至少有 111 人從高空墜落。

很快，世貿中心南北雙塔著火燃燒、濃煙滾滾、轟然倒塌的消息和照片充斥了世界各地的電波和屏幕。報紙、電台、電視都把鏡頭對準了世貿中心。在現場報道的第一時間，全世界的記者都開始估計死亡的人數。準確的死亡人數當然還無法統計，但他們知道，隨著大樓的倒塌，樓內的人員可能全部要遇難。於是問題演變為：在這個時間點上，世貿中心內究竟有多少人？在組織救援的過程當中，從在一綫指揮的消防局局長到紐約市長，再到高層的決策者如國防部長、副總統，每個人都禁不住在第一時間發問：雙子塔中究竟有多少人？

雙子塔中究竟有多少人？這立刻成為危機現場人人關心的焦點，但對這個問題，當時卻沒人能夠回答。直到南北兩塔雙雙崩塌後的幾個小時，電話打到國家人口普查局，他們的統計學家也拿不出靠譜的數據。

前文提到，美國的人口普查是圍繞個人住址，通過登門入戶的調查展開的，其最後的結果是一個地區居民的多少，但居民，顧名思義，是晚上居住在這個地方的人，一到清晨，居民就如飛鳥需要離巢覓食一般，要出門上班、參加各種社會活動，不同的人群因為不同的目的在不同的社區流動，在白天的某一時刻，城市的一個特定區域有多少人，是無法一一統計的，也是難以估算的。

因此人口普查局也回答不了這個問題。

但人們都知道，世貿中心的人口密度極高，因為其龐大的建築體積和人群流量，世貿中心甚至有自己獨立的郵政編碼：10048。當時唯一的一個綫索，是美國作家達頓在 1999 年出版的一本介紹世貿中心的專著，他在這本書中估計，在世貿中心上班的人大概有 5 萬，雙子塔一天接待的遊客數量約為 20 萬。[07] 但這兩個數字是否準確，並沒有人認真地統計過。

而這個時候，美國的總統、三軍總司令喬治·布殊正在美國南部的佛羅里達州進行親民之旅，按計劃，他正在訪問當地的一所小學。9 點零 2 分，就在他正要邁進一間教室的時候，電話響了，他獲知一架飛機撞上了世貿中心的北塔樓。

布殊的第一反應是,這可能是場意外的事故。他仍然走進了教室,和幾十位二年級的小朋友一起朗讀課文。9 點零 6 分,白宮辦公廳主任卡德(Andrew Card)匆匆走進教室,低頭耳語告訴布殊:第二架飛機撞上了世貿中心的南塔樓,已經確定,美國正在遭受有組織的襲擊!

布殊後來在回憶錄裡記錄了當時的心情和教室裡的情形:

"看著面前孩子們那張張天真的臉龐,我知道,上百萬的孩子需要我來保護,不能讓他們失望。我抬頭看到,教室的後邊,記者們正在用手機和尋呼機翻看新聞。本能告訴我,我的一切反應都會被記錄下來,並傳播到世界各個角落。整個美國可以陷入震驚,但總統不能。這時候,我的新聞秘書弗萊徹站在教室的中間,他舉起了一個牌子,上面寫著:甚麼都不要說。我並沒打算要說甚麼,我已經想好了怎麼做:下課後,我會平靜地離開教室,我需要了解更多的事實,之後向全國人民發表講話。" 08

布殊按計劃完成了學校的活動。9 點 33 分,他的車隊匆匆離開學校、趕赴機場。在起飛之前,他又接到國務卿賴斯的電話,獲知又一架飛機撞向了五角大樓。

在空軍一號的專機上,電視節目播出了南北雙塔轟然倒塌的畫面,看到有人身懸窗外、有人縱身跳樓的鏡頭,布殊的雙手抓緊了沙發的扶手,他感到"無能為力",不由自主也問出了同樣的問題:雙子塔當中到底有多少人?但身邊的隨從沒人能給他一個答案,隨後找到的,也是達頓的估計——"5 萬職員、20 萬遊客"。布殊相信,他可能已經成為了"美國歷史上親眼見到人民死亡人數最多的一位總統"。他繼續追問準確的數據,即有多少家公司在雙子塔內辦公,他們又各雇有多少職員。面對總統的追問,有人面露難色,解釋說類似的統計可以做,但需要時間。

究竟有多少人在雙子塔內上班?當天死亡人數到底是多少?這是政府、新聞界和社會大眾都最關心的數據。"9·11"悲劇發生之後的一兩個星期,各個媒體的專家和記者都在自己的新聞版面上做出估計,一時間,各種數據、傳言滿天飛,其跨度區間從幾千到 10 萬不等。直到 12 月中旬,雙子塔廢墟之上的大火全部熄滅,死亡人數才基本統計完畢。當時的結果是,包括劫機犯在內,"9·11"事件中死亡人數為 3 040 人。12 月 20 日,美國發行量最大的報紙《今日美國》(USA Today)根據這個結果做了一個估計,認為當時是大清早,很多人還沒有到辦公室,也沒有旅遊觀光的人員，因此南北雙塔每幢大樓中大概各有 5 000—7 000 人 [09]。這個數字一度被認為權威。

　　但美國政府並不滿足於這個估計，他們對這個數據窮追到底。經過數年的統計、調查和現場勘察，美國國家標準與技術研究所（NIST）在其 2005 年發佈的最終報告中認定，當時的南北雙塔中共約有工作人員 17 500 人，其中南塔樓約 8 600 人、北塔樓約 8 900 人，通過細緻的訪談和取證，這份報告甚至把各個重要的時間節點上兩座大樓內各有多少人都列出了明細 [10]。

表 6-1　北塔樓在各個時間點的人數以及疏散、死亡情況

時刻表	大堂到 91 層的人數	92—110 層的人數	成功疏散的人數
8：46 北塔樓被撞	7 545	1 355	0
9：03 南塔樓被撞	6 300	1 355	1 250
9：59 南塔樓倒塌	850	1 355	6 700
10：28 北塔樓倒塌	107	1 355	7 950

北塔樓最後的死亡人數：1 462 人　　　　身處北塔樓高層的 1 355 人無一幸免

表 6-2　南塔樓在各個時間點的人數以及疏散、死亡情況

時刻表	大堂到 76 層的人數	77—110 層的人數	成功疏散的人數
8：46 北塔樓被撞	5 700	2 900	0
9：03 南塔樓被撞	4 800	637	3 200
9：36 五角大樓被撞	1 050	619	6 950
9：59 南塔樓倒塌	11	619	8 000

76 層以下共死亡 11 人，佔當時總人數（5 700）　　南塔樓最後的死亡人數：630 人
的比例不到 1%，說明當時的疏散非常有效

註：因為雙子塔中的人數（北塔樓 8 900 人和南塔樓 8 600 人）是基於不完全統計之上的數據，所以以上兩表各行相加之後的總數並不相等。

　　在悲劇現場的第一時間，國家的統計部門無法為最高的決策者提供準確的數據，這自然又成了普查部門的 "數據" 之痛。就像差不多 100 年前統計部門無法回答羅斯福總統關於棉花的實時產量一樣，這次布殊總統要的，是在一個時間點上一個地區的人數，也是實時的。毫無疑問，這個問題比當年棉花產量的統計

問題還要困難，因為人是活的，在不斷移動。人口普查局認為，這個數據無法完全準確地統計，也沒有必要完全準確地統計，但可以科學地估計。而且，這個挑戰，美國的普查部門早在"9·11"事件之前就意識到了，並將其概括為"白日人口"（Daytime Population）的統計問題。

白日人口

白日人口指一個地區在 8 小時的上班時間內，其人口的多少，這是相對於居民人口而言的。居民人口是指一個地區居住有多少人口，而白日人口，除了白天還在家的人，還包括這期間從其他地區流入本地區的人，例如上班的人、上學的人、就醫的人、旅遊的人、購物的人，這個人口數量處於不斷的流動和變化當中。對白日人口的科學估算，能為城市的交通運輸、土地使用、應急救災等運營管理問題提供非常重要的參考。

美國人口普查局在 2000 年的人口普查完成之後，才第一次正式發佈對於全國各大城市"白日人口"的估算結果。

人口普查局認為，白日人口統計的挑戰完全可以克服，雙子塔的大樓中有多少雇員，也應該在幾分鐘之內就能統計完畢，其中的困難並不在於統計的方法和技術，而源於不同政府部門之間的合作障礙。

LEHD 項目：開放數據的使用權

人口普查局困難在於，在美國，這些數據是分散的。中央政府的普查部門掌握了幾乎全國每一個人的年齡、種族、住址等個人信息，但他們在哪裡工作的相關信息，人口普查局並沒有直接掌握。其工作單位的名稱，可以從失業保險、納稅記錄當中找到，但這部分數據掌握在州政府的手裡，有了單位的名稱，還必須要到另一個數據庫中去確定每一個單位的地址。換句話說，要完成這項統計，就要對聯邦政府和州政府多個部門的數據進行整合，因為涉及面大，而且美國是聯邦制國家，各州自有其數據管理的法律體系，聯邦政府還不能"霸王硬上弓"，所以數據整合難度相當大。也正是因為實施過程中的重重困難，項目一直沒有進展。

但"9·11"事件悲劇現場的數據之痛大大促進了這個項目的進程。這個項目被命名為"工作單位和家庭住址的縱向動態系統"（LEHD），因為要使用到個人申領失業補貼的數據，這涉及到個人隱私，每個州都有勞工法對其進行保護，人口普查局必須和全國 50 個州逐一談判。這花了幾年的時間，直到 2006 年年底，該局才和 44 個州達成了數據共享和合作的協議，例如，世貿大廈所在紐約州，就是在 2006 年 6 月，其州議會通過了修改本州勞動法的議案之後，其數據才和人口普查局共享的。

要把人口普查的數據和全國公司的數據聯通起來，這是一個真正的大數據項目。美國有 3.1 億人口，其中工作人口約 1.5 億，還有近 2 000 萬家公司和組織，這個公司可能明天招人擴大，那個公司也可能後天宣佈解散破產，其雇員可能是今天就業的大學生，也可能是明天就要退休的老人，也就是說，個人和公司都在不斷"新陳代謝"，再加上個人申請失業保險、補貼、納稅的記錄，整個系統一開始就有 60 多億條記錄。

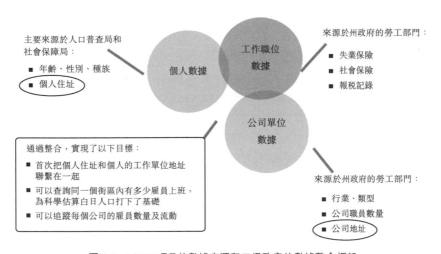

圖 6-2　LEHD 項目的數據來源和三級政府的數據整合框架

註：三個主要的數據源用圓圈表示，圓圈相交意味著其收集有共同的數據項，數據庫可以通過它們搭橋聯通。

數據整合聯通之後的效果如何？以本書曾經提到的成功轉型城市匹茲堡為例，在 LEHD 的主頁 OnTheMap 的系統界面輸入匹茲堡的城市名稱"Pittsburgh"之後，可以對城市的工作人口和居住人口進行各種各樣的查詢和分析。下圖的箭頭和圓圈表明，2011 年，有 199 942 人居住在匹茲堡的市區之外，但每天要進城上班；有 51 460 人居住在匹茲堡，但每天要出城上班；住在匹茲堡城市內並在城內上班的人只有 66 991 人。由於工作是全社會最主要、最日常的活動，對工作人口和居住人口的這種分析，也表明了該市城區內外每天人口流動的基本情況。

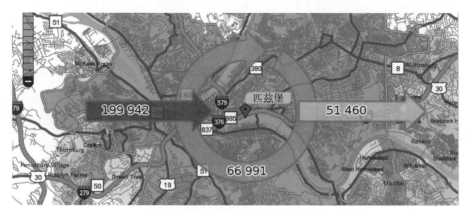

圖 6-3　匹茲堡城區內外的人口流動圖

註：圖 6-3 至圖 6-8 均為 LEHD 系統查詢界面的截屏。

表 6-3　在匹茲堡工作人口的居住情況

分類	總人數	佔比
在匹茲堡工作的總人口	266 933	100%
在匹茲堡工作但居住在匹茲堡之外的地方	199 942	74.9%
在匹茲堡工作、也居住在匹茲堡	66 991	25.1%

註：表 6-3 至表 6-5 中的數據均源自 LEHD 系統。

表 6-4　在匹茲堡居住人口的工作情況

分類	總人數	佔比
居住在匹茲堡的總人口	118 451	100%
居住在匹茲堡但在匹茲堡之外的地方工作	51 460	43.4%
居住在匹茲堡、工作也在匹茲堡	66 991	56.6%

當然，對 11 萬多城市居民、26 萬多來匹茲堡上班的工作人群，還可以做更詳盡的分析。不妨以 2011 年為例，對這兩部分人口的年齡、性別、種族、教育程度、工資高低、行業分佈、居住地分佈做個較全面的分析，以下是部分結果明細：

表 6-5　匹茲堡工作人口和居住人口分析（2011 年）

	在匹茲堡工作的人		在匹茲堡居住的人	
	數量（人）	比例	數量（人）	比例
總數	266 933	100%	118 451	100%
按性別劃分				
男	123 861	46.4%	57 915	48.9%
女	143 072	53.6%	60 536	51.1%
按年齡劃分				
29 歲以下	54 397	20.4%	32 280	27.3%
30—64 歲	153 554	57.5%	61 476	51.9%
65 歲以上	58 982	22.1%	24 695	20.8%
按種族劃分				
白人	225 575	84.5%	88 631	74.8%
黑人	31 830	11.9%	24 987	21.1%
印第安人或阿拉斯加人	415	0.2%	252	0.2%
亞裔	7 006	2.6%	3 281	2.8%
夏威夷人或其他太平洋島國居民	103	0.0%	51	0.0%
同時歸屬兩個或兩個以上的種族	2 004	0.8%	1 249	1.1%
按收入劃分				
每月 1 250 美元以下	37 189	13.9%	25 451	21.5%
每月 1 251—3 333 美元	88 338	33.1%	45 925	38.8%
每月 3 333 美元以上	141 406	53.0%	47 075	39.7%
按行業劃分				
農業、森林、漁業和狩獵業	7	0.0%	45	0.0%
採礦、石油和天然氣開採	553	0.2%	324	0.3%
水、電、氣等公用事業	2 101	0.8%	656	0.6%
建築業	4 543	1.7%	2 826	2.4%
製造業	7 100	2.7%	4 668	3.9%

	在匹茲堡工作的人		在匹茲堡居住的人	
	數量（人）	比例	數量（人）	比例
批發業	6 430	2.4%	3 389	2.9%
零售業	11 158	4.2%	10 857	9.2%
交通和倉儲業	5 020	1.9%	3 230	2.7%
信息業	6 573	2.5%	2 189	1.8%
金融和保險業	35 280	13.2%	8 824	7.4%
房地產和租賃業	3 602	1.3%	1 642	1.4%
科研技術等專業服務業	22 551	8.4%	8 250	7.0%
企業管理	15 347	5.7%	4 480	3.8%
行政支持類、廢物處理和修復類	9 874	3.7%	7 026	5.9%
教育行業	36 854	13.8%	14 656	12.4%
醫療和社會救濟	61 392	23.0%	24 223	20.4%
藝術、娛樂業	6 353	2.4%	1 994	1.7%
飲食住宿業	15 206	5.7%	10 115	8.5%
其他服務（公共行政除外）	7 516	2.8%	3 890	3.3%
公共行政	9 473	3.5%	5 167	4.4%

註：由於採用四捨五入法，部分比重為 0，且各項比重之和可能小於或大於 100%。

　　我們上面看到的，是以城市為單位進行的分析。城市，畢竟是一個國家最重要的組織單元，這個層面的數據，可能很多國家都有。LEHD 這個系統的真正強大之處，還在於其數據分析的粒度，它可以按地區、郵編、選區、學區、人口普查的片區等各層級的單位對數據進行層層下鑽，甚至小到一個居民街區（Block）的人口情況也能分析出來[11]。有了這種分析的粒度，就為科學估算 "9·11" 事件當天世貿大廈究竟有多少人，提供了根據和基礎。（世貿大廈的幾座大樓因為佔地面積大，已經形成了一個獨立的街區，並有獨立的郵編，如果當時有這個系統，可以按街區分析，也可以按郵編分析。）

　　例如，最近我去過的一家 Apple Store，位於矽谷的心臟地帶帕羅奧圖（Palo Alto），其地址為：340 University Ave, Palo Alto, CA。在地圖上定位其所在的街區之後，可以查詢這家店所在街區的情況，以下圖表數據反映了這個街區的主要特點：

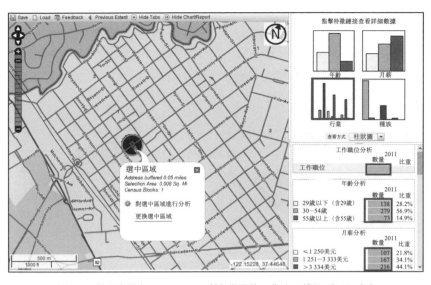

圖 6-4　帕羅奧圖市 Apple Store 所在街區的工作人口情況（2011 年）

註：上圖表明，這家 Apple Store 所在的這個街區共有 490 份工作職位，其中 21.8% 的工作月薪低於 1 250 美元，34.1% 的工作月薪介於 1 251 至 3 333 美元之間，44.1% 的工作月薪高於 3 333 美元，而且 490 份工作當中，主要分佈在零售業（161 份）、科學技術（110 份）、餐飲酒店行業（90 份）。這些數據表明，這個街區是一個較高端的商務區，並且擁有相當的餐館酒店，消費人群可觀。

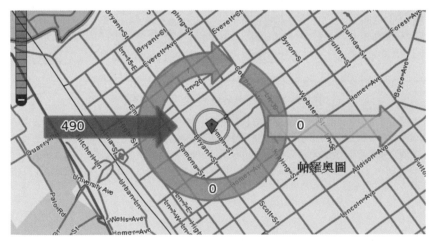

圖 6-5　本街區的人口流動情況分析

註：人口流動的情況分析表明，這 490 個人雖然在這個街區上班，但都不住在這個街區。上圖中的兩個 "0" 表示，這個街區沒有居民，即這是個純商業區。

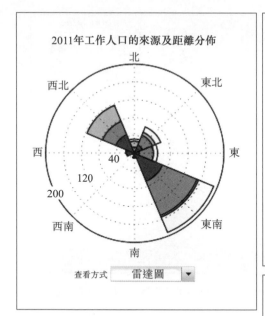

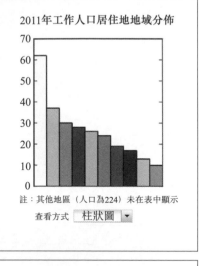

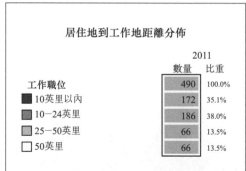

圖 6-6　本街區工作人口來源的方位和距離分佈

註：左側為 490 人居住地到上班地點的方位和距離分佈，左上圖為雷達圖，顯示這 490 個人居住地點在城市各個方位上的分佈，左下圖為居住地距離工作地的遠近分佈（本距離為居住地點和工作地點之間的直綫距離），例如距離工作單位 10 英里以內的有 172 人、10—24 英里的有 186 人、25—50 英里的有 66 人，50 英里以上的有 66 人；右上圖為這 490 個人的地域分佈，右下圖列出了這 490 人來源最多的 10 個地區，例如來源地最多的為聖何塞，為 62 人。

　　當然，除了該店所在的街區本身就是擁有相當人流的商業區，蘋果公司之所以把店址設在這裡，肯定還要考慮周邊的人氣和商業氛圍，我們不妨再對其周邊環境做個分析：

圖 6-7　Apple Store 周邊 20 個街區的商業環境分析

註：圖中選中了 20 個街區，20 個小塊即代表 20 個街區，其中每個小塊的顏色深淺代表工作職位的密度（每平方英里工作職位的多少），顏色越深的地方表示工作職位的密度越高；小塊內每個圓點的大小代表這個小區內工作職位的多少，圓點越大，工作職位越多。該分析表明，這 20 個小區內共有 4 890 份工作，其中 61.7% 的工作月薪高於 3 333 美元，表明這是個高級商業區。繼續對這 4 890 份工作的種類進行分析，其中有保險業的工作 597 份、信息行業的工作 232 份、科技專業類 1 045 份，這 3 大類工作已經佔了 1/3 以上，毫無疑問拉升了平均工資的水平，這部分人口同時也是 Apple Store 潛在的高端客戶；另外有 1 057 個職位從屬於餐飲酒店行業，這又證明，這個地區擁有較多的流動消費人群。（因截屏局限，行業分析未在圖中展示）

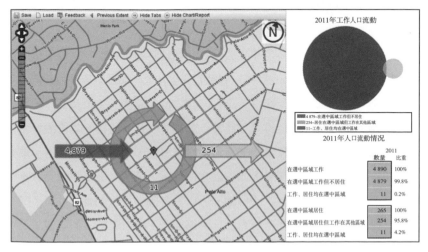

圖 6-8　Apple Store 周邊 20 個街區的人口流動情況

註：這 20 個街區內只有 265 名居民（254+11），其中 11 名在該地區內上班，另有 4 879 名工作人員居住在這 20 個街區之外，這又說明，這片地區都是純商業區。

　　除了這些分析，LEHD 系統還有最大的一個特點，即提供以時間為跨度的縱向數據分析，這也是該系統被稱為 "縱向動態" 的原因。例如，如果你是以上這 20 個小區的管理者或者研究者，你一定有興趣了解甚至監測這個地區工作機會和居民人數的變化，LEHD 可以輕鬆地完成類似的分析。例如，圖 6-9 的分析表明了帕羅奧圖這家 Apple Store 周邊 20 個街區在 2002—2011 年 10 年間工作職位多少的變化情況。

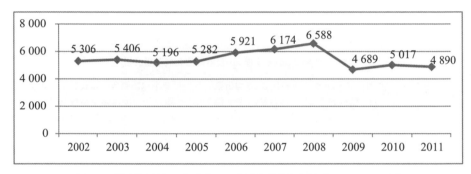

圖 6-9　周邊社區的 10 年興衰：工作職位的變化趨勢（2002—2011 年）

註：從圖中可以看出，從 2002 年到 2008 年，這個地區的工作職位基本處於小幅攀升的狀態，在 2008 年到達頂峰：6 588 個，2009 年開始銳減到 4 689，其中的原因，顯然是因為 2008 年爆發的經濟危機。（數據來源：LEHD 系統）

　　這些數據，相信已經成為了蘋果公司設店選址時的重要參考，也可以想像，無論要開的是一間 Apple Store 還是一間麵包店，抑或一間理髮店、百貨店，其實任何一個服務機構，大到一所醫院，小到一個自動櫃員機，如果有類似的數據分析，就可以確定其選點的最佳位置。此外，如果要修路、建橋，具體的地點要選在哪？會有多少人流量、車流量？公路需要幾條車道、大橋需要多大的承載力？這些都需要做類似的分析。再有，如今講宜居城市、宜居社區，鼓勵大家步行或搭乘公交上班，但一個城市內、一個社區內到底有多少人可能步行上班？又有多少人能搭乘公共交通工具上班？現有的巴士路綫應不應該調整？政府的廉居房應該建在哪裡？城市的管理者、規劃者和研究者都可以從這些數據當中獲得啟發和決策支持。

　　還有，在美國這樣一個發達國家，大部分人都有私家車，地鐵、輕軌、巴士等公共交通很大程度上是為沒有車的低收入群體服務的，也就是説，發展公共交通，還涉及到社會公平。要通過交通設施促進社會公平，在規劃一條綫路時就要知道，哪裡住有低收入的群體，人數有多少，他們距離上班地點的路程到底有多遠？LEHD 系統的數據也可以幫助公共交通的規劃者和研究者解決這個問題。

　　LEHD 數據系統的整合和開發，起初完全是為了給政府部門使用，但當數據整合完畢的時候，大家都意識到了這些數據的價值，那系統應不應該開放給大眾使用？對於這個問題，美國政府內部曾經有過爭議：一部分人認為，這些數據有巨大的商業和研究價值，應該開放給全社會使用；但另一部分人認為，把這部分數據公開出去，會讓恐怖分子找點找得更準，幾下鼠標的點擊，就可以知道美國哪個街區聚集了最多的人口，豈不是可以輕易瞄準下一個 "世貿大廈"？爭到最後，還是 "數據應該服務於民" 的觀點佔了上風。2006 年起，人口普查局為 LEHD 開發了一個基於地圖的互動式界面——OnTheMap，無償提供給大眾使用。只要有一根網綫，無論你在世界各地，也無論你是哪國人氏，甚至無須註冊，你隨時都可以登陸 OnTheMap 查詢這些數據。本書以上全部的分析，都是通過 OnTheMap 這個公開的在綫應用程序完成的。

　　爭議的另外一個焦點，就是個人和商業的隱私問題。可以想像，如果一個街區只有一兩個人居住，或者只有一兩家公司，那他們究竟是誰，他們的姓名、工資的水平就很容易被 "人肉搜索" 出來。這種情況，又與 100 年前人口普查局通過軋棉機統計棉花產量類似，對於一個只有兩三台軋棉機的小縣，公佈其總數，則意味著各台軋棉機的機主就能推算其他軋棉機的產量，這是商業機密的變相泄露，當時人口普查局的對策，是將小縣的數據合併在鄰縣中一併發佈。100 年後，OnTheMap 的項目又面臨類似的問題，這一次，人口普查局除了對個別的小街區進行限制之外，還使用了新的數據技術，叫 "人工合成數據"（Synthetic Data）。

　　人工合成數據的目的，有點類似 "合成機油"。合成機油是用來取代傳統礦物潤滑油的，合成數據則是用來代替原始數據。其合成的方法，是在掌握了全體數據的統計特徵的基礎上，利用人為的手段，產生一些統計特徵和原始數據一樣的人工數據，但在個體信息的層面，其敏感的數據字段都被虛擬的數值取代了，個體信息因此不會泄漏。可以想像，就像製作合成機油要分析傳統礦物油的分子結構一樣，生成合成數據需要從提取原始數據的統計學屬性開始。

OnTheMap 是美國政府第一次應用人工合成數據的技術向社會發佈的在綫查詢系統，這是普查部門在保護數據隱私方面的一個重大創新。此外，這個系統也是一個以地圖為基礎，大規模使用可視化技術的軟件產品，從以上圖表也可以看到，數據展示簡單直觀，非常方便大眾的理解和使用。

延伸閱讀

人工合成數據的兩種方式

人工合成數據是開放數據的使用、同時保護數據隱私的重要方法，其主要方式有兩種。一是完全合成數據（Fully Synthetic Data），即通過隨機抽樣和填補等一系列統計方法產生多個版本的模擬數據，用來完全代替真實數據。一個較優的統計模型，既能很好地保留原始數據的關聯特性和統計測度，又能保證個體樣本的隱私潛形遁跡。但因為這個過程相當複雜，完全合成的方法一直停留在學術界，沒有在工業界得到大面積的應用。

二是部分合成數據（Partially Synthetic Data），即使用原始的數據樣本，但利用多重填補的統計方法取代敏感和關鍵的字段，從而降低了泄露個體樣本敏感數據的可能性。美國聯邦儲備局（FRS）每三年都會進行消費者財務狀況調查（SCF），該調查報告中的金額數值因為涉及到個人隱私，就利用了多重填補操作進行了部分合成，美國人口普查局也大量使用部分合成數據來保護很多監測數據庫中的敏感變量。

事實上，對於任何一個地區而言，它有多少份工作、多少個居民，每個季度、每年是否新增了工作機會，有多少人搬進搬出，這些變化的數據本身就是相當重要的經濟發展指標。由於 LEHD 系統的出現，研究人員甚至開創了一個新的經濟發展指標——地區季度工作職位指標（QWI），憑藉這個指標，可以對一個地區工作的職位做 360 度的分析。美國的矽谷以創業創新聞名於世，上面談到的 Apple Store 所在地聖克拉拉縣（Santa Clara），正是矽谷重鎮，我們不妨再以該地區為例，考察一下該地區的創新創業的情況。

在 LEHD 項目 QWI 的網頁上[12]，選擇"聖克拉拉縣"，選取"2012 年第一季度、信息產業、初創不到 1 年的企業"，幾下鼠標點擊之後，將得到以下結果：

表 6-6　2012 年第一季度新創企業的情況（聖克拉拉縣：信息業）

（單位：個，人，美元）

指標	聖克拉拉縣		全加州	
	本季度	前三個季度平均	本季度	前三個季度平均
和上季度相同的職位總數	294	377	9 096	9 285
和上季度相比淨增加的職位數（老企業）	108	98	2 256	1 159
新增工作職位數（包括老企業和新企業）	133	130	2 772	2 001
新人雇用數	163	161	4 800	5,125
離職數	55	68	2 865	4,516
流動率	29.6%	22.8%	12 5%	19.3%
平均每月收入	6 330.00	7 143.75	6 820.00	6 400.00
平均每月收入（新雇人員）	6 282.00	6 674.25	4 819.00	4 919.00

　　表 6-6 中，最重要的數據為 "新增工作職位數（包括老企業和新企業）" 133 人，這表明這個地區有 133 個人在這個季度加入了初創企業，其中加入已經存在初創公司的為 108 人，開辦新公司的為 25 人。如果要繼續了解這 133 人的人口特點，還可以繼續分析，例如表 6-7 列出了這 133 人中有亞裔 41 人，約佔 31%，這表明亞裔是矽谷非常活躍的一支力量。

表 6-7　加入初創公司的 133 人的種族分佈（2012 年第一季度）

（單位：人）

種族	本季度	前三季度平均
白人	87	80
亞裔	41	42
黑人	5	5

　　我們再來看看汽車行業。2008 年左右，美國的汽車業不景氣，其產量降到了 1967 年以來最低的水平，通用、克萊斯勒兩大汽車公司瀕臨破產，造成了大量的產業工人失業。奧巴馬簽署命令在白宮成立了汽車行業和工人諮詢委員會（WHCACW），專門幫助解決失業工人的安置問題。來自人口普查局 LEHD 項目的數據大派用場，他們不僅能夠追蹤各個地區職位減少的多少，還能清楚地掌握這個失業群體的人口特點。此外，他們還能追蹤到有多少人找到了新的工作，例如，在失業情況最嚴重的 4 個州，伊利諾、肯塔基、密芝根和威斯康辛，一個季

度之後，有 14.6% 的失業工人找到了新的工作；二個季度之後，該比例上升為43.8%；四個季度之後，又攀升到 44.1%。這些失業工人最終去了哪裡，被哪些行業雇用了？2008 年 10 月 9 日，總統經濟諮詢委員會的經濟學家問出了這樣的問題，LEHD 的數據也能回答，這當然給政策的制定者提供了很大的參考作用。

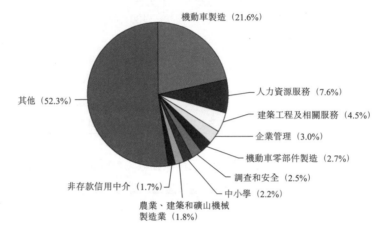

圖 6-10　雇用汽車製造行業失業工人的十大行業（失業一年後）[13]

　　有了如此豐富的數據，社會大眾當然還可以做一些更深入、更有意思的分析。例如，對於年輕的大學畢業生來說，他們都關心甚麼樣的公司薪酬最高，圖 6-11 的分析綜合了美國 28 個州十多年的數據，它表明，越大越老的企業，其平均工資越高，而且就公司大小和成立年限兩個因素相比，大小比年限更為重要。

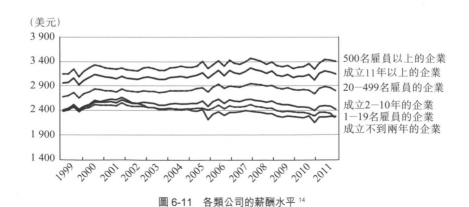

圖 6-11　各類公司的薪酬水平 [14]

又如，近幾十年來，女權主義興起，一個重要的關注點，就是工作機會的男女平等。圖 6-12 是人口普查局的首席經濟學家福斯特（Lucia Foster）利用 QWI 的相關數據在 2013 年 12 月做出的研究，她以全美所有私營公司為樣本，在對近 10 年來的數據進行分析之後，她發現，女性雇員的比例確實呈上升的趨勢，但雇用女性員工比例最高的，是成立不到兩年的新創企業，其女性雇員的比例最高超過 52%；其次是 2—10 年的企業；而成立年限在 11 年以上的老企業，其女性員工的比例最高的時候也不過 49%，半邊天不到。即成立年限越久的公司，其女性雇員的比例卻越低。如此精細的數據發現，當然給女權主義者和性別平等的倡導者帶來了新的啟發和思考。

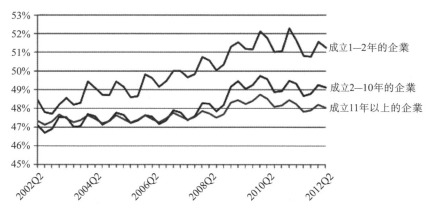

圖 6-12　不同公司中女性雇員的比例變化（2002 年第 2 季度至 2012 年第 2 季度）

創新還在繼續。2010 年，LEHD 項目又推出了新的應用：公共應急管理。該應用又整合了關於颶風、熱帶風暴、暴雨、洪水、大雪、山火等惡劣天氣、自然災害以及其他人為災害的實時數據，這些數據來源於國家氣象局（NWS）、國家農業部、內務部、國家應急事務管理署（FEMA）等 4 個單位，數據定時更新，個別數據每 4 小時更新一次。在大規模的天災人禍發生之時，系統可快速評估受到災害影響的居民多少和人口特徵，例如男女老少的多少、收入的高低，以便對災區的疏散、撤離、補償以及需要提供的各種公共服務進行規劃。因為數據當中還記錄了這些人的工作地點、職位和行業，這個系統還可以用來評估災害發生地周邊地區有哪些行業會受到影響。例如 2012 年 10 月 29 日，超級颶風"桑迪"在紐約市登陸，導致交通大面積癱瘓，但住在紐約市的人可能是在新澤西上班，新澤西的部分地區雖然沒有受災，但很可能這些人都因為交通癱瘓而上不了班，這些人有多少、分佈在哪些行業，受災地區的周邊政府掌握了這些數據，就可能對災害的影響作出準確的評估，對當地的經濟生產做出更好的規劃。

LEHD 項目受到了美國社會的歡迎，它的成功證明了數據對於經濟發展和社會生活有巨大的服務作用。回顧 1.0 和 2.0 時代，內開放強調的是數據的公開，這種公開或是以書面文件為載體，或是通過報紙、廣播、電視來傳播，這種公開的形式有很大的局限性，只能公開某些特定的數據。但 LEHD 的項目是一個互聯網上的應用程序，通過它，用戶可以自由地查詢政府的多個數據庫，獲得各種各樣的數據明細，這相當把數據的使用權開放給了社會。

但歷史很快證明，LEHD 項目的開放方式只是一個過渡。隨著信息技術的快速進步，2004 年之後，美國民間興起了數據開放運動，這個時候，其開放的不僅僅是數據的使用權，而是數據的所有權，即把原始數據以數據庫的形式原原本本地交給社會，讓全社會免費下載、使用。隨著這一股新的浪潮，美國的內開放進入了真正的 3.0 時代。

圖 6-13　美國公共數據開放的編年里程碑 [15]

內開放 3.0：用數據推動創新

2009 年 1 月，奧巴馬就任美國第 44 任總統，從上任的第一天起，他就在全國的範圍內推動數據開放運動。該年 5 月，美國政府率先在全世界建立了第一個數據開放的門戶網站 Data.gov，奧巴馬命令聯邦政府的各個部門都必須定時、定量在這個網站上開放數據。時至今日，美國政府已經開放了數十萬項數據，這些數據，大到全國的地理特徵、天氣變化、交通情況、社會福利項目的執行明細，小到某一地區犯罪案件的多少、學區學位的變化以及公用場所的租用情況等。

數據開放 ≠ 數據公開

數據開放是指將原始的數據及其相關元數據以電子格式放在互聯網上，讓其他方自由下載、使用。其本質上是開放數據的所有權，允許他方擁有原始數據。

數據公開是信息層面的，是一條一條的；數據開放是數據庫層面的，是一片一片的。因此數據公開完全不等同於數據開放。要準確地理解開放，還要注意：開放並不一定代表免費，企業的數據可以以收費的形式開放；開放也是有層次的，可以對某個群體、某個組織，也可以對整個社會開放。對大部分公共數據而言，其開放應該是面對全社會的免費開放。

但開放的過程也不是一帆風順的，除了政府內部存在著諸多的爭議和擔憂，社會上也不乏各種風波。一談到透明和開放，大部分人都會認可這是正確的價值觀，但一旦要自己透明、要自己開放，那透明和開放就立刻變成了一種威脅。

2010 年 10 月，《紐約時報》的記者根據《信息自由法》，要求紐約市教育局開放該市所有老師的教學效果數據，理由是公立學校花的是納稅人的錢，老師的教學效果應該透明，讓全社會知道。這個要求引起了紐約教師工會（UFT，United Federation of Teachers）的極力反對，為了阻止數據的開放，該工會提起了法律訴訟，官司一直打到紐約州的最高法院。教師工會反對的理由是，教育部門收集的數據並不完整，存在錯漏，將會誤導社會錯誤地評價教師。在官司審理期間，教師工會還在紐約市發起街頭抗議運動，打出的標語和口號是：世界上沒有任何一種方法可以準確地評估一位老師！

但教師工會最終敗訴，紐約州最高法院認為，數據的不完美不能成為不開放的理由，因此判令公開。2012 年 2 月，紐約市教育局首次開放了全市 18 000 名教師近 5 年的教學數據，這些數據以近 5 年全市每一個學生每一次主要科目的考試成績為依據，評估每一位老師的教學質量並排名。數據分析的結果表明：有 521 名老師連續 5 年都排在最後的 900 名，同時有 696 位老師連續 5 年都排在前 900 名。這些數據獲得了家長的歡迎，雖然老師的教學效果確實難以評估，一年的數據也可能帶有偶然性，但大家都明白，年年的數據疊加，就很能說明問題。

紐約市並不是孤例。也是在 2010 年，洛杉磯教育局經歷了幾乎同樣的風波，也在當地教師工會的強力反對下，開放了老師的教學效果數據。

林林總總、近幾十萬數據的開放，極大地推動了數據在全社會的使用、流動和基於信息技術的創新。近兩三年來，美國社會基於開放數據產生的新軟件、新應用可謂層出不窮。本書在最後一章還會介紹開放數據對城市建設的積極影響。

2013 年 5 月 9 日，奧巴馬簽署行政命令《政府信息的默認形式就是開放並且機器可讀》[16]，把數據開放的做法上升到了法規的層面。他命令美國聯邦政府全面開放數據，而且明確規定：未來的政府信息一經產生，其默認的形式就應該是開放的、機器可讀的。也就是說，數據一"出生"就要開放，不開放必須要有特殊的原因；所謂機器可讀，就是以數據庫的格式開放數據，讓計算機可以自動讀取、直接使用這些數據。他在命令中解釋說，公共數據的開放其實就是政府的開放，這種開放"鞏固了民主制度，提升了公共服務的效率和效果，並促進了經濟增長"。美國近幾十年的發展證明，數據開放"以數不勝數的方式改善了人民的生活、引領了經濟增長、創造了就業機會"。

這份命令的發佈，標誌著美國的內開放又上了一個台階，邁進了 3.0 時代。在這個新的時代，數據的開放是為了改善人民的生活、引領經濟發展，推動社會創新。除了奧巴馬領導的聯邦政府，美國 50 個州中有 39 個州政府、44 個地方政府都在近年內建立了數據開放的專門網站[17]。2009 年 8 月，三藩市政府的數據開放網站 DataSF.org 上綫，該市市長在揭幕致詞中，首先強調的是，數據開放的目的是"促進當地的經濟活力，增加就業，提高一個城市適宜工作、居住的吸引力"，然後才提到加大政府的透明度、保障公民的知情權。

圖 6-14　美國社會經歷的內開放三步曲

註：從 1.0 時代到 2.0 時代，主要是公開的目的發生了改變；從 2.0 時代到 3.0 時代，則是公開的手段發生了變化；在 3.0 時代，藉助於信息技術，原始數據放在了互聯網上供全社會自由下載，這意味著政府和社會共同分享數據的所有權。

行政命令第13642號

政府信息的默認形式就是開放並且機器可讀

2013年5月9日

根據憲法和相關法律授予總統的權力，我現在發佈如下命令：

第一條　總的原則

政府的開放鞏固了民主制度，提升了公共服務的效率和效果，並促進了經濟增長。讓信息資源更容易查找、獲取和使用，這是開放政府給我們帶來的一個重大利好，這些舉措能塑造企業家精神、推進創新、催生新的科學發現，這將改善美國人民的生活，並創造工作機會。

幾十年前，美國政府開放了天氣和全球定位的數據，從那時起，美國的企業家和創新者就利用這些資源建設了全球導航系統、天氣信息的播報和預警系統、以地理位置為基礎的應用、精細化農業耕種的方法等等新的系統和工具，以數不勝數的方式改善了人民的生活、引領了經濟增長、創造了就業機會。近年來，我們在Data.gov的網站上以免費的、機器可讀的格式向公眾發佈了成千上萬關於醫療、教育、公共安全、全球發展以及財政的數據。利用這些公共數據。企業家和創新者又開發了一大批卓有成效的產品，同時增加了就業的機會。

為了繼續促進就業，提升政府效率，擴大通過開放政府數據獲得的社會利好，新的政府信息的默認形式就應該是開放和機器可讀的格式。在其整個生命週期之內，我們要把政府信息當做資產來管理，只要可能，只要不違反法律，我們就要確保數據以容易查找、獲取和可用的方式發佈，在這個過程中，各個部門應該切實保障個人隱私、國家機密及安全。

第二條　開放數據的政策

A. 預算管理辦公室（OMB）主任必須和首席信息官（CIO）、首席技術官（CTO）以及信息及管制辦公室（OIRA）主任會商，共同發佈關於開放數據的具體政策，推動政府把信息當做一種資產來管理，新的政策要和我在2009年1月21日發佈的《透明和開放的政府》總統備忘案、開放政府的指令（M-10-16）、政府記錄管理規定（M-12-18）、增加科研結果的獲取（2013-2-13）以及《數字政府：建設一個21世紀的平台以更好地服務美國人民》等文件的主要精神保持一致。開放數據的政策也應該與時俱進。

B. 各部委要執行開放數據政策的規定，在以下明確的期限內完成指定的任務。在執行過程中，各部委要詳盡地分析個人隱私、國家機密和安全風險，以確定哪些信息可以發佈。這個過程應該在部門主要領導的監督下進行，確保在發佈信息的過程中不違反其他的政策和法規、不侵害個人隱私和國家安全，這是此項工作的關鍵環節。

第三條　執行

為了推動開放數據政策的執行，我命令：

A.在開放數據政策發佈後的30天之內，首席信息官和首席技術官必須在互聯網上建立一個公開的資源庫，在裡面發佈相應的工具和最有效的措施，以幫助各個部門把開放數據的政策整合進其日常的運營及部門的使命當中。首席信息官和首席技術官應該經常更新這個資源庫，確保這個庫成為貫徹開放數據政策的支持資源。

B.在開放數據政策發佈後的90天之內，聯邦政府採購政策主任、聯邦財務管理主任、首席信息官、信息及管制辦公室主任以及各相應的諮詢委員會要制定方案和措施，把開放數據的政策和國家採購以及各項資金的撥放程序進行整合。這些措施可以包括為從事採購、資金分配、信息管理和專業技術的人員建立標準語言的範本、下撥資金和合同的標準用語以及工具。

C.在本命令發佈後的90天之內，首席績效官（CPO）必須和總統管理諮詢委員會一起確定一個跨部門的指標和各項任務的優先次序，來追蹤數據開放政策的執行情況。首席績效官要和有關部委一起制定循序漸進的目標、確定跨部門的指標有階段性的目標、在相應的時間點上的效果可以監督衡量。各部委的領導應該以2010年的《政府績效法》（111-352）為指導，分析、總結這項工作的進度。

D.在本命令發佈後的180天之內，各部委必須向首席績效官報告執行跨部門目標的進度，此後，各部委按季度進行報告，也可以在適當的時候報告。

第四條　一般規定

A.關於本命令的解釋不應該影響、損害：

(i)法律賦予各部門及其領導的權力；

(ii)預算管理辦公室主任制定預算、行政管理、立法建議相關的職能。

B.本命令的執行不應該和其他相關的法律衝突、並有相應的撥款保證。

C.本命令不創設任何實質或程序上的、在法律或衡平法下任何對美國及其政府部門、機構、其他實體以及其官員、職員、代理人或其他人予以執行的權利或利益。

D.本命令不授權公開法律特許的信息、法律執行的信息、國家安全信息、個人信息以及其他法律禁止公開的信息。

E.各獨立的委、辦、署也要執行本命令。

巴拉克·奧巴馬

美國開創的數據開放運動，很快就在全世界受到歡迎，形成了一股世界性的浪潮。2011 年 9 月，美國、英國、挪威、墨西哥、印尼、菲律賓、南非、巴西 8 個國家共同發起了一個新的國際組織：開放政府聯盟（OGP），該組織承諾要通過互相監督、共同努力來推動世界各國政府的信息公開和數據開放工作。在其綱領性文件《開放政府宣言》中，該組織的第一承諾就是：向本國社會公開更多的信息。宣言書中還特別強調："各成員國要致力於用系統的方法收集、開放關於各種公共服務、公共活動的數據，承諾主動及時地向社會提供高價值的信息（包括原始數據），開放數據要採用人民大眾容易查找、理解和重複使用的格式。"[18]

　　開放政府聯盟的呼籲，得到了很多國家的肯定和響應。自從其成立以來，意大利、希臘、韓國、肯雅、秘魯、阿根廷、蒙古等 50 多個國家陸續加盟，截至 2013 年年底，該聯盟從 8 個會員國擴大到 63 個會員國。其中，有不少發展中國家，例如肯雅、愛沙尼亞、東帝汶，都建立了政府數據開放的網站。2013 年，美國政府又和印度政府合作，向全世界推出了開放數據的開源平台，這意味著，其開放數據的平台本身也向全世界開放，有意願開放數據的國家，可以不花一分錢獲得美國政府現有開放平台的源代碼，用於本國數據的開放工作。

　　美國引領的數據開放運動，還正在從公共領域向商業領域滲透和推進。開放政府聯盟、英國的開放知識基金會（OKF）正在向世界各國呼籲開放各類公司的數據，第一個就是公司的註冊數據。2010 年 4 月，BP 公司所屬的一個鑽油平台在墨西哥灣發生爆炸，導致每天幾萬桶的原油泄漏，嚴重地污染了海洋。事發之後，大眾議論紛紛，但批評了半天，還沒搞清楚 BP 公司到底是美國公司還是英國公司。更重要的是，開放公司註冊的數據，有利於減少各種跨境商業欺詐、洗錢等犯罪行為。此外，還有越來越多的人主張，數據已經關係到大眾的生活，由商業機構出資收集的顧客行為數據也應該向顧客開放，這是企業社會責任的一部分，例如，信用卡公司應該向其客戶開放其消費的記錄。這些記錄，消費者自己或者第三方的專業機構可以進行分析，以確定一個人的飲食結構是否健康，消費行為是否經濟、合理。還有醫院、學校、超市、電話公司、電子購物平台記錄的一切和用戶相關的數據明細都各有各的價值，商家都應該通過開放和用戶共享。

　　又如，在所有的商場，所有商品的價格都是公開的，但這些數據並不是開放的，如果每個商場都能將自己的價格數據以電子化的形式開放，那就會有各種各

樣的商品比價系統被開發出來，我們在購物的時候，只需用智能手機掃描商品的
二維碼或者條形碼，手機立刻就可以告訴我們，這件商品及類似的商品在其他商
場的價格以及購買者的評價。利用這些實時的分析和對比，消費者可以做出更經
濟、更理性的決定。

　　商業領域的數據開放，將減少市場運行當中的信息不對稱，鼓勵正面的市場競
爭，優化社會資源的配置，降低社會運行的成本。歸根結底，大數據時代，數據就
是最重要的生產資料，數據在全社會的自由流動，就代表著生產資料的盤活、知識
與創新的自由和流動，內開放 3.0 將催生人類歷史上前所未有的開放社會。

2012：來自中國的組織創新

　　2012 年 12 月，廣東省宣佈將啟動大數據戰略，還將"在政府各部門開展數
據開放試點，並通過部門網站向社會開放可供下載和分析使用的數據，進一步推
進政務公開"[19]。不久後，廣東又宣佈，根據《廣東省實施大數據戰略工作方案》，
為保證大數據戰略的有效實施，廣東省將組建大數據管理局。這個新的政府部門
定編為副廳級單位，按照當時廣東省領導人對其的解釋，它"不是臨時性的，而
是一個戰略性的、有行政職權的機構"。[20]

　　作為改革開放的先行者，廣東這次又領時代之先，成為全國率先推行大數
據戰略的省份，其姿態和舉措表明了中國的地方政府在積極應對大數據時代的挑
戰。2008 年奧巴馬當選總統之後，率先在美國聯邦政府設立了首席信息官、首席
技術官的職位，這之後，在大數據浪潮的衝擊之下，世界上很多個國家的政府、
企業都紛紛設立了首席數據官的職位，但成立專司大數據管理的政府部門，不僅
在中國，即使在全世界也堪稱開風氣之先的組織創新。

　　本章中，我們分析了美國聯邦政府的大數據項目 LEHD，從這個項目，我們
可以獲得的啟示是，政府用好數據、開放數據，可以服務於經濟的發展，推動社
會創新。其實，不僅地方政府，作為一個國家的信息中樞，中央政府更應該有一
個大數據的戰略。2010 年，美國總統科學技術顧問委員會在寫給奧巴馬的報告中
就說：美國政府的每一個部門，都需要制定一個大數據的戰略[21]。中國的中央政府
應該審時度勢，制定相應的規劃和戰略，今天的中國經濟，正在面臨增長方式從

粗放型向精細型的轉型，今天的中國社會，正在謀求由中國製造向中國創造的變革，就此而言，大數據戰略，正是當下推動時代變革的一個重要抓手！

　　LEHD 項目給我們另外一點啟示就是，政府的大數據戰略除了要廣泛地收集數據，其核心就是對已有數據的整合和使用。通過整合，老"數"可以新用，具體來說，就是要以國家的人口普查數據為基礎，對多種來源的數據進行整合，例如各級部門、各個機關保存的行政記錄，各種以抽樣技術開展的民意調查數據、社情研究數據，此外，還有互聯網上廣泛存在的各種數據。

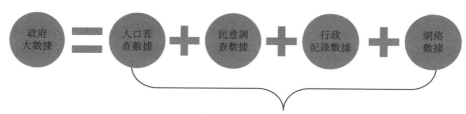

對各級各部門的各種數據進行有機整合、聯通

圖 6-15　政府大數據戰略的核心：整合、聯通全社會的數據資源

　　廣東省的戰略和舉措已經抓住了時代的脈博。但要注意，政府成立大數據管理局，並不是要用行政的力量對全社會的數據進行管控，而是要想方設法用好大數據這種資源，為全社會服務。例如，數據增值的關鍵在於整合，但數據有效整合的前提是數據標準的統一，這就需要在各行各業建立統一的元數據定義，這個任務不僅是中國，也是世界其他國家當下都在面臨的挑戰。大數據管理局作為政府的數據治理機構，就應該積極領導、推動全社會的數據標準制定工作。中國政府的行政執行能力強，這正是制定、推行統一數據標準的優勢。各個領域和行業的數據標準如果制定得好，將會對數據在全社會的使用起到事半功倍的效果。又如，數據的價值在於使用，目前，中國的地方政府並不是完全沒有數據，而是數據的整合能力、分析能力過於薄弱，我建議在大數據管理局內設置"首席數據分析官"的職位，專司跨部門的數據整合和分析，為省政府的日常決策提供強有力的數據支持。

　　作為全社會的數據治理部門，大數據管理局還要大力推動中國社會用數據創新，這將是當下推動知識經濟和網絡經濟發展的關鍵。政府推動技術創新的傳統方法，可能是以政府為主導建立大數據產業園，對和大數據相關的企業提供辦公場所等便利條件或者現金支持，這固然有效，但更有效的方式是調動全社會的力量。例如，支持大數據開源社區、數據科學家協會等民間組織的建設，通過扶持類似的民間團體，快速推進新技術、新理念在全社會的傳播和普及。又如，以開放的數據為基礎，舉辦應用程序開發大賽，向全社會徵詢數據使用、創新的意見，主辦方可以是政府，也可以是企業，拿出一定的資金，獎勵最優秀的應用程序，以激發民間蘊藏的創新力量。

最後，要提高全社會、全民族的競爭力。作為政府的數據治理機構，大數據管理局還要思考如何在中國社會弘揚數據文化。國家之間的一切競爭，歸根結底都是國民文化和素質的競爭。從本書上部的種種故事中，我們可以得出結論：數據文化，是尊重事實、強調精確、推崇理性和邏輯的文化。要承認，回望歷史，中國是個數據文化匱乏的國家；就現狀而言，中國數據的公信力弱、質量低，數據定義的一致性差也是不爭的事實。這方面，政府應該發揮主導作用，首先在公共領域推行數據治國的理念，要認識到，在大數據時代，公共決策最重要的依據將是系統的數據，而不是個人經驗和長官意志，過去深入群眾、實地考察的工作方法雖然仍然有效，但對決策而言，系統採集的數據、科學分析的結果更為重要。政府應加大數據治國的輿論宣傳，將數據的知識納入公務員的常規培訓體系，力爭在全社會形成"用數據來說話，用數據來管理，用數據來決策，用數據來創新"的文化氛圍和時代特點。

註釋

01 英語原文為："Each country will pursue a path rooted in the culture of its own people. Yet experience shows us that history is on the side of liberty; that the strongest foundation for human progress lies in open economies, open societies, and open governments."——Remarks to the United Nations General Assembly, Obama, September 23, 2010

02 限於篇幅和全書的章節安排，本書將在第七章詳細闡述大數據時代形成的技術原因。

03 《信息自由法》的立法過程及意義，我在《大數據：數據革命如何改變政府、商業與我們的生活》（香港中和出版有限公司，2013）一書的第一章曾做過詳細的闡述，因此本書只做簡要介紹。

04 Government Accountability Office. (2005b). Vehicle Safety, GAO-05-370. P.31.

05 本法案英文全稱為：Transportation Recall Enhancement, Accountability and Documentation Act。

06 Government Accountability Office. (2005b). Vehicle Safety, GAO-05-370. P.2.

07 *Divided We Stand: A Biography of New York's World Trade Center*, Eric Darton, Basic Books(1999), ISBN 0-465-01727-4.

08 *Decision Points*, George W. Bush, Crown (2010), ISBN-10: 0307590615.

09 For many on Sept. 11, survival was no accident, Dennis Cauchon, *USA Today*, 12/20/2001.

10 Final Reports on the Collapse of World trade Center Towers, NIST, September 2005.

11 LEHD 系統中最小的單位是人口普查的片區，這個片區大部分情況下就是一個街區，全美共分為 820 多萬個這樣的片區。

12 http://lehd.ces.census.gov/applications/qwi_online/

13 Census Bureau Presentation to Council of Economic Advisors, John Haltiwanger and Ron Jarmin, October 9, 2008.

14 Business Dynamics Statistics Briefing: Job Creation, Worker Churning, and Wages at Yong Businesses, John Haltiwanger and Henry Hyatt, November 2012.

15 對於數據開放運動的興起過程及如何推動美國社會的創新，請參閱我在《大數據：數據革命如何改變政府、商業與我們的生活》（香港中和出版有限公司，2013）一書中的詳細分析和闡述，在此不再贅敘。

16 Making Open and Machine Readable the New Default for Government Information, Executive Order 13642.

17 39 個州政府、44 個地方政府這兩個數據是截止到 2013 年 12 月的統計結果。

18 Open Government Declaration, Open Government Partnership, September 2011.

19 謝思佳，唐柳雯：《我省率先啟動大數據戰略》，《南方日報》，2012 年 12 月 6 日 A02 版。

20 這是中國國務院副總理汪洋先生在就任廣東省委書記期間對組建大數據管理局發表的意見和指示。

21 Designing a Digital Future, P.xvii, The President's Council of Advisors on Science and Technology, Dec. 2010.

大數據時代：通往計算型的智能社會

大數據是人類文明新的土壤，在這片土壤之上，人類將開始建設一個智能社會。

——本書作者，2014 年

世上本沒有數：正解大數據

　　傳統意義上的"數據"，是指"有根據的數字"，數字之所以產生，是因為人類在實踐中發現，僅僅用語言、文字和圖形來描述這個世界是不精確的、也是遠遠不夠的。例如，有人問"姚明多高"，如果回答說"很高"、"非常高"、"最高"，別人聽了，只能得到一個抽象的印象，因為每個人對"很"有不同的理解，"非常"和"最"也是相對的，但如果回答說"2.26 米"，就一清二楚了。除了描述世界，數據還是我們改造世界的重要工具。人類的一切生產、交換活動，可以說都是以數據為基礎展開的，例如度量衡、貨幣，其背後都是數據，它們的發明和出現，都極大地推動了人類的文明進步。

數據最早的來源是測量，所謂"有根據的數字"，是指數據是對客觀世界測量結果的記錄，而不是隨意產生的。測量是從古至今科學研究最主要的手段，可以說，沒有測量，就沒有科學；也可以說，一切科學的本質都是測量。就此而言，數據之於科學的重要性，就像語言之於文學、音符之於音樂、色彩和形狀之於美術一樣，離開數據，就沒有科學可言。

除了測量，新的數據還可以由老數據經計算衍生而來。測量和計算都是人為的，也就是說，世上本沒有數，一切數據都是人為的產物。我們說的"原始數據"，並不是"原始森林"這個意義上的"原始"，原始森林是指天然就存在的，而原始數據僅僅是指第一手、沒有經過人為修改的數據。

傳統意義上的數據，和信息、知識也是完全不同的概念：數據是信息的載體，信息是有背景的數據，而知識是經過人類的歸納和整理、呈現規律的信息。

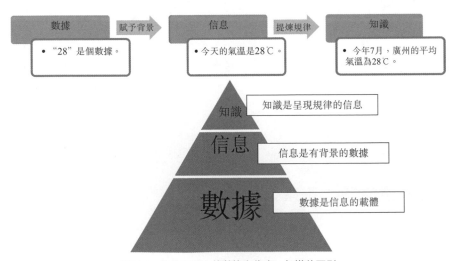

圖 7-1　傳統意義上的數據和信息、知識的區別

但在進入信息時代之後，"數據"二字的內涵開始擴大：它不僅指代"有根據的數字"，還統稱一切保存在電腦中的信息，包括文本、聲音、視頻等。其中的原

因，是因為 1960 年代軟件科學取得了巨大進步、發明了數據庫（Database），此後，數字、文本、圖片都不加區別地保存在電腦的數據庫中，數據也逐漸成為"數字、文本、圖片、視頻"等等的統稱，也就是"信息"的代名詞。

文本、音頻、視頻本身就已經是信息，而且它們的來源也不是對世界的測量，而是對世界的一種記錄，所以信息時代的數據，又多了一個來源：記錄。

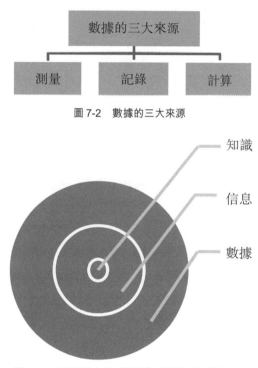

圖 7-2　數據的三大來源

圖 7-3　現代意義上的"數據"：範疇比信息還要大

註：進入信息時代之後，數據成為信息的代名詞，兩者可以交替使用。一封郵件，雖然包含很多條信息，但從技術的角度出發，可能還是"一個數據"，就此而言，現代意義上數據的範疇，其實比信息還大。

除了內涵的擴大，數據庫發明之後，還有一個重要的現象在發生，那就是數據的總量在不斷增加，而且增加的速度不斷加快。

到了 1980 年代，美國就有人提出了"大數據"的概念，這個時候，其實還沒有進入數據大爆炸的年代，但有人預見到，隨著信息技術的進步，軟件的重要性將下降，數據的重要性將上升，因此提出"大數據"的概念。這時候的"大"，如

"大人物"和"大轉折"之大,主要指價值上的重要性,到了 2000 年代,尤其是 2004 年社交媒體產生之後,數據開始爆炸,大數據的提法又重新進入了大眾的視 野並獲得了更大的關注。這個時候的"大",含義也更加豐富了,一是指容量大, 二是指價值大。

從這個角度出發,大數據可以首先理解為傳統的小數據加上現代的"大記 錄",這種大記錄的主要表現形式是文本、圖像、音頻、視頻等等,和傳統的測量 完全是兩回事。而且大數據之所以"大",主要是"大記錄"的增長,因為信息技 術的進步,人類記錄的範圍在不斷擴大:

$$大數據 = 傳統的小數據 + 現代的大記錄$$

(源於測量)　　　(源於記錄)

但到底多大才算大呢?十多年來頗多爭議。這首先涉及的衡量數據大小的單 位,2000 年的時候,一般認為,TB 級別的數據就是大數據了,這個時候,擁有 TB 級別數據的企業並不多,但這之後,互聯網企業開始崛起,這些企業擁有各種 各樣的數據,其中大部分都是文本、圖片和視頻,因此容量巨大,傳統的企業根 本無法望其項背。

延伸閱讀

理解幾個主要的存儲單位

一首音樂≈4MB

一部電影≈1GB (1GB=1 024MB,相當於 250 首歌曲的大小)

一個普通圖書館的藏書≈1TB (1TB=1 024GB,相當於 1 024 部電影的大小)

我認為,除了互聯網行業,其實各行各業的數據都在爆炸,只是規模不同。 如果僅僅把大數據的標準限定在互聯網企業,認為只有互聯網企業才擁有大數 據,那就嚴重地窄化了大數據的意義。畢竟容量只是表象,價值才是本質,而且 大容量並不一定代表大價值,大數據的真正意義還是在於大價值,價值主要是通 過數據的整合、分析和開放來獲得。大數據是指人類有前所未有的能力來使用海 量的數據,在其中發現新的知識、創造新的價值,從而為社會帶來"大知識"、"大 科技"、"大利潤"和"大智能"等等發展機遇。

以上的論述,是從概念上分析"數據"和"大數據"的區別,而掌握一個概念最好的方法，還是從動態上了解其成因。大數據的成因，還是人類信息技術的進步，而且是信息技術領域不同時期多個進步交互作用的結果，其中最重要的原因，當數摩爾定律。

改變世界的三股力量：大數據之成因

1965 年，英特爾（Intel）的創始人之一高登·摩爾（Gordon Moore）在考察了計算機硬件的發展規律之後，提出了著名的摩爾定律。該定律認為，同一面積芯片上可容納的晶體管數量，一到兩年將增加一倍。[01]

要理解這種增加的意義並不簡單。摩爾的本意是，因為單位面積芯片上晶體管的密度增加了，計算機硬件的處理速度、存儲能力，即其主要的性能，一到兩年將提升一倍。本來性能提升了，價錢也應該上升才對，但現實卻很詭異，半個多世紀以來，硬件的性能不斷提高，但價錢卻持續下降。其中的主要原因，也是因為晶體管越做越小，這種體積的縮小也導致了其成本的下降，再加上人類對晶體管的需求越來越大，大規模的生產也導致價格不斷下降。

回顧這半個多世紀的歷史，硬件的發展基本符合摩爾定律。以物理存儲器為例，正是性能不斷上升，同時價格不斷下降。1956 年，IBM 推出了第一款商用硬盤，1MB 的存儲量需要 6 000 多美元，此後其價格不斷下降：1960 年，1MB 下降到 3 600 美元；1993 年，下降到大概 1 美元；2000 年，再降到了 1 美分左右；到 2010 年，每 MB 價格約為 0.005 美分。半個多世紀，存儲器的價格幾乎下降到原價格的億分之一，這種變化的速度既巨大又劇烈，令人瞠目結舌。事實上，考察人類全部的歷史，沒有其他任何一種產品的價格下降空間能夠如此巨大！

摩爾定律發展到今天，一根頭髮尖大小的地方，就能放上萬個晶體管。當然，晶體管不可能無限縮小，所以近十多年來，業界曾經為以下問題激烈爭論：摩爾定律所揭示的現象還會不會持續，即單位面積上的晶體管還能不能繼續增加甚至翻倍？如果能，又還能持續多久？

作為摩爾定律的發現人，2003 年，高登·摩爾也被問到這個問題，他認為："創新無止境，下一個十年摩爾定律可能還將有效。"

延伸閱讀

晶體管的產量多過全世界的大米顆粒

晶體管由矽構成，相當於一個開關，其通電的時候表示 "1"，不通電時候表示 "0"，是電子產品最小的組織單元。一部手提電腦大概有 400 億個晶體管，一部智能手機約有 10 億個晶體管。晶體管行業（即半導體行業）堪稱人類歷史上最高產的行業。現在一年生產的晶體管比全球一年消耗的大米顆粒還要多：2002 年，人類生產的晶體管數量大概是大米的 40 倍，買一粒米的錢可以購買 100 個晶體管[02]；2009 年，晶體管的產量上升到大米的 250 倍，一粒大米的價錢可以購買 10 萬個晶體管[03]。

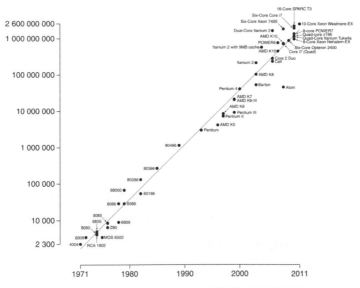

圖 7-4　1971—2011 年 CPU 上的晶體管數量和摩爾定律

註：縱座標為晶體管數量、橫座標為年份，該曲綫表明，從 1971 年至 2011 年，大概每兩年同一面積大小 CPU 集成電路上的晶體管就增加了一倍。需要注意的是，縱座標從 2 300 到 10 000 再到 100 000，其實不成比例，如果嚴格按比例作圖，將是一條非常陡峭的曲綫，頁面無法容納。（圖表來源：維基百科）

事實證明，摩爾是對的。2011 年，英特爾公司宣佈發明了 22 納米的 3D 晶體管，這為爭論暫時畫上了句號。此前，晶體管為 31 納米，22 納米的晶體管，小了大概 1/3，因為小，新的晶體管比現在更便宜、更節能。2012 年，英特爾又宣佈將投資 50 億美元在美國亞利桑那州建廠，計劃 2014 年投產 14 納米的晶體管，這比 22 納米的尺寸又將縮小 1/3。

英特爾的發明讓大部分科學家都相信，摩爾定律的生命，將延續到 2020 年。預計 2020 年時，1TB 硬盤的價格將下降到 3 美元，這相當於一杯咖啡的價錢。前面我們提到的美國國會圖書館，是全世界最大的圖書館，它的印刷品館藏量，約為 15TB；一所普通大學的圖書館，其館藏量可能就一、兩個 TB，也就是說，到 2020 年，只要花上一杯咖啡的價錢，就可以把一個圖書館的全部信息拷進一個小小的硬盤。信息保存的過程如此方便、成本如此低廉，歷史上從來沒有過。

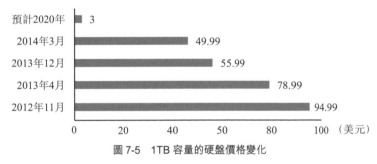

圖 7-5　1TB 容量的硬盤價格變化

註：1TB 容量的硬盤價格正在持續下降，已經從 2012 年 11 月的 94.99 美元下降到 2014 年 4 月的 49.99 美元，以上數據為作者在亞馬遜網站上跟蹤的希捷硬盤（Seagate）在不同時段的報價。

摩爾定律已經成為了描述一切呈指數型增長事物的代名詞，它給人類社會帶來的影響非常深遠。正是因為存儲器的價格在半個世紀之內經歷了空前絕後的下降，人類才可能以非常低廉的成本保存海量的數據，這為大數據時代的到來鋪平了硬件的道路。這相當於物質基礎，沒有它，大數據無異於水中月、鏡中花。

延伸閱讀

摩爾定律促使硬件成為大眾消費品

摩爾定律導致的硬件價格大幅下降，最終使曾經昂貴的硬件成為大眾消費品，原來高端洋氣的產品，如激光打印機、服務器、智能手機已經逐漸從科研機構、大型企業進入普通的家庭，由於這些設備的普及，美國的一些公司，甚至出現了一種新的趨勢：鼓勵員工自己帶設備來上班（BYOD），公司只提供網絡和辦公場地，成為"輕"公司。

　　除了更便宜、功能更強大，摩爾定律也導致各種計算設備越來越小。這個現象，在 1988 年被美國科學家馬克・維瑟（Mark Weiser）概括為"普適計算"。普適計算理論認為，計算機發明以後，將經歷三個主要的階段：一是主機型階段，指的是很多人共享一台大型機，一台機器就佔據半個房間；二是個人電腦階段，計算機變小，人手一機，維瑟當時就處於這個時代，這似乎已經是很理想的狀態，但維瑟天才地預見到，人手一機不是時代的終結；在第三個階段，計算機將變得很小，小得將從人們的視綫中消失，人們可以在日常環境中廣泛部署各種各樣微小的計算設備，在任何時間、地點都能獲取並處理數據，計算最終將和環境融為一體，這個階段，被稱為普適計算。

　　今天，這第三股浪潮正在向我們奔湧而來，小小的智能手機，其功能已經毫不遜色於一台計算機，各種傳感器正越做越小，RFID（射頻識別）方興未艾，可穿戴式設備又向我們走來。

　　RFID 標籤已經在零售、醫療、動物飼養等領域得到了廣泛的應用，近兩年，美國費城等城市在垃圾桶內安裝 RFID 傳感器，垃圾滿了或者因為腐爛發出異味，傳感器就會發出信號，這可以優化垃圾車的巡迴路綫，減少城市管理人員收集垃圾的次數。

　　可穿戴式設備是指可以穿戴在身上、不影響個人活動的微型電子設備，這些設備可以記錄佩戴者的物理位置、熱量消耗、體溫心跳、睡眠模式、步伐多少以及健身目標等等數據。2013 年，德國的賀芬咸足球會（TSG 1899 Hoffenheim）已經把傳感器裝到了足球和每個球員的護膝或者衣服上。這些傳感器可以實時記錄運動員的活動軌跡、奔跑的速度、加速的過程、控球的時間，一場足球比賽下來，系統可以收集 6 000 萬條記錄，球員、教練都可以對這些數據作出分析，並提高訓練的質量、制定最佳組合、減少運動員受傷的概率。

　　除了足球，傳感器也進入了網球場。法國的運動器材製造商 Babolat 把傳感器安裝在了網球拍的手柄上，它可以記錄球員擊球時的狀態，例如正反拍、擊球點、擊球的力量、球速、球的旋轉方向等參數，這些數據，以幾乎實時的速度傳到現場的智能手機和平板電腦上，運動員和教練可以隨時查看。2014 年在澳網封后的中國網球一姐李娜，用的就是這個品牌的球拍。為了配合這種球拍的使用，2013 年，國際網球總會（ITF，International Tennis Federation）已經修改了章程，從 2014 年 1 月起允許運動員在國際比賽中使用帶有傳感器的球拍，以記錄分析自己的數據。在未來的比賽中，如果運動員同意，這些數據甚至可以實時出現在比賽場地的大屏幕上，以供觀眾分析參考。

除了足球、網球，傳感器也在快速進入棒球、橄欖球等領域。美國的一些研究機構認為，美國運動產業的營收近年內會有大幅增長，其主要原因就是基於傳感器的數據收集和分析技術將改寫整個領域的生態。

除了運動領域，可穿戴式設備還有很多其他應用方式。2014 年 2 月，日本東京大學的研究人員發明一種比羽毛還要輕的傳感器，把它放置在紙尿片內，尿片一濕就會發出信號，看護就知道了。這種傳感器成本只需幾美分，不僅適用於嬰兒，還適用於老人、病人。此外，作為穿戴式設備最經典的產品，風靡一時的 Google 眼鏡也在娛樂之外得到了更廣泛的應用：美國紐約市的警察準備在日常巡邏中配戴 Google 眼鏡，以方便快速記錄事故現場，並通過網絡和同事共享數據。

普適計算的根本，是在人類生活的物理環境當中廣泛部署微小的計算設備，實現無處不在的數據自動採集，這意味著人類收集數據能力的增強。在此之前，電子化的數據主要由各種信息系統產生，這些信息系統記錄的主要是商業過程的數據，傳感器的出現及其技術的成熟，使人類開始有能力大規模地記錄物理世界的狀態，這種進步，推動了大數據時代的到來。

但人類數據的真正爆炸發生在社交媒體的時代。

2004 年起，以 Facebook、Twitter 為代表的社交媒體相繼問世，拉開了一個互聯網的嶄新時代，這個新時代，被稱為 Web 2.0。在此之前，互聯網的主要作用是信息的傳播和分享，其最主要的組織形式是建立網站，但網站是靜態的；進入 2.0 的時代之後，互聯網開始成為人們實時互動、交流協同的載體。2011 年 8 月 23 日，美國弗吉尼亞州發生 5.9 級地震，紐約居民首先在 Twitter 上看到這個消息，幾秒鐘之後，才感覺到地震波從震中傳過來的震感，社交媒體把人類信息傳播的速度，帶到了比地震波還快的時代！

除了把交流和協同的功能帶到了一個登峰造極的高度，社交媒體的另外一點重要意義，就是給全世界無數的網民提供了一個平台，讓他們隨時隨地都可以記錄自己的行為、想法，這種記錄其實就是貢獻數據。我們談到過，所有的數據都是人為產生的，所有的數據都是對世界的測量和記錄。從 1946 年人類發明第一台計算機、進入信息時代算起，在社交媒體產生之前，主要是信息系統、傳感器在產生和收集數據，但由於社交媒體的橫空出世，人類自己也開始在互聯網上生產數據，他們在 Twitter、微博和 WeChat 上記錄各自的活動和行為，這部分數據也因此被稱為"行為數據"。

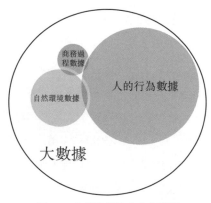

圖 7-6　各種數據的大小和種類

註：數據是對人類生活和客觀世界的測量和記錄。過去，是我們選擇甚麼東西需要記錄，才對它進行記錄；在大數據的時代，是選擇甚麼東西不需要記錄，才取消對它的記錄。隨著記錄範圍的不斷擴大，可以肯定，人類的數據總量還將呈滾雪球式的擴大。

　　由於社交媒體的出現，全世界的網民都開始成為數據的生產者，每一個網民都好比一個信息系統、一個傳感器，在不斷製造數據，這引發了人類歷史上迄今為止最龐大的"數據爆炸"。除了數據總量驟然增加，社交媒體還讓人類的數據世界更為複雜：在大家發的微博中，你的帶圖片、他的帶視頻，大小、結構完全不同，因為沒有嚴整的結構，在社交媒體上產生的數據，也被稱為非結構化數據。這部分數據的處理，遠比結構嚴整的數據困難。2012 年，喬治城大學的教授 Kalev Leetaru 考察了 Twitter 上產生的數據量，他作出估算說，過去 50 年，《紐約時報》總共產生了 30 億單詞的信息量，現在僅僅一天，Twitter 上就產生 80 億單詞，也就是說，如今一天產生的數據總量相當於《紐約時報》100 多年產生的數據總量。

　　在這種前所未有的數據生產速度之下，社交媒體的出現雖然還不到 10 年，目前全世界的數據已經有約 75% 都是非結構化數據。今天回頭看，社交媒體的出現，才是讓大數據一錘定音的力量。基於以上分析，我們也可以這樣認為：

大數據 ＝ 結構化數據 ＋ 非結構化數據

但我們前面談到，大數據之"大"，不僅在於它的大容量，更在於它的大價值。價值在於使用，如同埋在地底下的石油，遠古即有之，人類進入石油時代，是因為掌握了開採、冶煉石油的技術，現在進入大數據時代，最根本的原因，也是人類使用數據的能力取得了重大的突破和進展。

這種突破集中地表現在數據挖掘上，數據挖掘是指通過特定的算法對大量的數據進行自動分析，從而揭示數據當中隱藏的規律和趨勢，即在大量的數據當中發現新的知識，為決策者提供參考。數據挖掘的進步，根本原因是人類能夠不斷設計出更強大的模式識別算法 04，這其實是軟件的進步，其中最重要的里程碑，是 1989 年美國的計算機協會（ACM）下屬的數據挖掘及知識發現專委會（SIGKDD）舉辦了第一屆數據挖掘學術年會，出版了專門期刊，此後數據挖掘得到了如火如荼的發展。

正是通過數據挖掘，近幾十年來，各大公司、商家譜寫了不少點"數"成金的傳奇和故事：例如沃爾瑪捆綁"啤酒和尿布"提高銷量的做法；又如奈飛公司利用客戶的網上點擊記錄，預測其喜歡觀看的內容，實現精準營銷；再如阿里巴巴利用長期以來積累的用戶資金流水記錄，在幾分鐘之內就能判斷用戶的信用資質，決定是否發放一筆貸款……

近年來，數據挖掘在企業的應用還在不斷推陳出新，有望到達一個新的高度。例如，2014 年 1 月，美國的電子零售巨頭亞馬遜宣佈了一項新的專利："預判發貨"（Anticipatory Shipping），即在網購時，顧客還沒有下單，亞馬遜就寄出了包裹。這種顧客未動、包裹先行的做法聽起來不可思議，中國的新聞媒體甚至驚呼"亞馬遜這是要逆天嗎？" 05

在商言商，亞馬遜當然不會做賠本生意，預判發貨的核心技術還是數據挖掘。其本質是，通過預測，把發貨這個過程"外包"給算法，讓算法自動發貨，實現智能化！亞馬遜解釋説，發貨的根據是顧客以前的消費記錄、搜索記錄以及顧客的心願單，甚至包括用戶的鼠標在某個商品頁面上停留的時間。根據這些數據，亞馬遜如果判斷某名顧客對一件新商品有購買意願，就會直接將商品發送給他，或者將該商品發送到離他最近的倉庫，顧客一旦下單，那收貨的時間就將以"小時"計，而不是以"天"計。亞馬遜認為，正是從下單到收貨之間的物流延遲，導致了人們購買意願的降低，如果能縮短物流時間，將極大地改善客戶體驗。

亞馬遜還提到，並不是所有的商品都會採用預判發貨的形式，這種形式比較適合在上市之初就容易吸引大量買家的商品，例如暢銷書。為了減小預判發貨的風險，亞馬遜還有一些配套的技巧，例如模糊填寫用戶的收貨地址，只將商品配送到離他最近的倉庫，如果在配送過程中收到訂單，再將地址信息補充完整，在這個等待的過程中，亞馬遜還會向這位潛在的顧客推送信息，以提升這筆交易成功的可能性。

但這些都不是其算法的關鍵，預判發貨這種模式之所以有商業價值，是因為亞馬遜會鎖定其合適使用的群體，例如年收入較高的家庭，他們對某些消費有固定的預算，又如某一領域狂熱的粉絲，他們願意為最新的時尚一擲萬金。對這批高端用戶而言，他們更注重購物的體驗，把發貨外包給算法，顧客就不用操心自己想買甚麼，這節省了他的時間，而且流行物品在第一時間就送上門，這是急顧客之所急。可以想像，當這些家庭拆開郵包時，更多的可能是欣喜，這種欣喜將強化顧客的忠誠度。當然，假如顧客真的堅持要退貨，亞馬遜還有解決辦法，一是打折銷售、二是作為禮物免費贈送，這也有利於亞馬遜在高端客戶中提升口碑。

亞馬遜有 1 億客戶，這些人的消費記錄日積月累，可以說是海量數據，但數據雖然多，卻沒有人會直接將自己的收入高低和興趣愛好告訴亞馬遜，所有的預判，亞馬遜都必須靠數據挖掘來完成。

2013 年 5 月，加拿大蒙特利爾市公共交通署（STM，Société de transport de Montréal）宣佈，將利用 SAP 公司的大數據處理平台，對所有顧客的消費歷史和個人信息進行分析，然後按照其偏好、習慣和需要，給每一名顧客都定制專門的消費計劃和個性化的票價，蒙特利爾公共交通署共有 120 萬名顧客，這意味著這 120 萬人都將得到適合自己的票價。其目的，是優化公共交通的運營，提高顧客的忠誠度。

蒙特利爾公共交通署之所以能夠這麼做，還是因為掌握了顧客大量的數據。在信息時代之前，受限於記錄的手段，商家對於自己產品及服務的銷售和流向只有一個粗略的記錄，但當前的信息技術已經可以把一件產品的流向、每一名消費者的情況都記錄下來，再通過數據挖掘，為客戶量身定制，把消費和服務推向一個高度個性化的時代。

數據挖掘技術的不斷成熟也在挑戰現有的統計體系。在第五章我們談到，1930 年代，由於抽樣技術的出現，統計科學發生了一場革命，即社會調查可以通過選取有代表性的樣本來完成，而不必像人口普查一樣，把全社會的人都問一遍。但前文也談到，即使是抽樣技術，也有其缺陷。1948 年，杜魯門和杜威競選，蓋洛普通過抽樣調查預測杜威將當選，但結果讓所有人都大跌眼鏡。其失敗的原因在於，抽樣調查需要經過問卷設計、信息收集、數據分析等多個步驟，這導致它掌握的數據滯後於真實的情況，在最後兩週裡，蓋洛普不得不停止調查，而杜魯門恰恰在最後關頭扭轉了乾坤。在大數據時代，對誰將當選總統的預測已經出現了新方法：在投票前後，對社交媒體上的數據進行觀點的挖掘，可以較為準確地預測出誰能當選。最近兩次美國總統的選舉，都有人通過挖掘 Twitter、Facebook 網上的數據，準確預測到奧巴馬的當選。

這種基於網絡數據的挖掘，不需要制定問卷，也不需要逐一調查，成本低廉。更重要的是，這種分析是實時的，沒有滯後性，所以有越來越多的科學家相信，因為大數據的出現，統計科學將再次發生革命，進入統計 2.0 時代。在這個新的時代，數據挖掘將成為越來越重要的分析預測工具，抽樣技術將下降為輔助工具。

表 7-1　數據挖掘和統計抽樣的區別

	數據樣本	數據來源	數據時效	數據成本
數據挖掘	用的是已經存在的大數據，樣本偏差可能很大，但如果數據量足夠大，偏差有可能縮小	多個源頭	實時	基本免費
統計抽樣	根據設計好的問卷，收集自己需要的數據，如果設計科學，那樣本會比較均勻、偏差小	來源單一	滯後	比較昂貴

註：數據挖掘的優越性，也集中反映了大數據 "量大、多源、實時" 等三個特點。

雖然數據挖掘正如日中天，但一定程度上，數據挖掘已經不是大數據的前沿和熱點，取而代之的是機器學習。時下興起的機器學習，憑藉的也是計算機算法，但和數據挖掘相比，其算法不是固定的，而是帶有自適應參數的，也就是說，它能夠隨著計算、挖掘次數的增多，不斷地、自動地調整自己算法的參數，使挖掘和預測的功能更為準確，即通過給機器"餵取"大量的數據，讓機器可以像人一樣通過學習逐步自我改善提高，這也是該技術被命名為"機器學習"的原因。

除了數據挖掘和機器學習，數據分析、使用的技術已經非常成熟，並且形成了一個譜系，例如數據倉庫、綫上分析處理（OLAP）、數據可視化、內存分析（In-memory Analytics）都是其體系的重要組成部分，在人類數據技術的進步中，都扮演過重要的角色。[06]

回顧半個多世紀人類信息社會的歷史，正是 1966 年提出的摩爾定律，晶體管越做越小、成本越來越低，才形成了大數據現象的物理基礎，這相當於鑄器，人類有能力製造巨鼎盛載海量的數據；1989 年興起的數據挖掘，則相當於把原油煉成石油的技術，是讓大數據產生"大價值"的關鍵，沒有它，石油再多，我們也只能"望油興歎"；2004 年出現的社交媒體，則把全世界每個人都轉變成了潛在的數據生成器，向摩爾定律鑄成的巨鼎當中貢獻數據，這是"大容量"形成的主要原因。

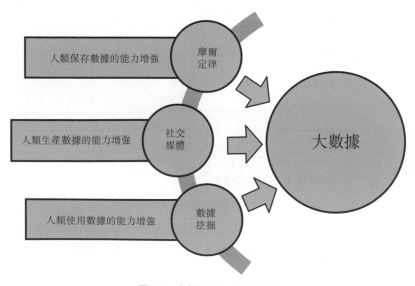

圖 7-7　大數據的三大主要成因

分析了大數據的靜態的概念和動態的成因，我們更清楚地理解大數據的特點，現在可以從以下幾個角度來理解、定義大數據：

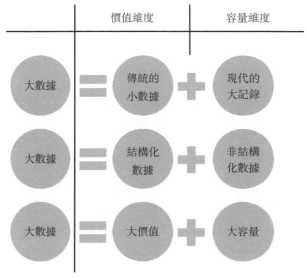

圖 7-8 大數據的概念和維度

註：如前文討論，當前人類的數據約 75% 都是非結構化的數據，大記錄的表現形式主要就是非結構化數據，而大記錄、非結構化數據要體現出價值，當前主要的處理方法，還是把它們轉化為有嚴整結構的數據，即傳統的小數據，因此作者認為，大數據的價值維度主要體現在傳統的小數據和結構化數據之上，而大數據的容量維度主要體現在大記錄和非結構數據兩個方面。

　　大數據產生之後，全世界的科學家都在預測和展望。這股由信息技術掀起的新浪潮將對人類社會有何影響，將帶領我們的世界走向何方？我認為，有更多的數據，就必定會有更多的使用，而使用數據最根本的方法就是計算，大數據時代就是大計算的時代，無處不在的計算標誌著一個計算型社會的興起。

有數據，還要有計算：計算型社會的興起

　　前文談到，進入信息時代之後，"數據"這個概念的內涵擴大了，它不僅僅代表傳統的數字，還包括文字、圖片，甚至音頻、視頻，都是數據。

　　因為數據內涵的擴大，可以想像，計算的內涵也應該發生相應的變化。計算是以數據為基礎的，其本質是對輸入的數據，經過一個有規則的處理後，例如加減乘除，輸出一個新的數據，從這個意義上來說，計算就是對數據進行有規則的轉換。

傳統的計算自然是以傳統的"數字"為基礎的,例如:8×8 = 64,而在大數據的時代,文本是數據,視頻是數據,這些數據是否也能計算?例如,輸入一段文本,經過一個有規則的處理,得出另外一段文本或者一張圖片,甚至一個視頻,那是不是也應該算作"計算"?

這個新型的數據轉換過程,其實就是我們熟悉的搜索和數據挖掘。

按照我們對計算的定義:計算是按照規則對數據進行轉換的過程,而文本、圖片和視頻都是大數據時代的數據,那以上的過程就應該是計算。換句話說,在大數據的時代,計算的內涵也擴大了,搜索就是計算,數據挖掘也是計算!它們依照的規則,並不是簡單的加減乘除,而是特定的、更為複雜的算法。

我們的世界主要由物理環境、人和社會構成,如果按此劃分,人類的計算也可以分為兩大類:物理環境的計算、人和社會的計算。物理環境領域的計算主要研究人類生活環境的狀態,傳統學科如物理、化學、天文學、地理學、動物學、植物學等都屬於這個範疇;社會領域的計算主要是研究個人和群體的行為,包括過去和現在的行為,也包括有組織的和無組織的群體行為,傳統學科如經濟學、政治學、社會學、歷史學等都屬於這個範疇。

在大數據的時代,物理環境、人和社會這兩大領域的計算都將蓬勃興起,物理環境領域的計算由來已久,大數據時代最大的亮點,就是人和社會的計算,越來越多的社會問題,都將通過計算得到解決。換句話說,由於大數據的出現,社會正在變得可以計算!

可以計算的原因是,個人在真實世界的活動和社會的狀態得到了前所未有的記錄,這種記錄的粒度很高,頻度在不斷增加,為社會領域的計算提供了極為豐富的數據。

2011 年 10 月,美國佛羅里達州勞德代爾堡市(Fort lauderdale)發生一起惡性交通事故,事故原因是一名退役警察超速行駛。佛羅里達州《太陽哨兵報》的記者克斯汀(Sally Kestin)在查閱歷年的數據後發現:2004 年起,整個佛羅里達州發生過 320 起因為警察超速而導致的交通事故,並且導致 19 人喪生,而結果只有一名警察入獄服刑。克斯汀意識到,這可能是一個非常值得關注的社會問題,她甚至懷疑這個數據只是冰山一角,類似的警察很多,開快車可能是他們經常性的行為。

但懷疑只能是懷疑,克斯汀知道,要證明它,無異於要證明警察這個群體知法犯法、凌駕於法律之上，這是個很大的挑戰，最大的困難就在於取證。

為了取證，克斯汀嘗試過跟蹤警車，獲取其超速的第一手記錄。她抱著測速雷達，一連幾天守在高速公路邊，一看見有超速的黑點就驅車直追，但她很快發現，這無異於守株待兔，難度太大：一是路上車太多，難以確定目標，追來追去，常常發現不是警車，晚上的時候，目標更是難以辨認；二是就算運氣好，碰上的就是警車，克斯汀也無權截停，僅僅通過照片或攝像，證據還是不夠充分，事後無法服人。

克斯汀最後想出的辦法，是根據美國內開放 1.0 時代制定的《信息自由法》，向當地的交通管理部門申請數據開放，因為警車是公務用車，公民有權了解其使用的狀態，她獲得了 110 萬條當地警車通過不同高速路口收費站的原始記錄。在專業數據分析人員的幫助下，克斯汀用了 3 個月的時間對這些記錄進行了整合和分析。

克斯汀的分析方法是：選取兩個特定的收費站，測算兩點之間的距離，再在 110 萬條記錄當中找到每一部警車通過這兩個不同收費站的時間點，兩點之間的距離除以其時間差，即為該警車在這段路程之中行駛的平均速度。

克斯汀的分析得到了令人震驚的結果。她發現，在 13 個月期間，歸屬當地的 3 900 輛警車一共發生 5 100 宗超速的事件，也就是說，警車超速的行為幾乎每天都在發生；96% 的超速在 144 公里 / 小時至 176 公里 / 小時之間，當地 1/5 的警車都有時速超過 144 公里 / 小時的 "劣跡"；而且，時間記錄表明，絕大部分的超速發生在下班時間和上下班的途中，這意味著，他們開快車並不是為了執行公務。

克斯汀的懷疑得到了證實，2012 年 2 月，她利用這些數據分析的結果，在《太陽哨兵報》上在發表了一系列報道，頭篇報道的標題為《他們凌駕法律之上？》[07]。在大量的數據和調查訪談的基礎上，克斯汀作出結論說，因為工作的需要和警察身份的特權意識，開快車成為了警察群體的普遍習慣，即使下班之後身著便服，他們的駕駛速度也沒有降下來，而路上值勤的警察也警警相護，互相理解並縱容這種行為。

鐵數如山。可以想像，克斯汀的報道一見報，輿論一片譁然，接下來一個月，《太陽哨兵報》的電話響個不停，全國各地的讀者打來電話，有的表示感謝，有的要來取經。當地警務部門，則發生了一場 "大地震"，5 100 宗超速涉及到 12 個部門近 800 名警察，一些被 "坐實" 的警察陸續受到處理：48 名州高速公路巡邏警被處以警告或者勒令紀律反省；44 名地方刑警被剝奪開車上下班的權力，回爐參加安全駕駛培訓；邁阿密市 38 名警察被處理，其中一名開除、10 名停發工資；各地還有 33 名基層警員也受到警告、剝奪駕駛權利等不同程度的處罰。

　　故事到這裡，還沒有完。警務部門的整頓是否有效？2012 年 12 月，克斯汀又向交通管理部門申請開放了最新的原始數據，她對新的數據又做了分析，並和 2011 年的同期數據進行了對比。數據表明，從 2012 年 2 月到 10 月期間，警察超速的個案已經從去年同期的 3 179 宗下降為 495 宗，下降幅度達 84%，克斯汀又發表了一篇新的報道，標題是《警察猛踩剎車！》[08]，她在這篇報道中，甚至把數據分解到了各個警務部門，詳細地開列了每一個部門的改進水平。

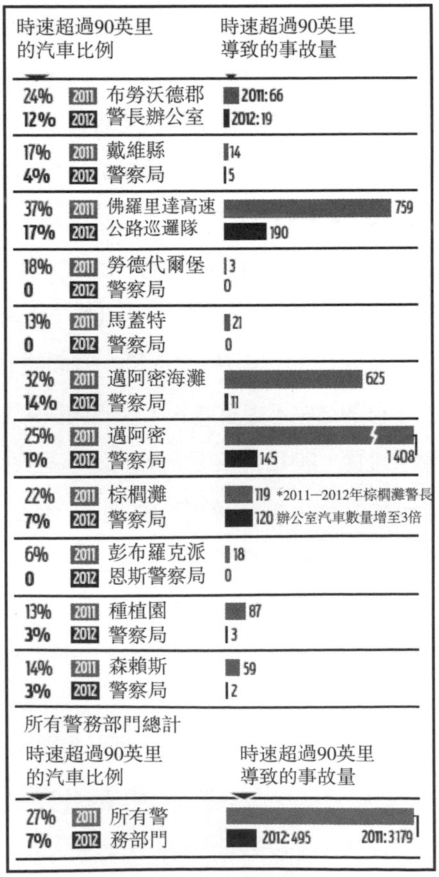

圖 7-9　哪些部門的警察還在開快車？（2012 年 2 月至 10 月與 2011 年的同期對比）

《太陽哨兵報》只是美國一個縣的地方報紙，全部發行量不足 23 萬份。但因為克斯汀的報道，該報名聲大振，2013 年 4 月，《太陽哨兵報》獲得了 2013 年度的普利策新聞獎，其獲獎理由是："克斯汀的報道以無可辯駁的技術調查，記錄了警察在非公務期間開快車、危及市民生命的事實，這種致命的威脅在報道引發的討論和整頓中得到消減。"

可以想像，如果不是通過使用數據，如果沒有上百萬條充沛的數據記錄以及成熟的數據分析手段，類似於"警察群體普遍開快車"的社會問題，人類可能永遠無法在法庭上得到證實，這種知法犯法的特權行為，也永遠得不到有效的治理和糾正。

通過計算來解決社會問題，正在變得越來越普遍。2013 年，美國的肯塔基大學利用大數據的平台，對學生的各種行為數據進行整合，例如各門課的成績、出勤率、在綫學習平台的活躍度、使用圖書館等各種設施的記錄，再通過數據挖掘，快速確認可能存在問題的學生，對他們開展專門的輔導，以減少學生的流失。其實，國內也有類似的應用。2013 年 7 月，有報道說，華東師範大學有一位女生收到校方的短信："同學你好，發現你上個月餐飲消費較少。不知是否有經濟困難？"[09] 這封溫暖的來信也要歸功於數據挖掘，校方通過挖掘校園飯卡的消費數據，發現其每頓的餐費都偏低，於是發出關心的詢問，但隨後發現這是一個美麗的錯誤——該女生其實是在減肥。可以想像，誤會發生的原因，還是因為數據不夠大，大數據的特點除了"量大"，還有"多源"，如果除了飯卡，還有其他來源的數據輔助，判斷就可能更加準確。

社會領域的計算，也被很多學者稱為"社會計算"（social computing），這個概念的提出，已經有 20 多年的歷史。1990 年代，美國的學者最早提出這個概念之時，是從"社會軟件"（social software）這個角度出發的，最早的社會軟件是指支持群體交流的軟件，如 MSN、QQ 等。社會軟件也是相對於"商業軟件"的一個概念，兩種軟件的目的不同：傳統的信息系統降低的是商業交易的費用，但社會軟件降低的主要是人際交往的成本，使大規模的合作成為可能。

2004 年，社交媒體產生之後，將社會軟件的功能發揮得淋漓盡致，個人的行為和思想通過 Facebook、Twitter、微博等工具被廣泛記錄，有學者進一步明確主張，將基於社交媒體的行為分析稱之為"社會計算"。近幾年來，隨著大數據的崛起，越來越多的學者認為，關於人和社會本身的數據現在已經極為充沛，而且這類數據還在快速的增長當中，未來一切的社會現象、社會過程和社會問題，都可以而且應該通過以計算為特點的定量方法來分析解決，這樣更加精確、更加科學。

雖然關於“社會計算”的定義正在演進當中，國際共識也還未形成，但這並不妨礙相關研究的展開。近年來，美國的國家人文研究基金會（NEH，National Endowment for the Humanities）甚至還大力鼓勵利用基於歷史的大數據來研究、解決社會問題。2012 年，美國的喬治梅森大學聯合英國的兩所大學將英國倫敦市 240 年的罪犯庭審紀錄輸進電腦，然後對這些數據加以分析和挖掘，以研究各種案件發展的趨勢、觸發的原因以及和社會背景的關係。另外一個研究更有意思，1918 年，美國曾經發生一起大流感，死亡上百萬人，歷史學家認為，大部分死亡其實都可以避免，但問題究竟出在哪裡？美國弗吉尼亞技術大學的一個課題組著手收集了當年各個地區的死亡人數，並將這個時期全國各地所有的新聞報道都電子化，他們試圖研究信息傳播的時序、路綫和死亡人數的關係，例如，甚麼樣的報導方式、新聞措詞最為有效，甚麼樣的傳播渠道最可能減少死亡的人數。

又如，文藝復興期間，歐洲的思想界群星璀璨，出現了一大批思想先驅，但歷史研究的一個困難在於，某一特定新思想的首倡人往往難以確定，隨著新的證據的出現，早年歷史學家認定的事實常常發現是張冠李戴。美國大學的一個課題組提供了一個新的方法和思路：他們把文藝復興時期幾千封名人之間的通信電子化，然後進行文本挖掘和分析，來追蹤確定一個新思想、新概念的首倡者，同時研究這些新思想和新概念又是怎樣在人們的交流和互動之間發展成型的。

就此而言，通過社會計算，一些精細的、微妙的、在人類歷史上曾經難以捕捉的關係和知識，現在都可以捕捉到，並把它們上升為顯性的知識。對此，麻省理工學院的教授布萊恩約弗森（Erik Brynjolfsson）比喻説，大數據的影響，就像 4 個世紀之前人類發明的顯微鏡一樣。顯微鏡把人類對物理環境的觀察和測量水平推進到了“細胞”的級別，給人類社會帶來了歷史性的進步和革命，而大數據，將成為我們下一個觀察人類自身行為以及社會行為的“顯微鏡”。

當然，社會領域的計算、對類似知識和關係的捕捉，不僅能夠有效的推動社會治理，還能產生商業價值。

2012 年 6 月歐洲杯足球賽期間,中國國內出現了多篇關於《男人一看球,女人就網購》的相關報道 [10]。報道説根據淘寶網的銷售數據,發現歐洲杯開賽以來,女性網購的成交量明顯上升,而且"網購的高峰期延時兩個小時,變成了 23 點到 24 點",此外,在"凌晨 1:45 第一場球結束到凌晨 2:45 第二場球開始前",出現了一個新的網購高峰,這個新的高峰和賽期前的同時段相比,成交量"增長超過 260%"。

　　這個現象背後的邏輯不難理解。球賽期間,男性沉迷於看球,忽視冷落了太太(女朋友)和孩子,女性特別是已婚女性會覺得沮喪、惱火、失落。每天晚上球賽開始的時候,在個體的層面,每一位女性都有很多的選擇,她可以做家務、輔導孩子、跟閨蜜聊天、和母親通話以及逛街購物,也就是説,其行為有不確定性,她究竟會做甚麼,難以預測。但是,當我們把幾個電子商務平台的交易數據一彙總、一分析,就會發現,群體的行為有規可循。隨著球賽的開始,女性在網上購物的成交量就開始增加,其中的高檔物品也較平時明顯增多,也就是説,平時捨不得買的東西,這時候出手了。在小數據的時代,"男人一看球,女人就網購"永遠是一個猜測,無法得到證實,但在大數據的時代,很容易就能證實,甚至成交的商品有甚麼特點,都可以進行分析。等到下一屆球賽再開始的時候,商家的廣告就可以更有的放矢,不僅僅可以把廣告對象瞄得更準,推廣的商品也會更有針對性,猜測上升成為了知識,知識將產生利潤。

　　關於個人行為和社會狀態的數據已經無處不在,這些數據是多源的、即時的、分散的、多形式的、碎片化的,同時又是海量的。高明的商家通過大數據的整合和挖掘,可以從這些海量的、零散的數據中找到規律,發現大眾行為背後的心理機制。這些心理機制,在個人的層面,它可能是隱性的需要、無意識的訴求或者無法言説的慾望,但通過整理大量的數據,商家就可以理清大眾生活當中這些無意識的原型,掌握消費者背後真正的心理動因,從而提供創造性、突破性的產品和服務,獲得更多的消費者和市場。事實上,這也正是大數據用於精準營銷的最高境界。為甚麼當年沃爾瑪啤酒和尿布的故事能讓全世界津津樂道幾十年?原因就在於,即使是在購買尿布時喜歡順便購買啤酒來犒勞自己的年輕父親,可能也不清楚這個行為背後的心理動機。但沃爾瑪通過數據,捕捉到了這個無意識的原型,並通過數據分析的驗證,把它上升到了知識。

普適計算：即將到來的超級數據爆炸

除了社會領域的計算正在興起，物理環境領域的計算也在面臨一場革命，其中的原因，就是上文中提到的普適計算。傳感器、可穿戴式設備等微小的計算設備將進一步普及，裝備到全世界各種物體之上，包括機器、電器、人體、動物、植物等等需要監測的目標，真正形成"萬物皆聯網、無處不計算"的狀態。

隨著這場革命的到來，人類的數據總量還要爆炸，這場爆炸將達到史無前例的規模。

這其中，機器將是第一梯隊。人類在進入機器大生產的時代之初，機器的效率在不斷提高，但到達一個臨界點之後，機器的效率就很難再優化了。當機器和機器相聯，形成一個系統的時候，其效率問題就顯得更為顯著，一台機器的效率可能成為系統的瓶頸，一台機器的故障可能導致整個系統的癱瘓，系統的複雜性使工程師常常顧此失彼，難以優化其整體的效率。如果能通過傳感器監測機器的運行狀態，通過計算確認各類設備的良好程度，算準時間進行設備優化和維修更新，就能控制生產過程中的不確定性，減小由於意外情況帶來的損失。

全球最大的工業製造商通用電氣將這種運營效率的提高總結為"1% 現象"。該公司經過估算指出，如果全世界的飛機引擎維護效率提升 1%，每年全世界就可以節省 2.5 億美元；能源行業的發電設備每提高 1% 的效率，就可為全球經濟貢獻 40 億美元；醫療行業效率如果提升 1%，則可以幫助全球醫療行業節約 630 億美元。即所有機器只要提高 1% 的效率，就能為全世界帶來非常可觀的收入。

目前，全世界現在大概有 300 萬個重要的、巨大的、日夜運行的機器，這些機器都在一定的溫度、濕度、壓力、振動、旋轉的狀態下工作，這些參數都是重要的監測指標。此外，全世界還有上百億台帶有微處理器的機器或者電器，未來都可以裝上傳感器，全球的人口總共 60 多億，當社交媒體被發明的時候，每個網民都成了一個數據生成器，就已經引起了一次數據大爆炸，而機器遠比人多，而且日夜不停地旋轉、工作，可以想像，這次即將到來的數據爆炸遠非上次可比，將是超級大爆炸。

通用電氣公司為此發佈了專門的研究報告，制定了相應的規劃，該公司計劃在旗下大至飛機，小至激光手術刀等數萬種產品上都安裝傳感器，通過網絡將設備運行狀態數據實時傳至平台，並將此計劃稱為“工業互聯網”。2012 年 7 月，通用電氣公司投資 1.7 億美元在紐約州斯克內克塔迪市（Schenectdy）開設了一家電池工廠，1.6 萬平方米的廠房內安裝了 1 萬個傳感器，這些傳感器分佈在各條生產綫上，監控記錄生產過程中的溫度、氣壓、濕度、生產配料、能源消耗等數據，工廠的管理人員則通過隨身攜帶的 iPad 獲取這些數據，以便在第一時間發現問題，對生產進行監督和調整。

通過傳感器監測生產過程，還只是通用電器工業互聯網計劃的一部分，通用電器的目標是：“讓每件產品產生記憶”：未來，產品在出廠前就植入了傳感器，記錄了它的生產過程，在產品抵達顧客、進入服務狀態之後，傳感器將每時每刻都記錄產品的運行情況，一旦出現問題和故障，通用電氣可以快速地整合生產記錄、銷售記錄、產品運行記錄這三種數據，進行分析。

除了通用電氣高調突進的工業互聯網，還有生活物聯網，即生活電器的入網。2014 年 1 月，Google 以 32 億美元的現金收購了智能家居設備商 Nest，業界紛紛認為，生活物聯網的腳步越來越臨近，我們即將邁進一個智能家居的時代：你在辦公室裡，可以調節家裡電冰箱的溫度，你在下班的路上，可以控制電飯煲的開關，並關上窗戶、打開空調。

但智能家居的作用可能還遠遠不止自動化這麼簡單。例如，大部分美國家庭都有自己的車庫，每個車庫都有一個電動捲簾門，電動門有個小感應器，在監測電動門伸縮期間的震動情況。現在有人提出來，美國大地上有幾百萬個這樣的車庫門，傳感器都是現成的，如果把它們全部都聯接到互聯網上，房主可以監控自己的大門不說，美國大地上每平方米的面積上震動一下，互聯網上都知道，這種網絡對地震監測是不是有輔助作用？這啟發了人們思考，機器、電器入網可能在功能上還會有外部性，起到意想不到的作用，因為我們這個世界的萬事萬物，都是普遍聯繫、高度相關的。

物理環境領域計算的崛起將給全世界帶來巨大的機遇。新一代的機器是能夠記錄自己行為、和其他機器交換數據的智能化機器，在機器“出生”的時候，傳感器就已經和機器一體化了。面對機器產生的海量數據，各行各業都需要制定很多的數據標準，讓同一類別的機器、同一品牌的機器產生的數據能夠自由地整合、對比和分析。我們還需要新的分析平台和工具，同時，因為生產過程中、機器服役過程中實時數據的獲得，我們需要制定新的生產流程和商業規範，以提高各種決策的效率，在這個過程中，全世界會需要一大批的數字機械工程師、軟件工程師、數據科學家和人機交互界面專家。

此外，因為這種超級大爆炸，全世界的數據中心將大量增加，這將拉動硬件產業的發展。通用電氣公司估計，數據中心的需求將每兩年翻一倍。2015 年，對數據中心的投資將增長到 1 000 億；到 2020 年，數據中心的數量會增長 40 倍；到 2025 年將達 2 000 億。數據中心是耗電大戶，據統計，全美國所有數據中心每年的耗電量是整個紐約市居民用電的兩倍，建設清潔、高效、具有彈性的數據中心將是未來的一個挑戰，此外，數據中心的增加還將推動寬帶網、光纖網的建設，讓各種數據中心能夠跨地區、跨產業相聯。

數據和計算：第三次工業革命的 CPU

2012 年以來，第三次工業革命、新工業革命、數字工業革命等各種工業革命論的提法頻頻在全球激起討論、見諸報端，雖然這些提法各異，但其中心思想都是，全球的製造業正在面臨一場挑戰和變革，未來的工業製造將呈現數字化、智能化、定制化、互聯化以及綠色化等特點。而且，無論哪種提法，都離不開對 3D 打印機的關注和討論。學界的共識是，3D 打印已經成為第三次工業革命當中最活躍的因素之一，它將終結人類大規模工業生產的歷史，引發商業組織和管理形態的重大變革。

3D 打印是一種加式製造

3D 打印是一種以數字文件為基礎，運用粉末狀金屬或塑料等可黏合材料，通過逐層打印的方式來構造物體的技術。傳統的製造方式是"減式製造"，即通過模具，利用機器外力對原始材料進行"壓、切、割、衝"等機械加工，將原材料轉化成產品，在這個過程中，原材料縮減了，因此稱為"減式製造"。而 3D 打印是通過逐層疊加、不斷增加材料的方式，一次性完成生產的過程，所以被稱為"加式製造"。

延伸閱讀

上節我們談到物理領域的計算即將爆炸，討論了工業互聯網如何引導未來的工業製造進入一個智能化、互聯化的時代，而 3D 打印將實現的，是生產製造過程的數字化和定制化。隨著下文討論的展開，我們將看到，3D 打印對未來生產、設計、流通和消費等各個環節發生的影響，離不開數據的驅動和協同。也就是說，第三次工業革命不能少了數據！

首先，3D 打印是以 "數據包" 為基礎的生產，只要這個數據包在打印機上運行，並有了打印的原材料，生產就可以完成。2013 年 5 月，美國有人把製造槍支各種零部件的數據包上傳到了互聯網上，在美國政府做出反應、發佈禁令之前，該數據包被下載了數十萬次，民間就有人利用這些數據包打印出了可以發射子彈的塑料手槍。半年後，美國的 Solid Concepts 公司又用 3D 打印機打印了一支真正的金屬手槍，並試射了幾十發子彈。除了槍支這種高危管控物品外，近一兩年以來，在世界各國科學家的努力之下，可以打印的物品種類在迅速增多，大到飛機的零部件、房子的建築材料，小到下顎骨、心臟瓣膜、電路板等，不斷刷新人們的想像力。可以肯定，隨著數字化生產的擴大，未來任何可見的物理實體，其背後都會有一個數據包與其對應存在。從這個意義上來看，3D 打印為大數據時代貢獻了一種新的數據種類：物理實體數據。

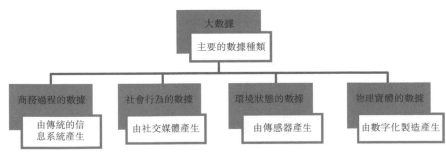

圖 7-10　數字工業革命將豐富大數據時代的數據類型

除了可以打印的物品越來越多，更為重要的改變是，由於摩爾定律的持續作用，3D 打印機的價格也在不斷下降，目前，不少 3D 打印機只要一兩千美元，可以預計，就像其他曾經高端的硬件設備一樣，3D 打印機將快速走進普通的家庭。

　　3D 打印機的普及對人類的意義非同小可。在全面暢想其對未來社會帶來的衝擊和改變之前，我們還必須了解一個重要的概念：眾包。

　　眾包，是美國的兩位記者在 2005 年發明的新詞，意思是利用互聯網將工作打包分配出去，其關鍵在於，在分包的時候並不知道接包人是誰，這正是 "眾包" 區別於 "外包" 的地方。更有意思的是，接包人的目的，可能並不是為了報酬，而是為了公益、興趣或者尋找一種幫助他人的滿足感，甚至在一些情況下，接包人自己也沒意識到，就在不知不覺中幫助發包人把任務完成了。

　　眾包最經典的例子是維基百科，這個人類社會最大的知識分享網站，也是世界上最重要的 "百科全書"。維基百科成立於 2001 年，目前僅僅英文詞條就有近 450 萬個，全部依靠志願者完成。2011 年 3 月 11 日下午 2 點 46 分，日本發生了有觀測記錄以來規模最大的地震，其後引發了大海嘯，導致了核泄漏和火災，日本東北部分地區因此遭受到毀滅性的破壞。地震發生後的半小時不到，3 點 18 分，維基上就建立了相應的詞條 "2011 Tōhoku earthquake and tsunami"（2011 年日本東北地方太平洋近海地震），這之後，該英文詞條經過了全世界 2 122 人 6 781 次修改和完善，如今已經形成了圖文並茂、帶有 352 條引用、兩萬多字、非常複雜和完善的詞條，在英文詞條的基礎上，還衍生出近 80 種不同語言的翻譯和補充[11]。

圖 7-11　"2011 年日本東北地方太平洋近海地震" 英文詞條的變化

註：左上為該詞條在 2011 年 3 月 11 日日本時間下午 3 點 18 分建立時的歷史記錄，只有短短一句話，右下為該詞條在 2014 年 12 月的截屏，詞條已經分為十幾個部分，有兩萬多字的介紹。

對於眾包當中蘊藏的巨大社會能量，我也有親身的體會。2012 年的一個下午，我決定為華人歷史學家許倬雲先生在維基百科上建立一個英文詞條，為了證明資料的真實性，維基百科規定新建的詞條必須至少有 3 個引用，我的詞條建好之後，系統提示我，還差一個引用，我於是回頭去找資料，僅僅一分鐘之後，我一刷新，竟發現第三個引用已經被人加上了！在世界的另一個角落，有人在協同我的工作！我的心頭如過電般湧起一股驚訝和欣喜之情！短短幾十秒的時間，在這個廣褒的大千世界，就有人看到了我在互聯網上搭建的這個新頁面，而且，他和我一樣關心許先生的詞條，幫助我補充了最後需要的一個引用。

除了基於興趣和公益的志願貢獻，眾包也已經成為了一種可以創造價值和利潤的商業模式，驗證碼（CAPTCHA）的應用就是另外一個經典例子。2002 年，卡內基梅隆大學的博士生路易斯（Luis von Ahn）發明了我們熟悉的驗證碼，即用一排人為扭曲、奇形怪狀的字符來判斷當下程序的使用者是 "人" 還是 "機器"，因為機器無法自動識別這些變形的字符，所以驗證碼可以用來防止互聯網上廣泛存在的惡意機器註冊。恰恰這個時候，《紐約時報》正面臨一個令人頭痛的任務，他們試圖把 100 多年的歷史報紙全部電子化，當時最可行的方法，就是通過掃描進行光學字符識別（OCR），但因為舊報紙上油墨的痕跡、摺疊的印記和發黃變色，加上幾十年前的字體跟現在也不一樣，因此識別率很低。當然，還有一個最笨的方法，就是逐字敲打，再找人校對，但這樣不僅速度慢，效果也不好。這時候，路易斯想到一個天才的辦法，全世界每一天都有幾億個驗證碼在被校驗，他把《紐約時報》的文章切成一片一片，把它當作驗證碼發給全世界的人，這些人使用驗證碼的時候，在不知不覺中就幫助紐約時報完成了輸入和校對。對於難以識別的字符，系統可以發給多個校驗者，當幾個人返回的結果一致的時候，就說明識別的結果是正確的，再把這個結果返回系統，進行整合。2007 年，路易斯成立了名為 "reCAPTCHA" 的公司，該公司利用這個辦法把《紐約時報》幾十年的報紙都電子化了。2009 年，Google 收購了 reCAPTCHA 公司。

類似的例子還有很多，例如 Airbnb 網站，通過它，個人可以以將多餘的房間臨時出租給旅遊者；又如將翻譯的任務打包發給其他國家的外語學習者，作為練習的素材，以較低的成本甚至免費的形式就可以完成大量的翻譯；再如中國的知乎、大眾點評網等問答型網站，都成功地應用了眾包這種商務模式。說到底，眾包是通過互聯網，在全球的範圍內利用和整合分散的、閒置的、廉價的勞力、技能和興趣等資源，為軟件業和服務業提供一種新的勞動力組織方式。

眾包，這種新的商業模式隨著 3D 打印機的普及，將從服務業進入製造業，改變整個社會的生產製造方式。

我們今天的製造是以大規模的減式製造為基礎的，每一件產品，製造商只能就若干款式，對流水綫進行定制，然後進行大規模的生產。例如，今年的女式高跟鞋可能流行立體的鞋面花飾，製造商在市場調研的基礎上，認為牡丹花和山茶花的花型可能最受歡迎，於是就生產這兩種花型的鞋子，而玫瑰花、百合花、菊花等等其他的花型，因為市場的需求過小，生產商限於成本，就無法生產。

事實上，一雙鞋子的樣式可以千變萬化。類似於立體花型的改變還有很多，例如鞋跟的形狀、鞋面的花紋、紋理的綫形等等，每一個顧客都可能有不同的喜好和需求，這些需求之間可能就是一個微小的區別，所以需求的種類多，但每一種需求的消費者群體都不大。也正因如此，製造商如果投產，將無利可圖。這部分需求，被形象地稱為"長尾需求"，對於長尾需求，製造商無法一一滿足，即傳統製造業無法滿足所有消費者的要求。

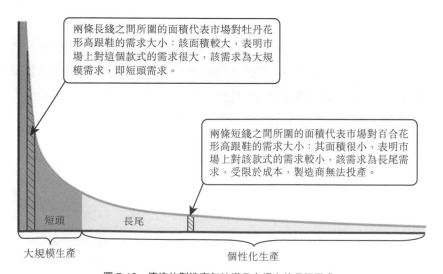

圖 7-12　傳統的製造商無法滿足市場上的長尾需求

註：此圖展示了消費市場上的長尾現象，在短頭區，代表著為數不多的大規模需求；在長尾區，有很多不同的需求，但每種需求的群體，消費者都不多，如果投產，製造商將無法獲得利潤。

但以數據包為基礎的 3D 打印將解決這個問題。數字化製造不需要在流水綫上定製，只需要找到數據包，對其中的代碼和數據進行修改，一個花型、綫形的區別，可能只是幾個參數值的大小不同，在對它們做出修改和調整之後，在 3D 打印機上再運行一次，一款新的鞋子就生產出來了。

用戶的需求可能千變萬化

數字化的生產可以很容易修改鞋頭的花形、鞋面的樣式、鞋跟的大小、鞋帶的位置等設計

圖 7-13　個性化的需求可以通過修改數據包來實現

3D 打印技術為滿足消費者個性化的長尾需求提供了契機，將開啟一個製造業的新時代。在這個新的時代，因為 3D 打印機正在走入家庭，生產可能在工廠之外的地方發生，更複雜的情況是，每款 3D 打印機的打印範圍可能不同，你的能打印鞋子、我的能打印杯子，他的能打印玩具……為了找到合適的 3D 打印機，必須進行搜索。

不妨假設一位女性消費者心儀的高跟鞋是這個樣子：玫瑰花的立體花型；5.5 厘米的高跟，後跟為圓形，面積為 0.8 平方厘米；鞋面有細條紋、間隔 1.5 厘米……其要求可能無比細緻、千奇百怪，但在 3D 打印時代，"想法即製造"，一個完整的設計、生產、消費流程在很短的時間內就能完成：首先上網搜索類似產品的數據包，或者搜索懂得修改這個數據包的設計師，再委託他按照新的要求進行修改，一個有經驗的設計師可能在幾分鐘之內就完成了修改；這之後，進入生產環節，消費者要尋找願意給她提供打印服務的 3D 打印機，這又需要搜索，當然，她最後可能就在她居住的隔壁小區找到了合適的打印機，雙方達成協議之後，就可以委託生產。

這個搜索的過程，就是計算，我們前面談到過，搜索就是一種計算，而且是一種典型的基於大數據的計算。在這裡，通過搜索，社會需求和生產資料將實現動態的、實時的、最經濟的對接；搜索完成之後，委託、授權對方進行設計、生產的過程就是眾包。

當然，未來可能出現一個互聯網平台，擁有 3D 打印機的生產方也可以在這個平台上通過搜索主動尋找其潛在的客戶，提前感知並且響應用戶的個性化需求。這個平台，將不僅僅是現在的"電商"平台，還是"互聯網製造"的平台！生產方和消費方在平台上通過搜索對接，完成整個設計、生產和消費的流程。也就是說，通過搜索和計算，全社會的生產需求和社會資源將在最短的時間內，以最經濟的方式實現對接，數據和計算，將是未來生產製造的 CPU！

2012 年，中國科學院的研究員王飛躍先生率隊考察了美國的加式製造產業，他認為，這場新的產業革命已經觸手可及，未來新的製造模式可以稱為"社會製造"。所謂的社會製造，"就是利用 3D 打印、網絡技術和社會媒體，通過眾包等方式讓社會民眾充分參與產品的全生命製造過程，實現個性化、實時化、經濟化的生產和消費模式。在社會製造的環境下，大批 3D 打印機形成製造網絡，並與互聯網、物聯網和物流網無縫連接，形成複雜的社會製造網絡系統，實時地滿足人們的各種需求"。[12]

圖 7-14　大數據：社會製造的 CPU

對於社會製造這種新的生產模式，雖然還有諸多細節有待想像和商榷，但可以肯定的是，人類社會對個性化產品的需求，如隱藏在海底下的冰山，非常巨大，只不過受制於上百年傳統減式製造的局限，它一直被靜靜地抑在海水之下。隨著 3D 打印機的普及，個性化消費的需求將會大規模的爆發。未來的任何一件產品，在傳統的減式製造和現代加式製造之間，都可能存在一個"平衡點"，對生產的規劃，就是要通過計算找到這個平衡點，即確定哪些款式仍然是大規模的短頭需求，因為量大，在工廠的流水綫上生產仍然可以獲得大規模的經濟效應，而哪些需求是長尾需要，無法形成規模效應，必須留給社會上的 3D 打印機去生產製造。每一產品的平衡點當然都各不相同，而且隨著製造能力的變遷，這個點還會移動。

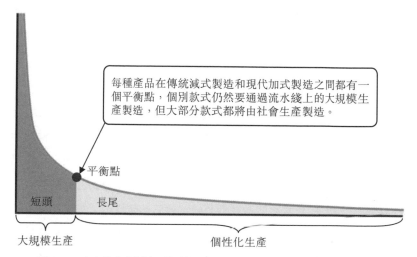

每種產品在傳統減式製造和現代加式製造之間都有一個平衡點,個別款式仍然要通過流水綫上的大規模生產製造,但大部分款式都將由社會生產製造。

平衡點

短頭　　長尾

大規模生產　　　　　　　個性化生產

圖 7-15　未來的生產製造:首先通過計算,確定兩種製造模式之間的平衡點

　　美國政府對 3D 打印、社會製造非常重視。2011 年以來,美國總統科技顧問委員會(PCAST)連續發佈兩份報告,向總統和國會提出建議,必須確保美國在這場製造業革命當中的領導地位 [13]。在最近兩年的國情諮文中,奧巴馬都專門提出要把 3D 打印作為創新重點,強調通過這種社會化的製造,製造業將回歸美國。奧巴馬還在 2012 年前後相繼成立了白宮高級製造辦公室(OMP)、高級製造聯合委員會(AMP),並批准投資 10 億美元,在全國成立 15 個加式製造創新中心。截至 2013 年年底,已經投建了 5 個。2013 年 7 月,奧巴馬又要求國會加大撥款,將建設 15 個加式製造創新中心的計劃擴大到 45 個。

數據之巔:通向智能型社會的挑戰

　　2012 年 8 月,Google 宣佈,其旗下十多輛無人駕駛汽車已經完成了 50 多萬公里的安全行車測試,在整個過程中,車隊只發生過兩起輕微的交通事故,事後的判定還證明,責任並不在於無人駕駛汽車。

　　無人駕駛,是指汽車自動行駛,完全不需要人的干預,其本質是把駕駛的任務"外包"給算法。一個好的算法固然重要,但對 Google 無人駕駛汽車而言,其價值最為昂貴的部分卻不是算法,而是其全身上下所裝備的激光雷達、攝像頭、

紅外照相機、GPS 和一系列的傳感器等感應設備，僅僅激光雷達一項就 7 萬美元，約佔其全部裝備價值的一半。正是通過這些感應設備，無人駕駛汽車不斷地收集路面的情況、車的地理位置、前後車輛精確的相對距離、車流的移動速度、道路兩旁出現的交通標識和前方的交通信號等等數據。

可以想像，這些實時收集的數據就相當於人類的眼睛，對於無人駕駛汽車非常重要，但這還遠遠不夠。在汽車上路之前，Google 必須派出大量的工程師們親自駕車在所有的道路上行走，以收集各個路段的物理特點數據，然後把這些數據添加到一個高度詳盡的立體地圖上。當無人駕駛汽車在路上行駛時，它通過將傳感器和攝像頭上所收集來的數據與系統已經有的數據進行對比和分析，快速識別自己的方位和環境。這種對比分析，每秒鐘在進行上百萬次。根據這些分析結果，算法在極短的時間內做出判斷，是應該減速、加速、換道、還是拐彎。例如，系統在對兩種數據進行對比之後，會提示汽車前方一公里處有一個交通燈，準備識別信號的顏色，如果沒有這種提示，臨近現場時才開始識別，難度就會大大增加。又如，通過和原來收集的數據對比，無人駕駛汽車才能識別路邊的物體是原來就有的路燈桿還是其他障礙物，或者是正在移動的行人。

可見，無人駕駛汽車完全是個大數據的項目，而且其成功的關鍵，首先在於數據的收集，就此而言，Google 也還不是完全的勝者，無人駕駛汽車目前最大的技術瓶頸還是數據。例如，道路、地形等原始數據的收集工作可能是在天氣良好的情況下進行的，如果天降大雨或者路面被積雪覆蓋，整個世界的面貌發生了改變，和原來收集的數據進行對比可能就不管用了，無人駕駛汽車就無法精確地確定方位，大數據的自動導航也就失敗。再者，沒有事先收集數據的地方，無人駕駛汽車根本就不能去。例如，中、印、韓等國不允許 Google 在這些國家為其地圖收集數據，這也就意味，Google 的無人駕駛汽車，未來根本不可能進入這些地區，因為沒有數據！

全世界的汽車巨頭，如通用、豐田、奧迪、福特都在加大對無人駕駛汽車的研發和測試，各大汽車公司都同意，其中最重要的任務，就是大數據的採集。為解決這個問題，歐洲的汽車巨頭 Volvo 甚至提出了一個"公路列車"的新理論：公路上的車隊就好像是由一輛一輛汽車組成了車廂的火車，火車只需要車頭的正確帶領，整列車廂都可以前進，如果公路上的汽車也有個"頭車"，大部分車就能跟著走。換句話說，大數據的實時分析和處理只需要頭車做好就行了，其他的車可以跟著頭車走，這意味著，未來的無人駕駛汽車並不是輛輛都要具備大數據的實時導航處理功能，只要在公路上，找到頭車就行。按著這種設計思想，2012 年 5月，Volvo 組織了一個 5 輛車的車隊，只有頭車有人駕駛，這 5 部車在西班牙巴塞隆拿的公路上順利完成了 200 公里的測試。2013 年 12 月，Volvo 宣佈，他們已經取得了瑞典國家交通管理部門的同意，將於 2017 年在瑞典的第二大城市哥德堡投放 100 輛無人駕駛汽車，由普通的市民自由陪駕測試。

無人駕駛汽車將引起一系列的社會變化

　　無人駕駛汽車將發生的影響，並不僅僅局限在汽車行業。隨著人類從駕駛中解放出來，未來的汽車不僅僅是個交通工具，還會是個移動的娛樂中心、工作間和休息室。因為是軟件控制，沒有人駕駛，無人駕駛汽車將減少一批傳統汽車必須裝備的操控設備，例如油門踏板、剎車踏板和方向盤，這意味著車重減輕、耗油量下降，將為全世界節省不少能源。此外，研究表明，90% 的交通事故都是人為的原因造成的，例如情緒不佳、酒後駕車、疲勞駕駛等，但把駕駛的任務交給算法後，因為算法沒有情緒，也永遠不會疲勞，保守估計，人為原因導致的交通事故將下降 80%，這不僅將減少社會損失、提高人類的生命安全，也將重構未來的保險行業。

　　Google 和 Volvo 的努力，無疑將推動無人駕駛汽車的市場化，何時才能市場化，這也是全世界都在討論的話題。汽車是工業時代興起的標誌，大數據是信息時代半個多世紀結出的碩果，通過無人駕駛汽車，兩者正在融合對接。這種融合對接標誌著人類正在進入一個全新的時代：智能化時代。

　　而且，正像 Google 汽車一樣，這個智能時代就是由數據驅動的。

　　這是因為，無論是信息、知識、還是機器智能，在大數據的時代，都是以數據為載體存在的。數據是對客觀世界的記錄，當我們對數據賦予背景時，它就成為信息；信息是知識的來源，當把信息提煉出規律的時候，它就上升為知識；知識是智能的基礎，當電腦、網絡、機器能夠利用某種知識作出自動判別，採取行動為人類服務的時候，機器智能就產生了。

　　大數據的出現，是人類大量記錄世界的結果。大數據可以推進科學研究、改善社會治理，提高企業的運營效率和贏利能力，但歸根結底，相比於小數據，大數據新的功效可以概括為兩個方面：一是通過大規模的數據整合和挖掘，發現新的知識，實現"1+1>2"的數據增值；二是通過大量的數據訓練機器學習，實現自動化，這相當於賦予機器以智能，讓機器自動完成曾經種種必須由人類親力親為的工作，推動人類向智能型社會邁進，而這堪稱人類使用數據的巔峰狀態。

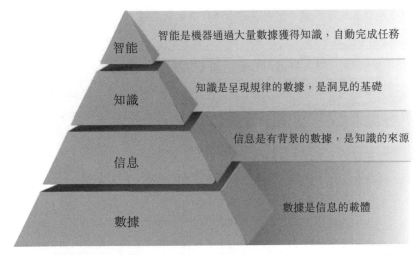

智能是機器通過大量數據獲得知識，自動完成任務

知識是呈現規律的數據，是洞見的基礎

信息是有背景的數據，是知識的來源

數據是信息的載體

智能

知識

信息

數據

圖 7-16　數據之巔：通過用數據訓練機器，讓機器獲得智能，為人類提供自動化的服務

類似於無人駕駛汽車，由大數據驅動的智能化例子正在大量出現。

也是 2012 年，一種新型的智能學習平台在美國興起，成為高科技領域創新和投資的重點，其中不少公司已經獲得了初步成功。這種智能平台，可以實現全球幾十萬人同步學習，在同一時間聽取同一位老師的授課，做同樣的作業、接受同樣的評分標準和考試。這意味著你即使身處非洲，也能和哈佛的學生一起學習、聽哈佛的教授講課。更關鍵的是，這個平台有智能，可以對學習者的學習行為進行自動提示、誘導和評價，從而彌補沒有老師面對面交流指導的不足。

和 Google 汽車一樣，平台的智能來自於大量的數據。單個個體學習行為的數據似乎是雜亂無章的，但當數據累積到一定程度時，群體的行為就會在數據上呈現一種秩序和規律。通過收集、分析大量的數據，就能總結出這種秩序和規律，然後把這種規律變成不同的算法，和新的學習者的學習行為進行對比，為他們達成最佳的學習效果進行提示和導航，每個學習者都可能得到個性化、有針對性的幫助。

可見，數據還是關鍵。為了收集更多的數據，各個公司、大學的在線學習平台幾乎都向全世界免費開放。有更多的學習者，才能收集更多的數據，有了數據，它們才能研究世界各國男女老少等不同學習者的行為模式，進而打造更好的智能學習算法。

就此而言，大數據就是大智能。數據好比人類新的土壤，正是依託這片土壤，智能型的文明才能滋生繁衍，土壤越廣褒，其蘊育的新文明才更有生機和活力。

對於數據的重要性，Google 的首席科學家彼得·諾維格（Peter Norvig）曾經感歎說：“我們沒有更好的算法，Google 有的，只是更多的數據。” [14] 這種說法雖然略有誇張，但卻揭示出信息技術的一個發展趨向：數據正在成為當下我們競爭的關鍵、發展的瓶頸。

由於摩爾定律催生的硬件技術飛速進步，存儲能力、計算速度已經不是信息技術發展的瓶頸，硬件算得再快、變得再小，我們人類可能已經感覺不到，這是因為，計算機的能力並不僅僅取決於計算的速度和存儲器的容量，兩者完全不成正比。就像在公路上，一輛車能開多快並不僅僅取決於這輛車的馬力，還有車流的速度、公路的質量、紅綠燈的多少，這些因素都限制了車速，它們才是真實世界中車速提高的瓶頸。對計算機而言，瓶頸在不斷發生轉移，曾經從硬件轉到軟件、算法，但現在正在向數據轉移。

延伸閱讀

硬件的發展不是當下技術的瓶頸

英特爾 22 納米的晶體管已經於 2012 年 4 月份下綫，該公司佔據了全世界 80% 以上的個人電腦芯片市場，2013 年，它還宣佈要進軍智能手機市場。隨著晶體管的變小，可以預計，手機的性能還將增強，同時體積變小。強大的計算能力意味著更多的雲端計算可以轉往本地，速度會更快。但是即使轉往本地，我們作為終端用戶，很多時候已經感覺不到這種計算速度的提高了。而且，正是因為計算能力太過強大，機身的散熱和繼電問題成為手機的製造過程中新的挑戰。

因為機器學習的長足進步，現在算法的好壞，也和數據緊密相關。算法是運用數學和統計學的方法和技巧，解決某一類問題的特定步驟，其核心是建立模型。但建模首先需要的就是數據，在過去的很長一段時間內，由於數據不足，人類只能設計一些小的模型或者淺的模型，近十幾年來，由於數據逐漸變得充沛，可以構建更大、更深度的模型，前文還提到，通過向計算機"餵取"數據，算法可以自動調適自已的參數，餵的數據越多，算法就可能更好、更完善。換句話說，當擁有了更多的數據，算法就可能更強大，軟件的性能就更好。

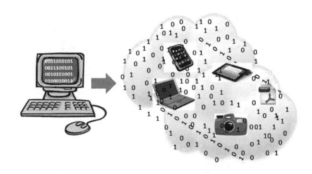

圖 7-17　軟件：從包含數據到被數據包圍

註：在信息時代的早期，信息系統（即軟件）是收集數據的主要手段，那個時候，數據可以說是被軟件包含，在今天的大數據時代，數據無處不在，軟件可以說已經被數據包圍了。這種被包圍的態勢，也導致了軟件的進步。

圖 7-18　人類信息技術瓶頸的轉移過程

智能時代的到來，還表現在人機交互的形式上。

人機交互，即人類如何控制電腦、和電腦交流。第一次人機交互的革命發生在 1984 年，蘋果電腦的操作系統採用了簡稱為 WIMP 的圖形界面，在此之前，人類必須通過代碼和計算機交流，這就意味著，只有通過專業的培訓才能操控計算機，非常不方便。WIMP 的圖形界面，就是我們非常熟悉的、今天還在使用的視窗系統，即以窗口（Window）、圖標（Icon）、菜單（Menu）以及鼠標（Pointer）

這四大要素為組件的圖形化界面。通過這個界面，用戶可以藉助鼠標的點擊完成電腦操作，達到"所見即所得"的目的，因為其美觀、友好、快捷而大受歡迎，事實上，作為第一次人機交互革命的成果，圖形化界面是促使計算機能夠成為大眾消費品的重要原因之一。

　　而當前，我們正在見證人機交互的界面再次發生深刻的革命，這一次，將把圖形變為聲音，即通過聲音控制電腦，實現智能交互，最終要把"人機交流"變成像"人人交流"一樣簡單、直接。

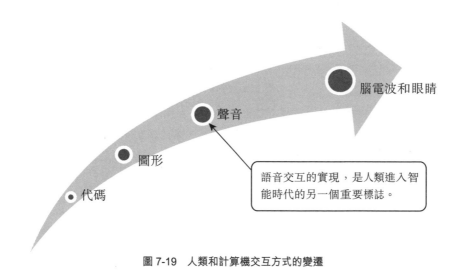

圖 7-19　人類和計算機交互方式的變遷

　　由於智能手機的普及，手機將成為全世界最中心的計算設備。屏幕變得越來越小，即使圖形再簡潔，也不方便我們下手點擊。智能交互勢在必行！

　　智能交互的形式也已經出現，例如 Google 提供的語音搜索、iPhone 提供的語音助理 Siri 等等。蘋果的 Siri 已經可以理解用戶的生活語言，幫助用戶完成一些簡單的日常事務，例如發送信息、安排會議、撥打電話等。未來，類似的"個人助理"可以完成等更多事務。不過，它的成功也取決於數據，"個人助理"必須收集用戶大量的行為數據，在分析這些數據的基礎上，為個人提供智能型的服務。例如，你想寫封郵件，可以和手機展開以下的對話：

　　你：我想發封郵件給韓寒。

計算機：你想跟他説甚麼？

你：2015 年 1 月 1 日，我們在北京見面。

計算機：你在 1 月 1 日上午已經有一個約會了。

你：那就安排在下午兩點。

計算機：是上海的那個韓寒嗎？（你的聯繫人當中可能還有一個同音的名字“韓涵”）

你：對。

計算機：郵件準備好了，是保存還是發送？

……

延伸閱讀

統計語言模型

下一代人機交互界面的核心技術是自然語言處理、語音識別、聲音合成等，即實現文本和聲音這兩種數據之間的轉換，讓計算機不僅聽得懂人類的語言，也可以開口説話。人類的語言其實極為複雜，計算機並不是真的像人一樣聰明，可以理解人類，而是通過大量的數據建立語言的模式，來“理解”人究竟説的是甚麼，這種技術被稱為“統計語言模型”（SLM，Statistical Language Models）。

未來的這種人機交流，在一定程序度上，甚至比人人交流還要簡單，因為面對機器，你不用説“請”、“對不起”，可以省去人際交往的一切繁文縟節。人機交互的這種革命將改變我們對計算機的認識、態度甚至感情，人類將更加倚重計算機，進入一種更為親密的人機共生狀態。這種以聲音為載體的人機交互形式，也將拉動下一輪的軟件創新和增長，蘊藏著無盡的商機。

通過人機交互，我們也可以更好地理解何為智能時代以及這個時代和以前的區別。在前智能時代，是人努力向機器靠攏，通過掌握使用機器的技能，利用機器為自己服務；在智能時代，是機器開始向人靠攏，主動理解人、為人服務。

前智能時代：人通過學習，掌握機器的使用方法，本質是人去適應機器

智能時代：機器通過“理解”人的語言，來適應人、為人服務

除了用聲音和機器交流，大部分科學家都相信，未來人類將可以用眼睛和腦

電波直接和計算機交流，事實上，這些技術的雛形都已經出現。

　　機器向人靠攏，主動理解人、適應人，其終極形式莫過於機器人。近幾年，在大數據的驅動之下，機器人產業也有了巨大的發展，IBM 設計的機器人"沃森"就是其中的突出代表。之所以命名為沃森，正是為了紀念我們前文中提到的 IBM 創始人托馬斯・沃森。2011 年 2 月，"沃森"參加美國的電視綜藝節目《危險邊緣》（Jeopardy!），該節目採取智力競賽的形式，由主持人自由提問，兩邊是節目當中海選出來的兩位堪稱全美最博學的人，中間是機器人沃森，問題可以是天文地理，也可以是明星八卦。沃森在接收到問題之後，會同時運用不同的算法，在兩億個文檔之中計算答案，如果由不同的算法找到了相同的答案，就證明答案的正確率很高，沃森就會按下搶答器，再用合成的語音朗讀出答案。沃森在和人類打了兩輪的平手之後，在第三輪中最終勝出，贏得了 100 萬美元的獎金。唯一不足的是，受限於我們上文中討論的人機交互界面，沃森是以文本的形式接受問題，而不是聲音。

圖 7-20　《危險邊緣》的節目現場：沃森和其他兩位參賽者

註：中間位置上的標誌代表沃森，當時沃森的體積其實很大，可以佔小半個房間，因此放在幕後。到 2014 年 1 月，IBM 已經把沃森的體積縮小到 3 個比薩餅盒子一般的大小，人可以提著走，這再次證明了人類硬件技術的快速進步。沃森每秒可處理 500G 的數據，相當於 100 萬本書，在比賽時，為了提高運算速度，IBM 還把所有的數據放置在內存而不是硬盤裡，即我們前文提到的"內存中分析"技術。（圖片來源：電視截屏）

　　在 1990 年代，也有一台機器因為具有智能名噪一時，它就是"深藍"。深藍在國際象棋比賽中擊敗了世界冠軍卡斯帕羅夫。當年的深藍，可以說是算法驅動的，隨著算法的完善，卡斯帕羅夫其實必輸無疑，原因我們在上文中也提到，人是有情緒的，情緒的波動就可能導致錯誤，而機器永遠在冷酷地計算，只要有了完備的算法，就不會出現任何失手。但和沃森相比，深藍只會做一件事——下棋。今天的沃森，是大數據驅動的，無論你問它甚麼，它都可能回答得比人還要準確、還要快。2013 年 2 月，參加過比賽的沃森，又找到了新的工作，它在紐約的一所癌症專科醫院坐診，輔助醫生診斷病人。

　　未來已經來到了我們中間，只是還沒有均勻的分佈到生活的各個角落！但從無人駕駛汽車、智能學習平台、個人語音助理以及機器人領域取得的進步中，我們可以看到這個智能型社會的種種端倪。這將是一個由數據驅動、由算法定義的世界，自動化將接管越來越多的工作。毫無疑問，這是人類的福祉，人類將從中獲得更大的解放，但同時，這個新的社會形態也將給人類帶來空前的挑戰。

　　2012 年 9 月，美國一家公司 Rethink Robotics 推出了一款名為"Baxter"的商用機器人。這款機器人具有基本的"學習"能力，通過一小時的培訓，它就可以在流水綫上獨立完成裝貨卸貨、打包拆箱、檢查和裝配零件等重複性的工作。一台 Baxter 的售價僅僅為 22 000 美元，這遠遠低於一名普通美國工人的年薪，

圖 7-21　Baxter 商用機器人

圖片來源：網絡

更重要的是，機器人不用公司買醫療保險、不會請假、不會抱怨、不會要求加工資，可以保持同樣的工作狀態 5 年、10 年甚至幾十年！

這款機器人的出現，引起了美國社會熱烈的討論。大部分科學家、經濟學家都相信，隨著智能時代的到來，那些重複性的、日常性的工作將逐漸被機器接手。在這些崗位上，計算機甚至比人還可靠，能把工作做得更好。2013 年 9 月，英國牛津大學馬丁學院的科研人員研究了自動化對人類就業市場的影響，在其報告中做出結論説，在未來 20 年內，今天美國社會 45% 的工作，都可能被自動化和機器人接手 [15]。

45%！這是任何社會都無法承受的失業率。

2014 年 1 月，在達沃斯世界經濟論壇上，Google 的董事局主席施密特（Eric Schmidt）也表示類似的憂慮。他講到，由於信息技術的進步，越來越多的工作都將從人類的手中流失，失業將引發各種嚴重的社會危機，發達國家現在就必須思考如何應對這些挑戰。

有經濟學家甚至支招説，開徵計算機稅，使用計算機和自動化越多的公司，必須繳納更多的稅收，國家可以用這部分錢來補貼失業群體。

這種情況會不會出現，我們首先可以以史為鑒。今天美國社會的轉型，和 100 多年前從農業社會向工業社會轉型之時頗有類似的地方，當時，工作機會從農業大規模地向工業轉移。100 年前，每 3 個美國人當中就有 1 個農民，今天的美國，只有 2% 左右的農民，即每 50 個人中有 1 個農民，但生產的糧食不僅能夠自給，美國還是世界上最大的農產品出口國，也就是説，其產量遠比 100 年前還多。當時，機器廣泛地代替了人力，失業問題也曾經困擾當時的建設者。1884 年，當賴特成為美國第一任勞工統計局的局長時，他在全國反覆調查統計的一個問題就是：機器的出現到底是增加了就業的機會，還是減少了就業的機會？賴特最後的發現是，機器雖然取代了人力，但機器的出現還是增加了就業的機會。其中的原因是，工業產品極大地刺激了全社會的需求，最終，工作機會的蛋糕變大了，而且變得很大，和它相比，機器對人力的取代只是很小的一部分。

但向智能社會轉型的挑戰又有不同的地方，形勢更為嚴峻。首先問題是，我們的蛋糕是不是還會變大？

Instagram，一款基於互聯網的照片分享應用程序，擁有 3 000 多萬用戶，直到 2012 年 4 月被 Facebook 用 10 億美元的高價收購時，整個公司只有 13 個人。WhatsApp，一個基於智能手機的社交媒體軟件，在全球擁有 4 億用戶，在 2014 年 2 月被 Facebook 用 190 億美元的天價收購時，整個公司只有 53 個人。而 Facebook 本身，在全世界擁有 10 多億用戶，全公司不足 2 000 人。相比之下，幾乎在全世界都擁有用戶的 Twitter 公司更小，只有 300 餘人。但在 2013 年被數字化技術擊垮、宣佈破產的柯達公司，其雇員最多時高達 15 萬人，堪稱工業時代的行業巨人。今天的企業，首先在基因上就完全不同於工業時代的勞動力密集型企業。未來智能社會的主流企業，一定是知識密集型企業，就企業的大小而言，它將變小而絕不是變大。此外，無人駕駛汽車、智能學習平台的出現，都會消減原來存在的工作機會，例如，隨著無人駕駛汽車的普及，司機這個行業可能會徹底消失。前文在介紹普適計算時提到，美國費城把 RFID 標籤安裝在垃圾桶裡，以優化垃圾收集的路綫和頻度，這個措施導致當地垃圾收集人員的隊伍縮減了 1/3。除了自動化，新的商業模式也會消減工作機會，前面在介紹眾包時提到的 Airbnb 住房分享網站，通過它可以把個人的餘房出租給有需要的遊客，這毫無疑問也將衝擊一些低端的酒店，其工作人員就極有可能失業。

諸如美國之類的發達國家將首先遭遇這些挑戰，但這場智能化的革命，將像旋風一樣，逐步席捲整個世界。中國也將面對這些挑戰，這僅僅是個時間的問題。

可以肯定，由於各國文化的不同以及應對戰略的差異，信息技術的進步將給每個國家帶來不同的影響。但在全球化大背景下的今天，向智能型社會的邁進其實也是一場世界範圍內的競爭，中國政府如何應對，值得認真思考，特別是在變化發生的早期階段，有效的戰略部署將對未來的發展起到決定性的作用。

擺在中國政府面前的選擇有很多，個中頭緒可謂千絲萬縷。但我相信，有一點一定是關鍵，這就是教育：通過教育，提高全民的素質，讓民眾具備應對這種轉型和挑戰的技能，適應新時代的需求。回望工業革命發生的時候，歐美等國都建立了大量的學校，用來培養產業工人。今天，我們需要學校培養更多的知識工作者，例如軟件工程師和數據科學家，這將顯著提高中國在這場全球轉型當中的競爭力。

這是工作機會的大規模轉移，對教育的需求也是海量的、多樣的。中國做得好，還可以在世界範圍內輸出人才、輸出知識，幫助其他的地區和國家應對這些挑戰。但依靠現有的教育系統，每一個國家，包括美國，都不可能完成這個挑戰。前路何在？回到我們剛剛討論過的智能學習平台，只要有根網綫，就可以使用世界一流的教育資源，一名老師可以同步為幾十萬人授課，這將為無數的普通人提供免費學習、終生學習和隨時隨地學習的機會，這種智能學習平台的推廣和普及，可能是全世界應對向智能化社會轉型最有效的工具。

正所謂，技術的發展給我們帶來了難題，同時又給我們開出了處方。大數據給人類帶來了挑戰，也帶來了新時代的曙光。人類終將受益於技術的發展和進步，在即將到來的智能時代獲得更大的自由和解放。

註釋

01　摩爾 1965 年發表該定律時，認為這個週期是 1 年，1975 年，他修訂為兩年。也有人認為，這個週期是 18 個月。

02　Long-Term Productivity Mechanisms of the Semiconductor Industry. R. Goodall, D. Fandel, H. Huff. International Sematech, 2002.

03　The Staggering Pace of Technology, Geoff Colvin, CNN, August 31, 2010.

04　算法是運用數學和統計學的方法和技巧，解決某一類問題的特定步驟。

05　《亞馬遜是要逆天了嗎？"預判發貨" 專利，顧客未動包裹先行！》，www.yixieshi.com，2014 年 1 月 19 日。

06　關於人類數據分析技術的演進，有興趣的讀者請參閱我在《大數據：數據革命如何改變政府、商業與我們的生活》（香港中和出版有限公司，2013）一書中第四章 "商務智能的前世今生" 中的闡述。

07　Above the Law? *Sun Sentinel*, February 11, 2012.

08　Cops Hitting the Brakes, *Sun Sentinel*, December 30, 2012.

09　《擁抱大數據時代　華師大校園飯卡顯關愛》，《經濟觀察報》，2013 年 7 月 22 日。

10　袁建彰：《男人一看球，女人就購物？》，《信息時報》，2012 年 6 月 22 日。另《武漢晨報》、《中國經濟週刊》以及多個地方電視台都有類似的報道。

11　作者查閱和截屏的日期為 2014 年 2 月 7 日。

12　王飛躍：《從社會計算到社會製造：一場即將來臨的產業革命》，《中國科學院院刊》第 27 卷，第 6 期，2012 年。

13　兩份報告的英文名稱分別為：（1）Ensuring American Leadership in Advanced Manufacturing，

（2）Capturing Domestic Competitive Advantage in Advanced Manufacturing。

14　英語原文為："We don't have better algorithms. We just have more data."—— Peter Norvig, Chief Scientist, Google

15　The Future of Employment: How susceptible are jobs to computerisation? Working Paper, Oxford Martin Programme on the Impacts of Future Technology, September 19, 2013.

智慧城市：正在拍打世界的浪潮

未來十年，最重要的政策制定，將發生在信息技術與社會變化的交會之處。

——作者，2014 年

　　上一章談到，大數據的浪潮源於人類記錄範圍的不斷擴大，隨著數據的激增，人類可以從數據當中發現更多的知識，但使用數據的巔峰形式，是訓練機器從大量的數據當中獲得智能，從而自動地為人類完成越來越多的工作，最終，大數據將引導人類進入一個無處不計算的智能時代。

　　在這個新的時代，機器智能將體現在人類生活、工作的方方面面，例如交通、醫療、教育、家電、公共安全、工業製造等，每個領域都會出現大量的自動化現象，但幾乎所有這些領域，最後都會在一個點上交叉會合。

　　這個交點，就是城市。

西方和東方：聰明和智慧

　　城市，是人類社會大量人群聚集的區域，因為人的高度聚集，人類的最高文明也在城市滋生繁衍。人類的文明史，一定程度上，就是城市的進化史；對城市的研究，一定程度上，就是對未來生活的探索。2008 年 11 月，IBM 公司的董事長彭明盛在美國外交委員會的演講中 [01]，對未來全球的任務進行了前瞻性的展望，提出了智慧地球和智慧城市的理念。這個時候，這家 1911 年從打孔機、製表機起家的小企業，已經成為了全世界信息技術領域的百年老店和行業領袖。IBM 認為，人類的信息技術發展已經進入了新的階段，通過"全面感知、充分整合、激勵創新、協同運作"，城市管理可以邁向智慧的新時代，實現高效、智能的發展。

　　智慧城市理念的提出，一定程度上，可以視為人類向智能時代邁進的先聲。準確地説，彭明盛 2008 年提出的是 "Smart City"，"smart" 在英文當中有 "聰明、敏捷、靈巧" 的意思，所以準確的中文翻譯，應該是 "聰明城市"。聰明城市的提法，在英文世界很早就有，並不是 IBM 的首創，但通過 IBM 的闡釋，"聰明城市" 在全世界的範圍內獲得了更高的認可度。

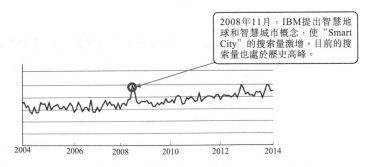

2008年11月，IBM提出智慧地球和智慧城市概念，使 "Smart City" 的搜索量激增。目前的搜索量也處於歷史高峰。

圖 8-1　"Smart City" 英文世界搜索量的變化趨勢（2004 年 1 月至 2014 年 1 月）

註：Google 的搜索就是典型的大數據應用，每個單詞搜索量在不同時段的變化，反映了人們當下的需要，也反映了一個單詞在全社會的的認可度和流行度。圖 8-1 説明，早在 2004 年，在英文世界就有了 "Smart City" 的提法，IBM 的闡述只是讓它變得更加流行。（圖 8-1 至圖 8-3 的數據均來源於 Google Trends）

　　這個概念當然也傳到了中文世界，但中國人翻譯的時候，因為語言的習慣等原因，"Smart City" 被譯成了 "智慧城市"。嚴格地説，"智慧" 一詞對應的英文單詞，應該是"wisdom"，"聰明城市"的主要意思，主要停留在物理和硬件的層面，而"智慧城市"的譯法，則把文化的軟因素帶進了城市建設當中，當然更顯高端，但要建設智慧城市，標準和要求也無疑更高。

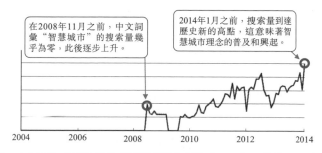

圖 8-2 　中文詞彙"智慧城市"搜索量的變化趨勢（2004 年 1 月至 2014 年 1 月）

上海	100
湖北	88
北京	84
浙江	79
廣東	74
江蘇	70

圖 8-3 　中國"智慧城市"搜索排行榜：上海的"智慧"意識最強（2004 年 1 月至 2014 年 1 月）

註：圖 8-3 表明，排名第 6 的江蘇，其搜索"智慧城市"這個詞彙的總量約為上海的 70%。

　　誠如彭明盛所言，IBM 之所以能夠提出這個理念，還是因為信息技術的進步。最早的信息系統或者說軟件，專注於個人的應用，例如 Word 等辦公軟件；到了 1990 年代，以企業為單位的大型信息管理系統開始出現並遍地開花，例如 ERP 等企業資源管理系統，這個時候，信息技術解決的問題，不再是針對個人，而是躍升到了組織；到 2008 年 IBM 提出智慧城市，又從"組織"躍升到了"城市"，單位再次擴大。IBM 的雄心，是要讓不同組織之間的信息系統聯聲通氣、建立聯繫，即在城市這個人類社會各項功能的交點上設計一套大型的、複雜的信息管理系統，也可以說，是要為城市打造一套電子化的操作系統。智慧城市戰略的提出，也標誌著 IBM 開始向大型的複雜信息系統的服務和集成轉型，近幾年來，它不斷切割自己曾經輝煌的個人電腦業務、服務器業務，就是這個戰略的表現。

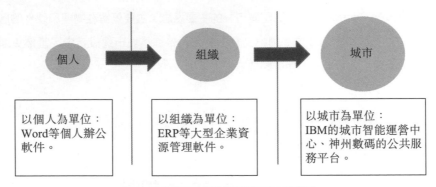

個人 → 組織 → 城市

以個人為單位：
Word等個人辦公
軟件。

以組織為單位：
ERP等大型企業資
源管理軟件。

以城市為單位：
IBM的城市智能運營中
心、神州數碼的公共服
務平台。

圖 8-4　信息系統解決問題的單位不斷擴大

但智慧城市的提出，也和城市發展模式的本身在受到挑戰有很大的關係。

2009 年，聯合國秘書長潘基文宣佈，全球有一半以上的人口都已經居住在城市區域，聯合國還預計，到 2030 年，將有近 50 億人口居住在城市區域[02]。快速的城市化，是近百年來世界性的浪潮。1790 年美國立國之初，僅僅有 5.1% 的美國人口居住在城市，到 2000 年，這個比例已經超過了 75%，其中，鍍金時代、進步時代兩個階段見證了美國高速城市化的過程。如今，這一幕又在一些發展中國家上演。以中國為例，近 30 多年來，中國城市化的速度大概是世界平均水平的兩倍，根據中國第六次人口普查的結果，截至 2010 年 11 月 1 日，中國的城鎮人口佔到總人口的 49.68%，和 2000 年前相比，城市人口佔比上升了 13.46%，這意味 10 年間有近兩億人從農村進入了城市[03]。

快速的城市化，意味著城市區域及其人口規模的擴大，這使得城市的管理越來越複雜，也給城市的能源供應和環境保護帶來了巨大的挑戰。近半個世紀以來，從西方到東方，從發達國家到發展中國家，世界各地的大大小小的城市，都在紛紛遭遇空氣污染、交通擁堵、資源短缺、基礎設施不足或者老化等嚴峻的問題。

智慧城市的提出，觸到了全世界政府官員、城市管理者的痛點，也因此被各國政府廣泛接受。近幾年來，世界各地有大量的城市在開展"智慧城市"的建設，也有不少學者在對這個現象進行研究，但作為一個新興的概念，智慧城市目前尚無一個統一的定義與標準，在不同的階段、不同的國家和地區以及不同的視角之下，其目標、內容、措施都有不同的界定。

表 8-1　世界各國對智慧城市的不同定義

代表人物或單位	年份	智慧城市的定義
Hall（美國能源部）[04]	2000	城市通過**監測和整合**各種重要的基礎設施的運營情況，包括公路、橋樑、隧道、鐵路、地鐵、機場、港口、通訊、水電以及主要建築物等，優化其資源配置，規劃其維護措施，監督城市安全，同時最大化地服務城市居民。
Giffinger 等（奧地利）[05]	2007	在城市的智慧型努力和**獨立公民**自我決定的活動這兩個因素相結合的基礎之上，城市在經濟、人文、流動性、環境以及生活方面實施前瞻性管理。
Harrison 等（IBM）[06]	2010	通過物理基礎設施、信息技術基礎設施、社會基礎設施和商業基礎設施來整合**群體智慧**（Collective Intelligence）的城市。
Toppeta（意大利）[07]	2010	為提高城市的可持續發展性和宜居性，通過信息通訊技術和Web2.0 技術的結合，輔以其他組織、設計和規劃努力，實現其管理的虛擬化，加快行政機關的辦事速度，對複雜性城市管理問題確定創新的解決方案。
Washburn 等（美國）[08]	2010	採用**智慧運算**（Smart Computing）的技術，讓城市的重要基礎設施和服務，如行政管理、教育、醫療衛生、公共安全、房地產、交通和公用事業等，實現更智能、更交互、更有效率的管理。
毛光烈（中國浙江）[09]	2012	建設智慧城市就是建設信息化與城市化、工業化、**市場化深度融合**的城市；就是智慧地利用雲計算、互聯網、物聯網等新一代信息與網絡技術，加快實現科學發展的城市；就是大力發展具有現代網絡經濟、現代網絡社會、現代網絡文化、現代網絡生活、現代為民服務政府的城市。
聯合國國際電訊聯盟[10]	2013	智慧城市被定義為"**知識化、數字化、虛擬化和生態化**"的城市，根據城市規劃者不同的目的，有不同的解釋，我們認為智慧城市是以信息和信息技術為基礎設施，對當今城市功能和結構的一個改善。
歐盟委員會[11]	2013	智慧城市有被認為具有**可持續發展、經濟型發展和高質量的生活**等特點，這些特點可以通過物理性的基礎設施、人力資本、社會資本和信息技術的基礎設施獲得。
神州數碼（中國）	2014	智慧城市是**信息時代的城市新形態**，是將信息技術廣泛應用到城市的規劃、服務和管理過程中，通過市民、企業、政府、第三方組織的積極互動，對城市各類資源進行科學配置，提升城市的競爭力、吸引力和可持續發展能力，實現創新低碳的產業經濟、綠色友好的城市環境、高效科學的政府治理，最終實現高品質的市民生活。

　　雖然是一個理念，各自解讀，但從以上智慧城市的定義中，我們可以提煉出一些共同的要素：信息技術確實是核心的推動力量，但智慧城市的服務對象還是城市的居民，他們才是城市生活的主體，市民的參與和使用，才能讓技術真正釋

放出能量，此外，政府也是智慧城市建設中重要的一極，唯有通過其政策支持，才能讓智慧城市變為現實。可以説，任何一項智慧城市的工程，都少不了技術支持、市民參與、政府政策這三個要素，也正是這三個要素之間的互相作用，讓智慧城市的建設變得更加複雜。本章的論述，也將圍繞這三個方面逐一展開。

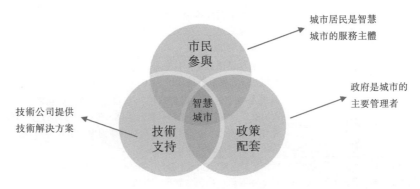

圖 8-5　智慧城市建設的三個要素

　　為了進一步鞏固自己的市場領袖地位，2010 年，IBM 宣佈將投入 5 億美元，無償向世界各地的政府派出顧問團隊，免費為全世界 100 個城市提供營建智慧城市的諮詢服務，這當然又是個 "聰明" 的計劃。通過派駐工程師深入到世界各地城市管理的一綫，了解問題、發現痛點、制定解決方案，IBM 很快宣佈，已經在智慧城市方面建立了 2 000 個知識庫、可以為城市打造 "智能運營中心"、裝備 "精確收集、分析和反饋所有信息" 的大型系統。從南美的里約熱內盧、北美的波特蘭、歐洲的荷蘭，IBM 活躍在世界各國智慧城市建設的一綫，完成了一個又一個大型項目的建設。

　　作為全世界城市化最快的國家，中國也不例外，在這片擁有 14 億國民、近 700 個城市的廣褒大地上，智慧城市的建設也方興未艾。

目標鎖定 "城市平台"：神州數碼對話錄

　　2012 年 12 月，北京上地 9 街 9 號。

　　這是中國最大的 IT 整合服務提供商神州數碼公司的總部。

2010 年，神州數碼全面提出了智慧城市戰略，成為中國本土智慧城市建設最重要的一支力量，堪稱中國智慧城市建設的航空母艦。

面前坐著的，是這艘航空母艦的掌舵人：郭為。

起頭的話題略帶尖銳：神州數碼為甚麼在 2010 年提出智慧城市的戰略？是不是跟在 IBM 後面亦步亦趨？

"神州數碼自成立以來，一直在提數字化中國和數字化城市，數字化是智慧化的前提，2010 年的新戰略是受到 IBM 的啟示，但我們認為，中國到時候了，經過多年的數字化努力和積累，部分城市可以進行，也需要進行智慧城市的建設。"

"在 IBM 提出智慧城市之前，我們也一直在思考，希望找到戰略的制高點。"在郭為回答的基礎上，神州數碼的首席執行官林楊做了補充。

作為 CEO，林楊是這個大公司的當家人，這位濃眉大眼的北方漢子並不諱言自己當時的感受："2008 年 11 月，當聽到 IBM 提出智慧城市的時候，咯噔一下，我的心就落了下來。"

"為甚麼？"

我心裡也一緊。

"我在心裡喊了一聲，糟了，制高點又被搶佔了。"

林楊的這種感覺，相信這一代中國的本土企業家都很熟悉：我們還在追趕世界。通過十多年的努力，在信息技術這個新興的領域，中國和世界發達國家的距離在急速縮小，挺立在中國潮頭的企業家在密切地關注世界、不停地思考，試圖領先、試圖超越、試圖在國際競爭中不落於人後，但常常還是因為幾步之遙，中國的公司落在了後面。

從數字化城市到智慧城市

延伸閱讀

1998 年 1 月，美國副總統戈爾（Al Gore）首先提出了"數字地球"的概念，在全世界引起了很大的反響，此後，數字化國家、數字化城市等等提法風行一時。數字化，是指對一切聲音、文字、圖像和數據等信息進行處理，將其轉化為"0"和"1"的二進制代碼，從而可以在計算機內部進行統一處理。2000 年，神州數碼從原聯想集團分拆成立之後，一直以"數字化中國"為使命，直到 2010 年才將智慧城市定為公司最大的戰略。

　　我更關心的是，在智慧城市建設的世界性浪潮中，和其他國家相比，中國智慧城市建設的特點以及獨特性究竟在甚麼地方？在美國，一談到智慧城市，普通的美國人都首先會想到城市交通，大量的智慧項目也集中在交通之上。

　　"交通擁堵是城市面臨的重大挑戰，但我們認為，這種擁堵表面上是因為車多造成的，其實是人的決定造成的。在 1.0 的時代，城市的道路是平面的，到了 2.0 的時代，出現了立體交叉的道路，但車輛增長得更快，馬路還是不夠用。就交通而交通是沒有出路的，城市管理者要轉變思路，不能一味修路，而是要通過信息技術，通過計算，對城市的狀態進行實時分析和預測，優化現有資源的使用情況，開創 3.0 的時代，也就是智慧時代。

　　"神州數碼的智慧路徑是跳出車和道路，我們要打造一個平台，一個和城市生活息息相關、可以預測和分析的大數據平台，通過它來改變人的決定、優化人的行為！"

　　跳出車和道路、藉助數據分析來改變人的決定和行為，郭為的話，令我想起了美國學者前幾年做過的一項知名的研究。加州大學洛杉磯分校（UCLA）的舒普（Donald Shoup）教授研究了洛杉磯 70 年來關於城市停車的歷史數據 [12]，他隨後發現，該市有 8%—74% 的交通擁堵是因駕駛員在兜圈找停車位而造成的。他還用解剖麻雀的方法，聚焦研究了洛杉磯一個擁有 15 個路口的區域，發現因為兜圈尋找車位，一年所產生的兜圈里程高達 150 萬公里，這意味著 18 萬升汽油消耗以及 730 噸的二氧化碳排放。類似的研究紐約市也做過，他們也發現，在曼哈頓區一個擁有 15 個路口的區域，駕駛員平均要花 15 分鐘繞 7 個路口、約 0.37 英里才能找到一個停車位，在高峰時間，會達到 14 個路口、約 0.7 英里。因為繞路找車位，該區域每年累計不必要的行程高達 50 多萬公里，產生 325 噸的二氧化碳排放，城市居民因此浪費 800 多個小時、13 萬美元的汽油。可見小小的兜圈一旦在全社會加總，其浪費也是驚人的！針對這些問題，這幾年，美國出現了多款基於手機平台的停車指示系統，例如 Streetline 公司開發的手機應用程序 Parker，它可以給駕駛員提供動態的城市停車狀況和收費情況，幫助人們規劃出行時間、路綫，並且通過 GPS 導航為駕駛員找到最方便的停車位，還可以用手機直接支付停車費，大大減少不必要的時間浪費、汽油消耗和環境污染。

通過網絡可以查看城市停車場的位置、大小以及每個停車場此時剩餘的停車位數量

圖 8-6　神州數碼為江蘇省張家港市打造的公共服務平台

註：圖 8-6 至圖 8-9 均為神州數碼公司提供的網站截屏。

　　但郭為的想法比這還要大，交通情況的預測和分析只是其中的一部分，他想要為城市的整個公共服務、市民的公共生活打造一個平台。

　　"中國已經有了不少電子商務的平台，但還沒有一個城市生活、公共服務的平台。"

　　在這方面，神州數碼想做第一。郭為繼續解釋說，平台才有巨大的效應和生命力，通過這個平台，除了可以讓人們在城市生活的選擇和決定更加智慧，他更大的目的，是要把以前通過排隊才能獲得的公共服務，通過網絡，或者說通過雲就能獲得。

　　郭為認為，發展中的中國資源緊缺，尤其是大城市，辦事難、出門難，中國的智慧城市建設要首先解決這個問題，"以後辦證不用出門，這也將減少交通擁堵、節省時間和汽油"。

　　"更重要的是，這個公共服務平台，將保障快速城市化進程當中從農村進入城市的每一個人獲得均等的公共服務，這個平台，在將來甚至可以突破傳統戶籍制度的桎梏和限制。傳統的戶籍和身份證是一個'死'的東西，它對於公民的活動沒有任何記錄，而這個平台會累積大量的市民行為數據，這是一個'活'的大數據平台，對於傳統的戶籍管理，無異於一場革命！"

　　"過去大家談沒有網絡人可以生活，但沒有電不行，但我想，隨著互聯網的快速普及，人人都需要終端，不久的將來，就會出現沒有網絡就無法生存的現實，"

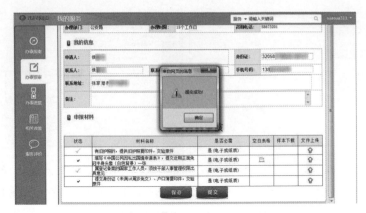

圖 8-7　神州數碼為張家港市打造的公共服務平台：通過網絡可以提交辦理護照的資料

郭為認為，"這種狀態是信息革命必然到達的階段。"

我同意這種預測，並且認為，未來互聯網服務於人類的主要形式就是雲，就像每個家庭都需要水、電、氣一樣，在通往智能時代的道路上，每個家庭都需要計算的能力，未來的家庭生活不能缺少雲："雲，應該成為除了水、電、氣之外的第四公共部門。"

"對，第四公共部門。未來的雲將和水、電、氣一樣，成為家家都必須有的公用事業，而且，水、電、氣只能提供單一的功能，和它們相比，'雲'這個公共部門將可以提供更多元的生活便利和公共服務。

"神州數碼的努力，就是要通過互聯網為每一個市民都提供一個城市公共服務的雲平台，而且大部分應用都要做到手機上，雲要隨身而行，這也是雲和水、電、氣的區別。"

換句話說，神州數碼的目標，是要為城市生活打造一個數字化的界面，讓人們通過這種界面去觸摸和感受城市的脈搏跳動。郭為還認為，不僅要讓市民通過雲獲得公共服務，還要通過雲參與公共生活。他認為，未來將是一個人人相連的時代，普通的市民也可以介入城市的管理。

"所謂城市，城是載體，人才是城市的主體。真正的智慧城市，必須要讓人融入到城市生活的建設中來，要通過信息技術，把人的智慧放大，城市中的人可以成為一個個神經元，進而形成'群體智慧'，使得原本枯竭的城市資源得到激發或者重新配置。

圖 8-8　張家港市停車場實時查詢：公共服務平台的手機端

註：神州數碼公司的建設還在推進，據其公司反映，目前張家港市通過手機可查詢的停車場有 62 個，其中可查詢實時數據的停車場已經達到 25 個，其實時數據從當地城管部門獲得。

　　"我還在思考，智慧城市還不夠，要全面發揮居民在城市生活中的作用，還要建設智慧社區。"

　　"以市民為中心的城市公共服務平台僅僅是第一步。" 工程院院長謝耘又補充道。這位神州數碼的首席技術官更像一位儒雅的學者，他認為，這個平台的服務對象雖然是市民，但隨著數據量的積累，這些數據將對政府的決策起到重要的參考作用，"利用這部分數據，再整合其他數據，神州數碼還可以為城市的管理者打造一個決策支持平台，這已經在我們公共服務平台的規劃之內。"

　　謝耘的解釋激起了我更大的興趣，這也成了我後來再次造訪神州數碼的契機。

　　"這種平台向不向市民收費？" 我接著問。

　　針對這個問題，謝耘回答說，大部分功能都是免費的，但少數高端的功能未來可能收費。郭為認為，企業必須贏利，智慧城市的建設要有經濟效益，此外還有社會效益、環境效益，但後兩者難以量化，這給智慧城市的商業模式帶來了挑戰。

"最大的阻力和困難是甚麼？"

"觀念和文化！"郭為答到，"只有城市管理的文化真正發生改變的時候，大數據、雲計算的潛能才能真正發揮出來。"

"中國文化強調的是寫意和系統思維，而西方文化則更多地強調細節和數據。在中國，說數據化並沒有人反對，但我發現，這只是葉公好龍，真正落實到細節的時候，各種畏難情緒和反對的聲音都上來了，很難落實！"郭為繼續強調說，中國要補課，從個人到企業、從國家到社會都要用數據來說話，"這是不需要討論的，一定要這麼走，中國的城市管理需要一種數據驅動的新文化。"

在談話中我還發現，作為一名企業家，郭為對智慧城市的理解，更多的是從經濟角度出發。他認為，通過建設智慧城市的努力，將集聚一批信息服務企業，改變中國的經濟結構。隨著土地、人工、能源的成本不斷提高，中國現有的城市發展模式已經難以為繼，而建設智慧城市，其實就是在打造中國的新經濟以及未來理想城市的模型。

眾包、眾智和眾創：讓大眾解決大眾的問題

2013 年 12 月，當我再次來到神州數碼的時候，郭為的目標已經在更大程度上變成了現實。這一年，神州數碼的公共服務平台，已經在佛山、福州、張家港等幾個城市上綫並投入使用。

郭為認為，信息技術是推動智慧城市建設最重要的力量，但城市歸根結底是為了人們的生活存在的，人也是城市生活當中最高智慧的來源。智慧來源於數據，數據來源於傳感器，而城市生活中的人就是移動的、最好的、最聰明的傳感器。因此一個真正智慧的城市，首先要調動其城市生活的主體——市民來貢獻智慧；一定程度上，技術創新的目的，也是為了方便、推動市民對城市公共生活和建設的參與。

佛山市公共服務平台就是圍繞市民這個主體打造的，平台由"我的生活、我的政府、我的聲音、我的支付"四個版塊構成。其中，市民通過"我的聲音"版塊可以參與城市的管理，在平台上反映在城市生活中發現的各種各樣的問題。

例如，2013 年 7 月 29 日，佛山市民"CSC999"在平台上發貼反映：在禪

城區祖廟路華輝大廈前有個防護石墩倒了，該地屬繁華的商業區，損壞的石墩影響行人出行，如果滾到馬路上，更容易引起交通事故。8 月 14 日，禪城區交通運輸局在平台上回覆說該石墩已經修復。又如，2013 年 11 月 4 日，網名為 "qiusibo" 的市民在平台上反映說：禪城區鯉魚新村公交站旁邊，因為工地施工，水管裸露在外。

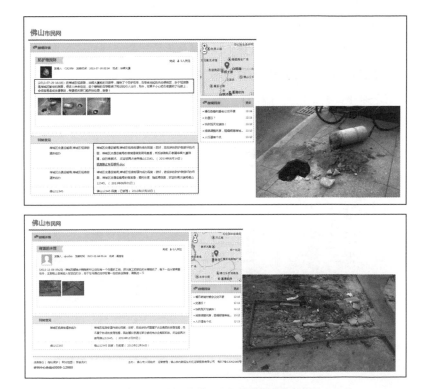

圖 8-9　神州數碼為佛山市打造的 "我的聲音"

註：針對第一張圖的問題，7 月 30 日，即問題反映的第二天，佛山 12345 熱綫受理了這個問題。第三天，8 月 1 日，禪城區交通運輸局承辦了這個任務。8 月 14 日，該局回覆：該防護石墩已經修復。針對第二張圖的問題，在問題提交的次日，佛山 12345 熱綫回覆說，該工地屬於水業集團，此問題不屬於政府可以解決的公共問題，因此沒有受理。

　　佛山市的 "我的聲音"，就相當於一個以網絡為平台的市民熱綫。在美國，各地政府的市民熱綫也在向網絡平台和智能手機轉移，市民通過手機的自動定位功能，可以隨時標識、記錄在城市每個角落中遭遇和發現的問題，而城市管理的官員打開地圖，就可以看到問題發生的準確位置，點擊相應的問題點，就可以看到具體的細節。例如，美國第四大城市三藩市，其市民熱綫為 311[13]，近年來，311 熱綫就已經在向智能手機遷移，除了市民可以利用它來反映城市生活中的問題，對政府而言，這個以地圖為基礎的可視化平台還可以輔助決策。通過它，可以分析一個城市在某個時段之內出現的問題和投訴的多少、種類和分佈，這些問題按類別以不同顏色的圓點出現在不同的地區，市政官員一眼看去，就基本知道了這段時間城市生活中的主要問題是甚麼、集中在哪裡。一定程度上，這些圓點的多少、解決問題的快慢，也可以代表城市內某個地區行政管理和公共服務的水平。這種利用數據的思路，正是神州數碼謝耘提到過的，市民的行為數據最終可以服務於公共決策平台。

圖 8-10　三藩市的 311 應用程序手機界面截屏

註：圖中，某市民在某地發現一堆廢棄的輪胎，可以通過手機定位直接在地圖上打一個點，向市政府提交這個"亂扔東西"問題。

311 是政府出資搭建的平台，美國民間還有類似的公益平台，其中最為知名的是 SeeClickFix。"SeeClickFix"這個名稱的意思為"看見、點擊、搞定"，即通過鼠標的點擊解決問題。SeeClickFix 成立於 2008 年，至今已經有 25 000 個城鎮的居民在上面提交問題和投訴，而且所有的問題對所有的人都透明，即你可以看到全國哪個地方的投訴、抱怨或者求助最多。

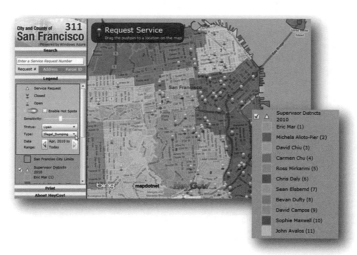

圖 8-11　績效燈：城市當天存在的問題一目了然

註：上圖為 2010 年某個時段之內，三藩市出現的關於亂扔垃圾、廢棄物品的投訴。每個點代表一個投訴，不同的地區用不同的顏色表示，方框處為管理人員的姓名以及他們各自轄區內此類問題出現的數量。（圖片來源：系統截屏）

　　例如，2014 年 1 月 23 日，有人在 SeeClickFix 上發貼子抱怨，在紐黑文市 Eld St 這條街上停車吃了罰單，但根本找不到 "禁止停車" 的標誌。這個帖子引起了近 30 名司機跟帖，他們講述了相同的遭遇。當天，紐黑文的警方就跟貼回應，承認貼在樹幹上 "禁止停車" 的標誌太少且不顯眼，宣佈取消這些罰單，並重新設置這條街上的禁停標誌。

　　又如，2014 年 2 月 8 日，新澤西州天降大雪，一對老人在 SeeClickFix 上發貼子，說兩人皆行動不便，唯一的兒子在空軍服役，門前積雪已經阻塞了出路。住在同一小區的居民看到了這個帖子，7 個人先後來到這對夫妻的家門口，共同把積雪清理乾淨。

　　據統計，僅僅 2013 年，就有 519 666 個類似的問題在 SeeClickFix 的網站上得到了圓滿的解決，當然，提出的問題遠遠不止 50 多萬個。目前，全美已經有 170 個地方政府利用這個公益平台和市民互動，解決市民反映的問題和投訴，侯斯頓、費城、奧克蘭、圖森、紐黑文等城市的政府甚至直接採用該系統為政府工作人員分派任務。SeeClickFix 還根據每個地方出現問題的多少、解決問題的多少和速度的快慢，在網上為各地打分排名，定時評選績效最好的城市。

網絡無國界，因為好用、管用，美國的鄰國墨西哥也有市民開始使用 SeeClickFix，在這個平台上反映當地城市生活中的種種問題。

SeeClickFix 是公益網站，美國還有類似的商業網站，Nextdoor 就是其中的佼佼者。"Nextdoor" 意為 "隔壁鄰居"，是一個以社區為基礎的社交網站，加入者必須為同住在一個社區的居民，該網站在 2010 年成立，目前已經覆蓋了美國 29 000 個小區。在我居住的城市聖何塞（San Jose），有一個小區叫 Bel Aire-Hillstone，2013 年 1 月，有人在平台上反映說，家裡丟了郵包（若沒人在家，美國的送件人一般是將郵包放在門口，無須簽收），很快有人跟貼說也在近期丟了郵包。有人在帖子中建議說，在門口設置一個加鎖郵箱，就不會出現這個問題了；還有人出主意說，放個裝上狗屎的假郵包，噁心這位竊賊，下次他就不來了。接著，有人在跟貼中鎖定了郵包丟失的具體時間：下午 4 點。這使整個小區的人都在這個時候提高了警惕，沒兩天，又有人在帖子中說看到一輛車在小區邊開車邊 "撿" 郵包，是一部保時捷卡宴車（Cayenne），並描述了這輛車的顏色和特點。1 月 30 日，有人貼了一張照片出來，說看到一輛這樣的車從自己家門口穿過，雖然沒有拍到車號，但很快就有人在互聯網上對這輛車的特點進行比對，斷言就是這輛車。接下來的兩天，又有人說在街上看到這輛車，車牌是 "5GVVXXX"（為保

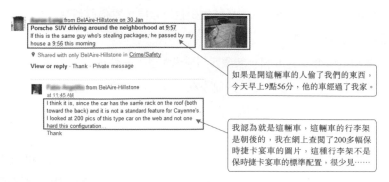

圖 8-12　Nextdoor：搭建智慧社區、通過眾包破案

圖片來源：系統截屏

護隱私，此處隱去後 3 位）。這則消息發出的當天，這位車主就接到朋友的質疑電話：“那是你的車嗎？”第二天，車主就選擇了投案自首。

這個社區，不正是郭為先生正在倡導的智慧社區？

無論是佛山市民網中的“我的聲音”，還是三藩市政府的 311 手機應用、民間運營的 SeeClickFix 公益網站、社交媒體 Nextdoor，其運行的機制，都是讓大眾來發現並解決城市生活中的問題，其本質就是我們在前文中討論過的眾包。前文談到，通過眾包，在即將到來的智能時代，生產和製造將由工廠轉向社會，整個社會將出現無數個微製造的中心，和工廠並行分擔原來工廠承擔的製造任務，通過社會化的協作和製造，人們的個性化需求將得到更及時、更經濟、更全面的滿足，智慧城市將給城市生活帶來類似的影響。就像工廠曾經是全社會唯一的製造中心一樣，政府也曾經是全社會唯一的治理中心，無數的公民都是長尾，他們對社會的影響力曾經很小，但在智慧城市的時代，這些無數長尾就可能成為郭為所說的“神經元”，成為城市的“微治理”的中心，協同政府共同處理公共生活中的問題，全社會的需要將更快、更好地得到滿足。

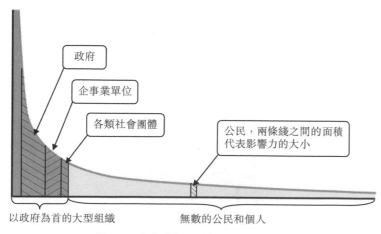

圖 8-13　智慧城市需要調動公民這個長尾

這種眾包，其實就是利用、調動大眾的時間、技能和才智，智慧城市時代的眾包，可以歸結為“眾智”，即大眾智慧。大眾智慧自古就有，但在智慧城市的時代，它能發揮前所未有的作用，這還是因為信息技術的進步。利用以互聯網為核心的信息技術，大規模的、大範圍的個人對個人的信息可以在一個平台上自由流動，分散的信息可以在較短的時間內有效集中，例如上面眾包破案的例子，每個人貢獻一點點，大數據就可能還原事件的真相，這是人類歷史上從來沒有發生過的現象。

美國政府和社會已經注意到這種眾包和眾智當中蘊藏的社會能量，這種能量，歸根結底，就是大眾的能量、群眾的力量。我在前文反覆提到的數據開放，其實就是眾包、眾智的一種深化，數據，是知識生產和創新的資源，通過互聯網開放數據，就是將原來由部分社會精英壟斷的知識和創新資源，開放給普羅大眾，進一步調動大眾智慧，推動大眾創新，也就是"眾創"。

再回到上文中提到的 311 熱綫。2010 年 3 月，美國聯邦政府的首席信息官昆德拉（Vivek Kundra）在全國號召開放 311 的原始數據，隨後三藩市、紐約等城市響應號召，陸續開放了這部分數據。311 的記錄當中，大部分是信息諮詢和求助，小部分是投訴。其中最有價值的部分，當然就是投訴的數據，以紐約市為例，目前該市開放了自 2010 年以來的 690 多萬條投訴記錄，已經做到了第二天就開放前一天的投訴數據。數據開放之後，民間做了各種各樣的分析，圖 8-14 表明了一天之內不同的時間點，各種投訴數量多少的變化，這種分析對城市管理的價值不言而喻。

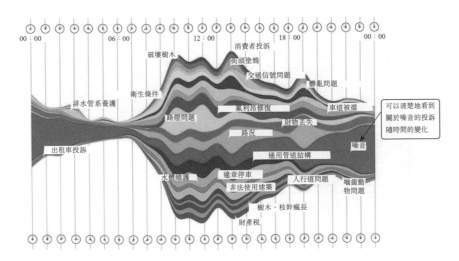

圖 8-14　紐約市：不同的投訴在不同時間段的變化和分佈

註：上圖分析了紐約市 2010 年 9 月 8 日至 9 月 15 日共 34 522 宗投訴的特點和分佈，各種顏色的綫條表示不同的投訴種類，其中綫條的寬度表示在一天之內，隨著時間的不斷變化，某類投訴的數量變化。（圖片來源：Pitch Interactive）

再舉一個例子,老鼠是人所周知的城市公害,其繁殖能力極強,老鼠的多少,反映了一個城市的衛生條件和水平。2004 年 1 月,紐約市衛生廳開放了全市餐廳歷次衛生檢查情況和受理投訴的數據。民間就有數據愛好者利用這些數據做了一個可視化的應用,放在網絡上供大家使用,被稱為紐約市的"地區老鼠指數"。他把衛生廳開放數據當中關於老鼠出沒的數據加以整理,並以郵編為地域單位,用可視化的形式展現在地圖上,顏色越深的地方表示鼠患越嚴重,其中深灰色表明當地的餐館在 2013 年一年中有一半以上被查實有老鼠。此外,他還列出了該郵編之內,衛生條件被評定為"最差"(即評級為"C")的餐館。對著地圖的區域點擊,用戶可以查閱紐約市每一個地區的老鼠多少。在紐約市衛生廳的網站上,輸入郵編或地址,還可以查閱城市內鼠患嚴重的大樓及其位置。

圖 8-15　紐約市民開發的地區老鼠指數

圖片來源:系統截屏

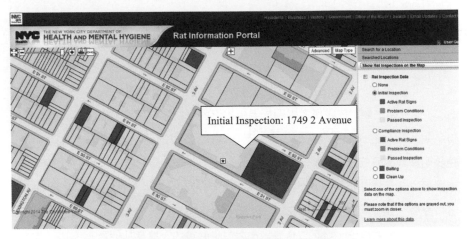

圖 8-16　紐約市衛生廳追蹤老鼠的信息端口

註：深灰色表明在首次檢查中發現有老鼠的建築物，方框內標明了該建築物的地址。（圖片來源：網站截屏）

　　開放數據對於城市建設的促進是方方面面的。在美國和歐洲，已經有越來越多的學者將開放數據納入了智慧城市的範疇，有些社會活動家甚至將是否開放數據列為智慧城市建設的第一指標。我在前文也已經反覆論述了開放數據的意義，現在可以做一個總結：如果說大數據是人類建設新型智能文明的土壤，那開放數據就相當於土壤上的河流，它所流經之處，必然滋生孕育最繁榮、最有生機的文明。正像人類文明之初，是河流蘊育了城市的文明，城市必須傍河而建，在大數據之時代，開放數據將推動大眾創新，快速滋生孕育數據的文明、智能的文明！

　　回顧人類社會的整個歷史，無論是君權神授的封建時代，還是大眾投票的選舉時代，人民大眾對社會管理的參與都是相當有限的，因為即使在堪稱民主典範的美國社會，也不可能天天投票、事事表決，大眾真正當家做主的時機是極為有限的，但真正的民主，一定不是一年一次的投票和選舉，而是每一天，公民都能感覺他就是公共事務和城市治理的參與者。智慧城市的建設將迎來這樣一個時代，在這個新時代，城市的治理結構將由"分層"轉向"結網"，個人的作用和主體價值將得到前所未有的放大，大眾將和政府一起治理城市，這個新的時代可以稱為"共治時代"。

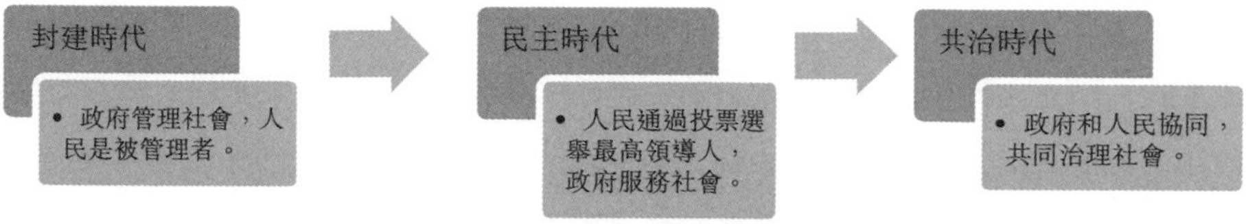

圖 8-17　政府和人民角色的變遷

註：這個新的共治時代，西方也有學者將其稱為參與式民主時代，即這個時代，人人都可以參與社會治理。

雲、隱私和未來：中國和美國的不同挑戰

對神州數碼而言，佛山市公共信息服務平台的建設，還是其智慧城市建設史的重要里程碑。這個項目的標誌意義在於，這是神州數碼簽出的第一單政府購買雲服務的合同，據神州數碼的工作人員反映，這個項目也極有可能是全國第一單成功落地的政府購買雲服務項目。在這個項目中，佛山市政府為這個平台買單，但市政府並不擁有這個平台，平台的主要使用者也不是政府，而是市民，而對於市民，這個新平台，還有一個逐步接受、使用的過程，也就是說，其用戶數還是不確定的，這種雲服務的購買合同究竟應該如何定價、考核、管理？神州數碼的工作人員說，這在國內沒有先例可循，他們會同佛山市政府的採購人員，進行了相當長時間的摸索和探討，由於雙方的誠意，最終成功達成了合作協議。

這當然是中國智慧城市建設領域值得研究和關注的重大進步。

雲，如前文所論述，將成為城市生活中排在水、電、氣之後的第四公共部門，其在智慧城市的建設中，當然佔有重要的位置。我認為，物聯網（即普適計算）、雲、大數據是智慧城市的三大核心技術：以普適計算為代表的各種傳感器將是城市的數據觸角，大數據堪稱智慧城市的大腦，而雲，則是智慧城市的軀幹。

但如果和歐美發達國家相比，佛山的進步又恰恰凸顯出中國在雲計算的建設方面還相當落後。我在中國調研期間，也發現中國的雲計算徘徊不前，嚴重滯後於歐美發達國家，其中的主要原因，還是可以用郭為先生的話來概括：文化和觀念。

　　和英美等有深厚契約傳統的國家相比，由於缺乏好的法治傳統和環境，中國社會的人和人之間、組織和組織之間的信任程度較低，人人互相提防，而雲是將軟件和數據完全託管給服務商，這對於中國社會大部分的個人、公司和組織都是難以接受的。此外，我在中國各地的調研還發現，中國社會還普遍低估了雲計算的意義，這也是雲在中國得不到大規模發展的重要原因。

　　由於摩爾定律的出現，人類存儲信息的成本大幅下降，個人也可以輕鬆地保存海量的數據，但雲的出現，給大數據提供了新的存儲空間和訪問渠道。通過雲，全社會的數據存儲和計算能力可以集中管理，通過這種集中，可以形成一個具有規模效應和專業效應的計算產業。也就是説，就像自來水管供水、電力網輸電一樣，雲通過網綫把"存儲"和"計算"從有形的產品變成了無形的、可以配送的服務，客戶需要的存儲和計算資源多，服務商就送得多，客戶需求一下降，配送就可以立刻下調，存儲和計算的消費變得可預見、可控制，透明簡單，即買即用。這對小公司而言，意味著不用投入大量的資金購買服務器和軟件，通過租用雲，立刻就可以享受到以前只有大公司才能配置的軟硬件能力。這將極大地降低創辦企業的門檻，推動一個社會的創新和創業。而且，因為有專業化的安全管理措施，存放在雲上的信息，比存放在個人和單位的還要安全。

表 8-2　雲服務的種類

	種類	服務內容	例子
雲計算	雲軟件服務（SaaS）	只通過網絡配送應用程序，即軟件。	SalesForce, Google apps
	雲平台服務（PaaS）	通過網絡配送應用程序和操作系統，用戶可以在平台上部署自己新的軟件和應用。	Google App Engine, Microsoft Azure
	雲設施服務（IaaS）	不僅通過網絡配送應用程序和操作系統，還提供硬件資源。	Amazon EC2, Rackspace
雲存儲	雲存儲服務	就像到銀行租用保險箱一樣，租用存儲空間。	Google Drive, Dropbox

　　雲的重要意義還在於，雲對於軟件產業也是一場重要的革命。

　　軟件產業的第一場革命，是模塊化，通過把軟件的不同部分封裝成模塊，各模塊可以獨立開發、優化，並可以被不同的系統重複使用，新的模塊在開發出來之後，可以跟舊的對接、整合，軟件因此不斷衍生、擴大。

軟件業的第二次革命，就是藉助雲，把本地軟件變成了互聯網軟件，實現了軟件即服務的轉變。在雲之前，軟件安裝在用戶本地，歸用戶所有，但如果更新軟件，軟件開發商必須來到用戶本地，為用戶更新，或者把新的軟件打包成光盤並發送給用戶，指導其更新，無論是哪一種形式，成本都很高，在這種態勢之下，軟件開發商其實缺乏足夠的動力去升級、更新自己的軟件。雲出現之後，軟件是以互聯網為基礎的，軟件的更新也是通過互聯網進行的，這種更新隨時可以進行，甚至在用戶不知情的時候，更新就完成了。說到底，軟件的更新不用再登門造訪，其成本大大下降，即通過這一次革命實現了軟件所有權和使用權的分離，軟件開發商這時候願意去優化更新自己的軟件，軟件和算法自然也就越做越好。

此外，以雲為基礎的軟件可以形成一個用戶社區，大家使用同一個產品，任何一個用戶的合理意見如果被軟件開發商採納，整個社區都能受益，這也加速了軟件的進步，這種社區效應，也是上文提到的眾智。

如果說軟件是一個物種，那在雲出現之前，這個物種進化得很慢，雲出現之後，因為可以頻繁地升級換代，這個物種的進化速度就驟然加快。

奧巴馬就任總統之後，曾經在美國政府制定"雲優先"的戰略，明令規定各個政府部門都必須有序推進，向社會購買雲服務。雲這種商業模式，其目的就是要通過資源外包，在全社會創造一個計算的產業並實現產業的規模效益。就此而言，規模龐大的政府正是最理想、最合適的消費用戶。在奧巴馬的全力推動下，雲這一兩年在美國獲得了快速的普及和發展，現在除了小公司，美國的大公司也紛紛租用雲服務，大家都意識到，雲不僅能降低成本，還能提高組織的靈活性。

在美國，雲服務的購買已經形成了一個非常成熟的體系，根據不同的服務模式和內容，影響其定價的主要因素也各不相同，總的來說，軟件功能的高低、計算能力的大小、使用時間的長短、用戶的多少是影響雲服務定價最主要的因素。

表 8-3　美國雲服務的收費方法

	收費方法	收費細則	實例
雲計算	按軟件功能和用戶人數收費，主要用於 SaaS 模式。	以月為單位，按用戶收費，影響收費的因素有服務的等級（即軟件功能的多少）和用戶的多少等。	SalesForce：按月收費，根據用戶的不同需求劃分為 5 個等級：5 美元、25 美元、65 美元、125 美元、300 美元。等級越高，軟件功能越強大。
	按使用時間和計算能力來收費，主要用於 PaaS 和 IaaS 模式。	不同計算能力和網絡流量的主機有不同的價位，乘以使用時間就是總費用。與租車類似，不同檔次的車會有不同的單日價，乘以租用的天數就是總費用。	Rackspce：把虛擬主機根據內存、處理速度、硬盤和網絡流量分成不同檔次，主要有每小時 0.04 美元、0.08 美元、0.16 美元和 0.32 美元 4 個檔位，供用戶按需選擇。
雲存儲	按空間大小和用戶人數收費	以月為單位，按存儲空間的大小收費，對於 2G 以下的小容量個人用戶一般免費，如需要更大的空間，則需要付費。另外對企業用戶，也會採用按人數收費的方式	Dropbox：2G 以下的用戶免費，月租費 10 美元的用戶可以有 100G 的雲存儲空間，商業用戶則每月每個用戶 15 美元。

　　神州數碼和佛山市政府已經為政府部門如何使用雲做了很好的探索。為推動雲計算在中國儘快成為一個產業，我認為，在不涉及國家安全的情況下，中國政府的各級部門都不應該再營建自己的數據中心、開發本地軟件，無論是存儲還是計算，都應該以雲的形式向社會購買服務。政府如果能帶頭，傳統社會對於發展雲產業的限制就可能被快速打破，第四公共部門的建設將為未來的智慧城市打下牢固的基礎。

　　在智慧城市的建設過程中，中國政府有挑戰，美國等發達國家也同樣面臨挑戰。身處信息時代的前沿，美國社會面臨的問題更加具有挑戰性，其中重要的一個，就是隱私保護。

　　例如，為了節約能源，英美兩國都在推動智能電錶的普及。據美國能源部統計，智能電錶在美國居民以及工商業用戶中的覆蓋率已經從 2007 年的不足 2% 上升至 2011 年的 23%，其中又以居民覆蓋率最高 [14]。英國國家審計署（NAO）於 2011 年 6 月發表報告預計說，到 2019 年英國的智能電錶覆蓋率將達到 80% 以上，因為使用智能電錶，每個消費者每年可節省 23 英鎊 [15]。

智能電錶之所以有用，還是因為數據。區別於傳統電錶，智能電錶可以以每小時甚至更高的頻率記錄每個用戶的用電情況，並將這些數據在 24 小時之內反饋給用戶，用戶可以得到更直觀、更準確、更細緻的消費信息，還可以和社區的平均水平進行對比，從而做出更理性、更經濟的消費決定。同時，越來越多國家的政府撤銷了對電力價格的管制，電力公司要促進能源的供需平衡匹配，智能電錶提供的數據就是重要的參考，電力公司可以根據這些數據制定不同地區和時間段的分時定價體系，有效錯峰。

用智能水錶引導用戶的節水行為

　　水是和電力能源一樣寶貴的資源。因為水在地球表面的不平均分配以及城市的高密度人口，水資源的管理和保護也是智慧城市建設的重要內容。2011年，IBM 為美國愛荷華州迪比克市（Dubuque）承建了一個智能水錶項目，用戶不僅可以通過可視化圖表看到自己家裡每天的用水量、水費以及水的生產和使用過程中產生的二氧化碳排放量等數據，還可以和社區其他家庭的平均用水量進行實時對比，這給用戶提供了節水動機，引導用戶縮短沐浴時間、購買節水設備等。IBM 這個項目的研究結果表明，安裝智能水錶，節水量可高達10%[16]。同時，城市管理者通過實時數據監測城市的用水情況，可以更好地掌握城市用水的規律，並迅速發現水管泄漏，減少不必要的消費。

　　然而，智能電錶的推廣阻力重重。因為擔心隱私泄露、家庭行為受到監控，2012 年 7 月，德克薩斯州居民陶爾米納（Thelma Taormina）拒絕安裝智能電錶，在反覆要求電錶安裝工人離開自己的土地未果之後，她掏出手槍，命令安裝工人離開，這一度成為全國的熱門新聞。美國社會對智能電錶的反對還不僅僅局限於個人，個別社會團體也公開表示反對。直到現在，爭論和反對之聲還在繼續。

　　可以想像，一個家庭的能源消費數據會暴露其家庭信息和行為習慣，智能電錶數據讀取間隔越短，越能夠顯示或推測用戶的行為特徵。以月度為單位的數據只能反映居民的平均能源使用量，或者顯示該處所是否有人居住；而每日的數據可能揭示居民日常行為的一些規律，如出差、度假或者定期不在家等；隨著數據收集時間間隔的降低，更細緻的消費者行為特徵可能被推測出來，包括每天的生

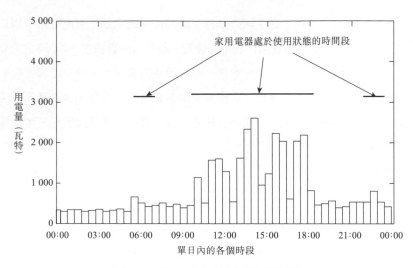

圖 8-18 單日內半小時平均能源消費數據

註：從以上數據可以看出，該用戶大概在早上 6 點鐘起床，然後很可能在半小時之後出門並於 9 點半返回，此後一直保持活動狀態，晚上 6 點半再次出門並於晚上 11 點返回休息。雖然上述行為描述只是推斷，但如果這些數據和智能水錶的數據相結合，居民用戶的行為特徵就可以得到更好的推斷和印證。

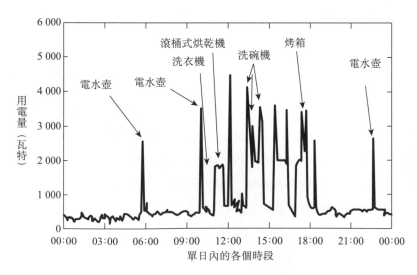

圖 8-19 單日內每分鐘平均能源消費數據

註：如果數據獲取時間間隔縮短到 1 分鐘，加上電器端接口檢測信息，更多的用戶行為可以被識別或推測出來，甚至包括在某一時刻哪一種具體的家用電器在使用，這可以推測用戶家庭當時在進行的活動，隨著用戶數據常年累月的積累，用戶的行為特徵可以更好地被掌握。

活習慣、家用電器的使用頻率等。2012 年，有學者的研究結果表明，粒度細到分鐘的數據幾乎可以監測家庭的每一項活動 [17]。

不少學者對於這些隱私泄露問題進行了研究，提出了數據經由第三方委託監管、數據讀取匿名化等方法。當然，隱私問題還不僅僅局限於智慧城市，而且是整個大數據時代的挑戰。回到前文談到的雲，對個人來説，越多地使用雲，就意味著越多的行為被記錄；對全社會來説，則意味著更大的記錄、更大的數據。美國已經有幼兒園，通過手機平台和家長互動，孩子每換一片尿布、當天的表現、每一個進步或者異常行為都被記錄在平台上，和其父母實時共享。這種記錄的效果，可能暫時還體現不出來，但這意味著從搖籃到墳墓，人的一生都將被記錄，這些數據一旦被整合，就會是對個人隱私的極大侵害。可以肯定，我們未來的一代人，數據和隱私將成為伴隨他們一生的話題，隱私教育從少兒就要開始，就像兒童的性教育一樣重要。

除了隱私，在智慧城市的建設上，美國社會還面臨更大的挑戰，例如第七章討論過的，大量的自動化現象將引起大規模失業。回到 Google 無人駕駛汽車的例子，我們談到過，其技術難題是一個大數據的問題，即需要更多的數據，以應對不斷變化的天氣和自然環境，但技術問題一定可以解決，更大的困難還是在於城市建設這一塊。例如，為了配合無人駕駛汽車的普及，城市的道路必須進行大規模改造，原因在於，我們現在的城市道路是為了 "人" 的駕駛行為而設計的，而不是為了無人駕駛汽車而設計的，如果可以修建更適合機器運行的道路和建築，以及在道路兩旁裝配一套更方便機器感應、識別的道路標識系統，無人駕駛汽車的安全性將會大大提高，但這意味著，人類必須重建城市的道路體系，就像 100 多年前汽車被發明、普及的時候，人類必須建設適合汽車行駛的公路來代替原來馬和行人走的路一樣。再如，無人駕駛汽車要上路，人類必須修改所有和駕駛相關的法律，目前所有的法律都假定了一個前提，即汽車必定是由人駕駛的，這就意味著，在無人駕駛汽車正式上市之前，這些法律都需要做出相應的修改，這個過程將需要相當長的一段時間。

類似的挑戰指向的不是市民，也不是技術提供方，而是建設智慧城市的第三個要素：政府。建設智慧城市，就是在建設智能型社會。這些變化都將是歷史的巨變，各個國家的政府如何應對這些挑戰，將決定它們如何躍進到下一個社會形態。可以肯定，未來十餘年，各國政府需要制定的最重要的政策，將出現在信息技術與社會變化的交會處。也可以説，因為信息技術的進步，城市的生活、生產、治理方式正在發生深刻的革命，建設智慧城市、智能型社會要求的不僅僅是技術創新，更是社會創新、社會治理模式的創新。智慧城市的建設，一定會是個技術、經濟、文化和政治等各種現象交融的複雜問題，回頭看，中國人把"Smart City"翻譯成智慧城市，不僅恰到好處，而且富有遠見。

註釋

01 A Smarter Planet: The Next Leadership Agenda, Council on Foreign Relations, Sam Palmisano, IBM.

02 World Urbanization Prospects: The 2011 Revision. 2012, Department of Economic and Social Affairs, United Nations.

03 郭為：《智慧城市　中國的新機遇》，《瞭望》，2011 年 7 月號。

04 The Vision of A Smart City, in The 2nd International Life Extension Technology Workshop. Hall, R.E., 2000: Paris, France.

05 Giffinger, R., et al., Smart Cities: Ranking of European Medium-Sized Cities. 2007, *Vienna University of Technology*, 2010.

06 Foundations for Smart Cities. Harrison, C., et al., *IBM Journal of Research and Development*, 2010, 54(4).

07 The Smart City Vision: How Innovation and ICT Can Build Smart, "Livable", Sustainable Cities. Toppeta, D., The Innovation Knowledge Foundation, 2010.

08 Helping CIOs Understand "Smart City" Initiatives: Defining the Smart City, Its Drivers, and the Role of the CIO, Washburn, D., et al., 2010.

09 毛光烈：《智慧城市建設實務研究》，中信出版社（2012）。

10 Smart Cities Seoul: a case study, ITU-T Technology Watch Report, February 2013.

11 http://ec.europa.eu/digital-agenda/en/content/2defining-smart-cities, European Commissions, retrieved on Feb. 26, 2014.

12 *The High Cost of Free Parking*. Shoup, D., APA Planners Press, 2005.

13 在美國各個城市，311 都是市民熱綫的號碼，通過撥打 311，可以反映一些非緊急的投訴或者需要政府介入解決的公共問題。

14 EIA, Smart Grid Legislatie and Regulatory Policies and Case Studies, S.A.I. Corporation, Editor. 2011, U.S. Energy Information Administration.

15 DECC, Preparations for the Roll-Out of Smart Meters. 2011, Department of Energy and Climate Change, United Kingdom.

16 IBM, Smart Water Pilot Study Report. 2011, IBM Research.

17 Smart meter data: Balancing consumer privacy concerns with legitimate applications, Eoghan McKenna, Ian Richardson, MurrayThomson, *Energy Policy*, 2012.

把握後發優勢：把科技符號變成文化符號

　　人類知識的唯一來源，是對過去經驗的記錄和整理，而數據，正是這種記錄的載體，因此數據的價值首先在於它是知識的來源。如果說傳統的數據是人類部分知識的來源，那隨著人類記錄範圍的不斷擴大，現代意義上的大數據將逐漸成為人類全部知識的來源。

　　前文反覆談到，數據是對客觀世界的測量和記錄，這種記錄也是對歷史和現實的記錄。1869 年，當美國總統加菲爾德在對美國的人口普查體系進行現代化改造之時，他就發現，數據當中不僅蘊藏著社會發展的規律，它還提供了一種全新的歷史書寫方式：

　　"直到現在，歷史學家還是以一種總體的形式來研究一個國家，他們只能給我們講述帝王將相以及戰爭的歷史，但關於人民本身──我們龐大社會中每個生命的成長、各種力量、細節及其規律，歷史學家說不出太多的東西⋯⋯而普查把我們的觀察放大到民房、家庭、工廠、煤礦、田野、監獄、醫院等集中展示人性之強大及脆弱的所有地方，這讓新的歷史記錄成為可能。"

今天回頭看，此話非常具有前瞻性。隨著人類躍進到大數據時代，數據不僅是新知識的來源，還是記錄歷史最重要、最可靠、最好的方式。從今以後，人類所有的歷史記錄，無論是數字、文檔、圖片，還是音頻和視頻，都將以數據的形式存在，數據就是靜態的歷史，歷史就是動態的數據。歷史的碎片，就是游離的數據；歷史的迷霧，就是模糊的數據；歷史的盲點，就是缺失的數據。用數據構建的歷史，因為精確的細節而永遠鮮活，數據越豐富，後世的歷史學家也就越能經由數據更好地再現當時的社會。

除了發現知識、記錄歷史，本書認為，人類使用數據的巔峰形式，是通過數據訓練機器，讓機器獲得智能，在不遠的將來，無處不在的計算設備和網絡將像有智商的人一樣，為人類工作和服務。這意味著我們在向智能型社會邁進，在這個新的社會形態，由於精準的計算和預測，整個社會的各個部分可以像無數個大大小小的軸承和齒輪一樣，環環相扣，齒齒吻合，日常管理將通過數據得到優化，各種任務、合作可以無縫對接，社會運行的成本可大幅降低，更重要的是，越來越多的工作將被計算機或者機器人代替。這既是進步，又是挑戰。回望農業時代和工業時代，人類不斷地開發我們賴以生存的自然環境，從地表到地下，物理性的資源終有耗盡的一天，而大數據將成為人類取之不盡、用之不竭的新資源，在這片資源之上，再通過軟件和算法，人類將建設一個智能型世界。

數據，正在成為這個世界最重要的土壤和基礎。

在這個社會轉型的緊要關頭，中國，作為正在趕超發達國家的發展中國家，歷史將賦予我們前所未有的機遇。例如，當年的美國用了幾十年的努力，才建立了全民信用制度，今天，因為掌握了客戶的交易流水數據，阿里巴巴在短短幾分鐘之內就可以決定是否發放一筆貸款。利用無處不在的充沛數據，中國的全民信用體系可能在較短的時間內、以較小的成本就可以建立起來。又如，隨著網絡的普及，信用卡將數據化、虛擬化，實體信用卡將大幅減少甚至消失，這意味著我們的銀行不用再像美國銀行那樣建設那麼多的物理網點和自動櫃員機了。再如，因為智能在線教育平台的出現，未來的教育資源完全不會局限於鋼筋水泥的學校，中國教育資源緊缺的問題可能得到快速的、大幅的緩解。此外，可穿戴式電腦設備、智能軟件診斷系統、遠程醫療等技術的出現，將緩解醫療資源、專業人才的緊缺。

種種機遇，可以概括為"後發優勢"。

以銀行的自動櫃員機為例。從下表可以看出，近年來，中國擁有的自動櫃員機在迅速增加。2012 年，中國平均每 10 萬成年人擁有的自動櫃員機數量為 37.51 台，但和英、美、日、加等發達國家相比，我們的差距還很大：加拿大平均每 10 萬成年人擁有的自動櫃員機為 205 台、日本為 127 台。如果要在數據上縮小、拉平這個差距，中國肯定還需要很多年的努力，但由於大數據、互聯網金融的出現和普及，大部分金融交易都可以通過虛擬賬戶來完成，可以預見，未來的社會一定不需要那麼多實體櫃員機了。如果我們現在就能立足長遠、科學規劃，就可以跨越建設這些櫃員機的環節、省去相應的費用，這就是後發優勢。

世界主要國家每 10 萬成年人擁有的自動櫃員機的台數

國名	2009 年	2010 年	2011 年	2012 年
加拿大	215.38	217.27	206.51	204.77
美國	173.43	—	—	—
日本	133.31	131.57	128.56	127.78
英國	121.81	122.78	124.28	—
中國	19.77	24.76	30.29	37.51

數據來源：世界銀行，Automated teller machines (ATMs) (per 100 000 adults)，（http://data.worldbank.org/indicator/FB.ATM.TOTL.P5），"—"表示沒有獲得當年的年度數據。

2001 年前後，華裔經濟學家楊小凱先生曾經提出，如果中國僅僅重視技術模仿，而忽視制度建設，後發優勢就可能轉化為後發劣勢，但我認為，我們當下擁有的後發優勢並不屬於這個範疇。現在出現的後發優勢，是因為人類正在從工業文明大步邁進信息文明，因為大數據的衝擊、智能社會的到來，人類的地平綫上出現了一些新方法來解決一些老問題，這些方法用的不是鋼筋和水泥，而是軟件和數據！

但要在全球競爭中把握住這種後發優勢並不容易。國與國之間的競爭，表面上是科技競爭、經濟競爭，但歸根結底還是國民素質和文化的競爭。沒有一個健

康、理性、與時俱進的文化，一個國家就難以變得強大，本書的努力，就是試圖
在中國，把數據這個科技符號變成一個文化符號，將大數據這個高端精英的話題
變成一個大眾話題，使數據文化進入中國人的視野，融入中國人的意識和血液。

面對一輪又一輪的技術浪潮，世界各國的政府（包括歐美發達國家）的反應其
實都很遲鈍。信息技術發展到今天，它已經不是在"推動"社會的進步，而是在
"拉動"社會的進步。如前文所述，如今社會的各種配套設施、管制規定已經滯後
於信息技術的發展，技術的能量要全部釋放，社會就必須重建自己的基礎設施和
管制體系。回頭再看美國的鍍金時代和進步時代，正是在從農業社會到工業社會
的轉型中，美國適時地抓住了機會，不僅成功化解了當時的社會危機，還實現了
大國崛起。如今一個新的社會形態又在向我們靠近，在這個轉折點上，對任何一
個國家而言，戰略選擇都特別重要，其中最大的責任和挑戰，莫過於政府。

但任何一個國家的建設和進步，又不能全盤繫於政府。不調動全社會的力
量、沒有真正的公民，國家的進步就會缺乏長期的動力，其進步就只能依靠外部
的刺激和外力的拖動，結果就是：跟在發達國家背後亦步亦趨。在中國社會幾千
年的封建王朝更替中，不乏這樣的例子和教訓。公民，無數的公民，才是推動一
個社會不斷進步的源源動力。對於中國社會的決策者而言，關鍵是要意識到，新
技術的能量將打破權力的平衡，在傳統的界限之外，已經出現了一些新的、可調
用的資源，必須要有新思路、新手段去整合、調用這些資源。

改變，並不一定代表進步，但進步，一定需要改變。我們期待中國更多的進
步和改變，這繫於政府，繫於中國大眾，更繫於中國的文化革新。

本書涉及的組織機構和專業術語的譯名對照表

ACM：Association of Computing Machinery 計算機協會

ACS：American College of Surgeons 美國外科醫師協會

AGS：American Geographical Society 美國地理協會

AIA：American Institute of Architects 美國建築研究院

AIPO：American Institute of Public Opinion 美國輿論研究所

ARI：Audience Research Institute 觀眾調查研究所

ASA：American Statistical Association 美國統計協會

ASQC：American Society for Quality Control 美國質量控制協會

BEA：U.S. Bureau of Economic Analysis 經濟分析局

BJS：United States Bureau of Justice Statistics 司法統計局

BLS：U.S. Bureau of Labor Statistics 勞工統計局

BOC：Bureau of Census 美國人口普查局

BOR：Bureau of Reclamation 農墾局

CAAS：The Connecticut Academy of Arts and Sciences 康乃狄格州藝術與科學研究院

DCL：United Sates Department of Labor and Commerce 商務勞工部

DOI：United States Department of the Interior 內務部

EIA：U.S. Energy Information Administration 能源信息中心

EPA：US Environmental Protection Agency 美國國家環境保護局

FAA：Federal Aviation Administration 美國聯邦航空總署

IOM：Institute of Medicine 美國醫學研究院

ISS：International Statistics Study 國際統計研究所

JUSE：Japanese Union of Scientists and Engineers 日本科學與工程聯盟

MIT：Massachusetts Institute of Technology 麻省理工學院

NASS：National Agricultural Statistics Service 農業統計局

NBC：National Broadcasting Company 美國國家廣播公司

NBS：National Bureau of Standards 國家標準局

NCES：National Center for Education Statistics 國家教育統計中心

NHTSA：National Highway Traffic Safety Administration 美國國家公路交通安全管理局

NIST：National Institute of Standards and Technology 國家標準與技術研究所

OIRA：Office of Information and Regulatory Affairs 信息及管制辦公室

OKF：Open Knowledge Foundation 開放知識基金會

OMB：Office of Management and Budget 預算管理辦公室

RSS：Royal Statistical Society 英國皇家統計協會

SIGKDD：Special Interest Group on Knowledge Discovery and Data Mining 數據挖掘及知識發現專委會

SSA：Social Security Administration 美國國家社保局

TQC：Total Quality Control 全面質量控制體系

USPHS：United States Public Health Service 美國公共衛生署

關於本書數據、專有名詞體例及圖片版權的説明

1. 本書數據小數點之後一般保留兩位，部分引用的數據遵從引用原文的位數，為方便讀者閱讀，從小數點起，向左和向右每三位數字一組，組間空 1/4 個漢字的位置來分節。

2. 為行文簡潔，本書只對重點外國人物或在可能引起混淆的情況下，引用人物的全名。一般情況下，外國人名的翻譯只包括姓，不包括名，但英文全名一律在後繼括號內註明，以便讀者查對。

3. 為方便讀者閱讀，涉及美國相關組織機構時，大多採用英文名稱的首字母簡稱，要查閱全稱，請參考本書附錄 "譯名對照表"。

4. 本書未標明出處的圖表，皆為作者自己設計繪製。

5. 本書引用的大部分圖片和照片，已獲得所有者的授權；少數未獲授權的，歡迎所有者見書後，與本書作者或出版社聯繫。

蝴蝶振翅

2013 年 5 月，我接到中信銀行信用卡中心的邀請，希望我專程回國做一次大數據方面的培訓。

從美國啟程前，該中心發來了上百頁資料，都是關於《大數據》一書的讀後感和相關問題。他們還告訴我，這還僅僅是從員工提交的資料當中 "精選" 的一部分。

坐在電腦前，我逐頁瀏覽著這些資料，心中像有一隻蝴蝶，輕輕地扇動了一下翅膀。

記得在卡內基梅隆大學讀書時，不止一次聽到老教授談起 1980 年代韓國崛起期間的舊事。作為世界計算機科學的頂級學府，卡內基梅隆大學每年都有很多學術會議。無論會議大小，韓國常常會派出比其他國家更多的代表來參加。他們來美國的目的不是交流，而是學習。在會場上，一有人演講，這群韓國人就一聲不響、眼光齊刷刷地聚集在演示屏上，等到會上提問或是會下交流的時候，舉手的、圍攏的，又都是韓國人。你很容易感受到，整個會場都被他們的學習氣場籠罩了。

　　這種氣場，正是我在中信銀行信用卡中心感受到的。專注的眼神、誠摯的表情、圍攏的人群、接連不斷的問題，我應接不暇，腦海中不斷浮現韓國的場景，但這是在中國，在中信！

　　縱觀世界各國的歷史，我相信有一條真理顛撲不破，那就是學習改變命運。任何一個群體，無論是一個民族，還是一個公司，如果願意學習、善於學習，就一定會崛起，最終令其競爭者難以望其項背！也正是基於這個原因，我在本書中用了大量筆墨來追溯"二戰"之後戴明在日本進行數據佈道、日本隨後崛起的那段歷史。

　　2013 年 4 月，我在中國銀聯演講。其培訓中心主任付偉是數字學習的知名專家。剛到上海，他就和我討論數字學習的最新動態。恰時微信剛火，付偉拿出手機，向我介紹説，他如何用了不到 3 週的時間，就在微信（WeChat）的朋友圈募集了 10 萬元人民幣，一個叫"真愛夢想"的基金會，又如何把這筆錢投向貴州省偏遠地區的一所小學，為鄉村的孩子搭建了一間"夢想教室"。

　　付偉調出了微信上的數據，我看到 115 名捐款人的姓名，都是 500—2 000 元的散款，然後是那間夢想教室，彩色的桌椅、整齊的書架、液晶投影儀、電腦……他又接著介紹説，真愛夢想就是上海的一家公益組織。

　　大數據的話題，好像走偏了，但我心底的那隻蝴蝶，又輕輕地振了一下翅膀。

　　離開上海的那個早晨，是個週六。在去機場的路上，手機響了。付偉來電送別，我笑著問他為甚麼起這麼早，他説不早，這會兒他和兒子傅譽都已經在車上了。

　　"這麼早去做甚麼？"我問道。

　　"送譽兒去做公益！"

　　"做公益？"

　　我不由反問。付偉解釋説，傅譽在真愛夢想做志願者，這個 15 歲的小伙子在那裡受到了感染，很有成就感，雖然學習忙，但每週都堅持要去。

握著手機，我突然有種穿越感，一瞬間以為自己身處美國。做公益，幾乎是每一個美國孩子成長過程中的必修課。週末的時候，不少美國家長都驅車在路上奔波，送孩子去做公益。

幾個月後，我再次應邀來到銀聯做大數據方面的交流和報告。在他們的座談會上，我認識了真愛夢想的主要創始人潘江雪女士。江雪告訴我，真愛夢想的使命是推動中國的素質教育，他們認為，教育是要幫助孩子尋找到內心的熱愛，而不是灌輸、不是分數，更不是功利。類似於貴州的夢想教室，真愛夢想已經募款在全國各地建立 1 000 多家了，她希望在未來的夢想教室中能夠引入更多的數據和科技元素。銀聯的副總裁柴洪峰先生也參加了這次座談會，他聽了大家的發言，頗有感觸地說，在大數據時代，中國人需要講述自己的故事。

等我回到美國，又收到柴先生的來信："你的演講令人耳目一新，原來數據還能這麼用！我們要努力多創造一些屬於中國的故事，希望將來能寫到你的書裡。"

這期間，我還擔任了上海承泰公司的首席數據科學家。該公司的創始人范釋元先生對數據有非常深刻的理解，在半年多的任職時間內，這支團隊的想像力、創新力常常感染我。

於細微點滴之處，我感受到了中國社會的深刻變化，這成了驅動我提筆寫作第二本書的重要動力。

內心的那隻蝴蝶，振翅而出。

這本書，我試圖在歷史的縱軸之上，寫出數據時代的全景；在和美國的橫向對比中，思考我們的現況和未來。雖然全書仍然以數據文化和科技在美國的發展為主綫，但和我的第一本書一樣，其重心和出發點還是中國。

需要指出的是，我們研究美國、學習美國，並不是為了成為另一個美國。學習始於模仿，但好的學習，目的是超越。對中國而言，甚至 "超越美國"也不是最終目的,我們的目的,是要為世界進步做出更多、更突出、更前沿的貢獻,就像柴洪峰先生說的,要在人類的文明史中講述自己的故事、重放民族的榮光。

本書的完成,首先要感謝大學同窗王怡河,他是本書的第一讀者,給我反饋了許多寶貴意見。師妹林琳博士協助我整理了成本收益分析方法的部分資料,好友王璽博士為我收集、整理了智慧城市的部分資料,陳春蓉博士和我一起對美國財產公開制度做了專項研究,美國聯邦政府的高級退休官員胡善慶博士(Jeremy Wu)幫助我審讀了第六章,補充修正了我對於美國政府LEHD項目認識的不足。我在美國的同學,大數據專家肖尉先生、雲技術專家吳建琳先生在若干技術問題上給予了我有力的支持。在長達半年多的艱苦寫作中,陳心想博士常常和我聊天交流,給予了我許多鼓勵;國家電網能源研究院的王廣輝副院長、英特爾的首席工程師吳甘沙先生、點融網的首席執行官郭宇航先生、金蝶醫療軟件的陳登坤總經理都對我的寫作給予了不同程度的支持。我的新同事胡根澤博士,知識淵博、視野開闊,在本書收尾之時,給了我不少啟發和提點。就中國歷史上的數據使用問題,我還多次向許倬雲先生請教。沒有以上師友的支持,這本書幾乎不可能完成。

此外,我還要向神州數碼的管理層和相關工作人員致謝,謝耘院長、裘朝斌總經理等多位朋友與我交換了不少真知灼見,張睿女士陪同我開展了調研,因為有機會深入中國智慧城市建設的一綫,採集到許許多多有價值的資料,我才完成了第八章的寫作。

我還要感謝上海的昌言律師事務所,他們優秀的律師團隊為我處理了大量的法律事務,我才能專心致志,在較短的時間內達成心願、完成這部書稿。

最後,我要向香港中和出版有限公司的呂愛軍副總編輯和曹幸波編輯致敬,雖然繁體版晚於簡體版出版,但他們還是一絲不苟、在我原始書稿的基礎上,做了一次認真的編輯和打磨,我必須說,您拿到手上的這個版本,較好地反映了我作品的原貌,保持了原作的完整性。這也是我第二次和香港中和出版有限公司合作，非常愉快。呂愛軍副總編輯對我的作品一直青眼相加，給予了很高的評價。曹幸波編輯尤其嚴謹，他在編輯過程中關注到每一個細節和數據，他的細緻工作，為本書增添了光彩。

除了種種感激，我的心裡還有一份深深的愧疚。作為兩個孩子的父親，這大半年的時間，我陪孩子玩耍、學習的時間很有限，有時候雖然和孩子在一起，但腦子裡想的還是數據的問題，類似"人在心不在"的情況每出現一次，我就自責一次，一定程度上，這種糟糕的體驗貫穿了全書的寫作過程。我意識到，要追求工作中的使命感，又要保持個人生活的平衡，我還需要修煉。

本書即將付印之時，我的心中卻不時湧起遺憾，感覺"還有話沒有說完"，但就像一部電影，終有謝幕之時，心中的遺憾，只能留待下一本書來填補了。路漫漫其修遠，我提醒自己：寫作的目的，是為他人提供思考的素材，如果這本書能激發讀者更多的思考和討論，那本書的使命，就完成了。

是為記。

涂子沛於美國矽谷

2014 年 12 月 20 日

作者在首屆世界互聯網大會上的演講

大數據、大計算：新經濟的土壤

2014 年 11 月 19 日，首屆世界互聯網大會（World Internet Conference）在浙江烏鎮召開，大會為期三天，以"互聯互通，共享共治"為主題。這是中國有史以來舉辦的規模最大、層次最高的互聯網大會，也是世界互聯網領域的一場高峰會議。來自近 100 個國家和地區的政府政要、國際組織代表、著名企業高管、網絡精英、專家學者等 1 000 多人參加這一全球互聯網界的"烏鎮峰會"。19 日下午，在"互聯網創造未來：共建在線地球村"論壇上，涂子沛先生發表了題為"大數據、大計算：新經濟的土壤"的演講。以下為演講全文：

我今天要講的是：大數據、大計算可以成為新經濟的土壤。對於甚麼是新經濟，目前眾說紛紜，還沒有共識。但有越來越多的人認識到：所謂的新經濟就是以信息經濟、知識經濟、智能經濟為先導、為核心的經濟，如果我們同意這個觀點的話，可以先來看看智能、知識、信息、數據這四者之間是甚麼樣的關係。

　　信息是有背景的數據，知識是有規律的信息，智能是機器獲得大量數據之後自動為人類提供服務，因此產生的智能，而數據，恰恰是信息、知識、智能的基礎，也就是我們未來新經濟的基礎。

智能、知識、信息、數據之間的關係

　　數據為甚麼這麼重要呢？因為在我們這個時代，數據的內涵已經發生了深刻的變化，已經不僅僅是傳統的 1、2、3、4 這種小數據了。

　　今天的數據稱之為大數據，是因為我們記錄現實的手段得到增強。今天的氣溫是多少，房間多大、能坐多少人，這是傳統的小數據，是源於測量。今天大數據的爆炸卻是源於記錄，我們有很多電子化的手段記錄這個世界，我們用微信、微博，都是在記錄這個世界。我們現在看到數據爆炸，事實上主要就是因為新媒體在記錄這個世界，這導致了第一次數據爆炸。

　　但我們現在看到的爆炸還是小的爆炸，為甚麼？剛剛田溯寧先生說了，我們的互聯網正在由消費互聯網向產業互聯網轉移，越來越多的東西，機器、電器，還有我們人體，未來都可以連上互聯網。全世界有幾百萬台巨大的機器、上百億台電器，只要帶了液晶顯示器，都可以連上互聯網，還有，當可穿戴式設備連上人體，我們的脈搏、心跳數據就源源不斷地送上雲，這是 24 小時不間斷地收集數據，這種爆炸是更大量級的爆炸，我們正在見證這種爆炸的到來。

未來的數據爆炸會產生四種數據：

第一種是商務過程數據。由傳統的商務過程產生數據，例如你在銀行取錢、你在商場消費留下的數據。

第二種是環境狀態數據。包括機器的狀態、大氣的各種參數、人體的各種指標，都會傳到互聯網上。

第三種是社會行為數據。即人們使用微信、微博、Twitter 等社交媒體產生的數據，這些數據記錄的是人們的行為。

第四種是物理實體數據。未來的萬事萬物、任何一種物體背後都會有一個數據包和它相對應。

大數據的主要種類

繁多的物理實體數據給我們帶來最直接的影響就是生產數據化，即 3D 打印。只要你有這個物體的數據包，用你的打印機和打印材料就可以立刻進行生產。3D 打印給我們帶來個性化生產，改變我們整個社會生產、消費、物流的流程。我們生產一件東西首先上網搜索數據包，找到之後我們如果想對這個物體進行一些修改，例如基座變大一點、塔尖變小一點，我們再通過網上的搜索找到懂得修改這個數據包的設計師，可能只是修改幾個小小的數據，這個數據包被修改之後，我們又在互聯網上再搜索，尋找誰能生產，即誰有這種打印機、誰有這種打印材料，再把訂單通過網絡發給他。通過最低成本的物流、最短的時間，你就拿到了你想要的東西。這個生產者甚至可能和你住在同一個社區。

　　大數據對工業生產的影響不僅僅在此，也不僅僅在於產業互聯，汽車是我們工業時代的先鋒，現在正在和大數據相連，變成無人駕駛汽車。無人駕駛汽車最核心的競爭力就是大數據，汽車在上路之前，就要大量地搜集地理特徵的數據，汽車上路時還要實時地搜集數據，通過把這些數據和地圖庫裡的數據快速對比，無人車才能確定自己的方位。

　　傳統的農業也在大數據的影響下發生改變：無人機正在變得普及。無人機現在成本越來越低，1 000 美元就可以購置一台。一台無人機在農場上不停地飛翔，把整個農場拍攝下來，一天可以拍攝幾次，哪個地方的土壤變色了，哪個地方的植物有蟲災了，哪個地方的果實成熟了，都可以在第一時間發現。未來的農業是大數據驅動的精細化農業，可以根據情況及時調整種植措施，這不僅僅可以增加農業收成，還可以節省資源。例如水，以前是定時澆水，現在可以是按“需”澆水。水是地球上最寶貴的資源之一，現在有人在探討，未來 50 年我們人類會不會因為水資源發生戰爭，所以節約水資源是非常重要的。

　　我們講了工業、農業，還有服務業。服務業能看到更多的例子，精準營銷、互聯網金融，都是因為大數據的作用。所謂的互聯網金融的一個核心就是用大數據判斷人的信用，信用正在快速地數據化。

　　服務業我們還可以舉一個例子。我們知道 Google 和微軟都有搜索服務，Google 的搜索份額比微軟大，為甚麼呢？其實專家知道，這兩家公司的算法沒有太大的區別，區別在哪裡？還是數據。因為 Google 有大量的用戶。他們的用戶產生了大量的數據搜索的結果，Google 可以根據這些結果快速地優化自己的搜索過程，把人們最想要的搜索結果放在最上面。所以他們的核心區別還是數據。

有數據，就要用，使用數據唯一的方式就是計算。數據的內涵變大了，計算的內涵同樣在變大。今天的計算不僅僅是傳統的加減乘除，網上搜索、數據挖掘都是現代意義上的計算。大數據會導致一個大計算的社會，大數據的出現，其實標誌著人類在邁向一個計算型的智能社會。

我想講的最後一個話題，就是開放數據。我們今天說數據如此重要，數據是資源，我們要讓這種數據資源在全社會流動起來。怎麼流動起來？整個社會就好比一個數據的大廈，這個大廈之中各個部分重要性是不一樣的，有些基礎性的數據，例如人口、天氣、地理、經濟指標這些數據，即公共數據，是這個大廈的基礎，這些數據應該開放出來，讓它們自由地流動，否則中國社會的數據是難以整合的。

開放也不同於公開，我們說信息公開是信息層面的，是一條一條的，我們今天講的數據開放是數據庫層面的，把整片數據以機器可讀的方式開放在互聯網上，讓別人一下載就可以使用。我們今天講的數據開放和政治也沒有關係，數據開放是為新經濟服務的。數據已經成為重要的創新資源，只有開放數據才能更好地推動全社會的創新，才能推動中國知識經濟、信息經濟的發展，才能推動我們從“中國製造”向“中國創造”轉型。

最後，我的結論是，數據不是黃金、不是礦藏，我認為數據是土壤，是我們新經濟的土壤，是我們未來智能社會的土壤。在這塊土壤之上開放數據特別重要，開放數據就像土地上的河流一樣。我們知道人類的文明是怎麼興起的——所有的城市都是依河而建的。開放數據才能興起新的數據文明！

我就講到這裡，謝謝大家。

責任編輯		曹幸波
封面設計		彭若東
版式設計		易瑋瑩
責任校對		江蓉甬
排　版		蔣　貌
印　務		馮政光

書　名	數據之巔：大數據革命，歷史、現實與未來
作　者	涂子沛
出　版	香港中和出版有限公司 Hong Kong Open Page Publishing Co., Ltd. 香港北角英皇道 499 號北角工業大廈 18 樓 http://www.hkopenpage.com http://www.facebook.com/hkopenpage http://weibo.com/hkopenpage
香港發行	香港聯合書刊物流有限公司 香港新界大埔汀麗路 36 號 3 字樓
印　刷	陽光印刷製本廠有限公司 香港柴灣安業街 3 號新藝工業大廈 6 字樓
版　次	2015 年 1 月香港第一版第一次印刷
規　格	16 開 (168mm×230mm) 352 面
國際書號	ISBN 978-988-8284-11-5